国家林业局普通高等教育"十三五"规划教材

电工电子实验教程

韩小平　主　编
杨　威　王新海　副主编

中国林业出版社

内 容 简 介

本教材主要由三部分内容组成：第一部分为实验基础知识，包括实验基本常识、实验中的常用器件和仪器，较完整地体现了电工电子实验的知识体系；第二部分为实验操作部分，包括电路实验、模拟电路实验和数字电路实验三部分，其中，电路基础实验是关于电路基本定理的验证和理论知识运用的实验，模拟电路实验是关于典型功能电路的特性和测试方法，数字电路实验是关于逻辑电路的功能和使用方法，这部分内容除了基本的验证性实验外，还穿插了部分设计性实验及电路板的制作方法，以增强学生对理论知识的实际应用能力；第三部分内容为针对目前小轿车全民普及情况下，了解一些关于轿车的基本常识及常见的故障检测，有利于提高学生的认知水平。

本教材适用于高等学校理工科非电类专业的电工课程，授课在20~40学时为宜。另外，本教材也可以作为工程技术人员和其他本、专科院校相关专业的参考用书。

图书在版编目(CIP)数据

电工电子实验教程／韩小平主编．—北京：中国林业出版社，2017.7

国家林业局普通高等教育“十三五”规划教材

ISBN 978-7-5038-9070-3

Ⅰ.①电… Ⅱ.①韩… Ⅲ.①电工试验-高等学校-教材②电子技术-实验-高等学校-教材 Ⅳ.①TM②TN-33

中国版本图书馆CIP数据核字(2017)第144541号

国家林业局生态文明教材及林业高校教材建设项目

中国林业出版社·教育出版分社

策划、责任编辑：张东晓

电话：(010)83143560　　**传真：**(010)83143516

出版发行　中国林业出版社(100009　北京市西城区德内大街刘海胡同7号)
E-mail:jiaocaipublic@163.com　电话:(010)83143500
http://lycb.forestry.gov.cn

经　销　新华书店
印　刷　北京昌平百善印刷厂
版　次　2017年7月第1版
印　次　2017年7月第1次印刷
开　本　787mm×1092mm　1/16
印　张　17.75
字　数　421千字
定　价　39.00元

前　言

电工电子实验教程是理、工、农、医等各类院校学生学习的一门专业基础实验课程，是本科非电类专业的技术基础类课程。本教材是根据电工电子学实验课程教学中的实际需要而编写。本门课程注重培养学生实验动手能力及严谨的科学态度，增强学生的科学创新意识，提高学生的综合应用能力，对今后的专业提升和职业拓展起到十分重要的作用。

电工电子学是工科院校的一门技术基础类课程，对很多专业技术学科起着非常重要的支撑作用，而电工电子实验课程是将理论知识应用到实际生产生活中的重要桥梁，是电工电子理论知识的直接应用，对提高学生的实践水平动手能力起着关键性的作用。

教材主体内容突出实验教学的特点和规律性。教材第一、二、三章对电工电子实验相关的基本理论、实验方法、实验步骤及实验中常用的电子器件、电子仪器进行了系统的阐述；教材第四、五、六章分别为电路基础实验、模拟电路实验、数字电路实验的具体内容；第七章是电路板的设计与制作；第八章是与实际生活结合紧密的轿车线束及常见故障分析的内容。教材针对每一个实验，以帮助学生自主完成实验准备、实验详细方案设计、实验进程、实验总结等实验过程为原则，并将思考题和预习要求贯穿其中，引导学生在实验预习及实验过程中进行积极深入地思考和主动地尝试。注重训练学生基本实验仪器的使用，实验数据的精确测试和采集，掌握处理实验数据的方法。本教材在内容安排上力求做到结构合理、内容完整，在语言表达上尽量做到简明、清晰。

本教材由山西农业大学电工电子教研室联合多所兄弟院校，结合多年的教学和实验指导经验，在吸取已有的实验指导书优点的基础上编写而成的。

本教材由山西农业大学、山西农业大学信息学院、山西运城学院三所高校老师共同编写。教材在内容安排上，参照了教育部颁发的有关“电工技术”和“电子技术”的教学要求。在教材编写过程中结合了多所高校电工学课程的教学大纲和教学实际经验，也参照了一些有影响的相关教材，由所有参编老师悉心工作编写完成。

本教材由山西农业大学韩小平任主编，山西农业大学杨威、运城学院王新海任副主编。山西农业大学冯俊惠、李伟、岳荷荷、范铁林分别编写了第二、三、四、六章；山西农业大学信息学院李红斌、张举、李瑞金、郭旭明分别编写了第一、五、七、八章。在此衷心感谢他们的辛勤付出！

由于编者能力有限，有些内容难免有不妥之处，甚至会有疏漏或错误，诚恳地希望使用本教材的老师和同学批评指正。

韩小平

2017 年 2 月

目　录

第 1 章

绪　论

实验是人们为实现预定目的，运用一定手段，通过干预和控制研究对象而观察和探索研究对象有关规律和机制的一种研究方法。它是获得知识、检验知识的一种实践形式，是获取新的、第一手资料的重要方法，是检验真理的唯一标准，是推动科学发展的有力手段。

实验室是按照科学的规律进行实验活动的场所，是现代化大学的重要组成部分。实验教学是把科学实验引进教学领域的教学全过程，是培养学生动手能力、创新能力、分析和解决问题能力的一个重要教学环节，是指学生在教师的指导下，使用一定的设备和材料，通过控制条件的操作过程，引起实验对象的某些变化，从观察这些现象的变化中获取新知识或验证知识的教学方法。实验教学法具有直观性、实践性、技术性、综合性和科学性的特点，能够起到传授知识、培养能力和提高素质的全面作用，有利于培养学生务实的科学态度并促进智能的发展，是激发学生学习兴趣的关键所在，是全面推进素质教育、培养创新人才的重要组成部分。

1.1　电工电子实验综述

电工电子技术实验是理工科院校电类和非电类专业学生必修专业基础课《电工电子技术》的重要组成部分。它是将电工电子技术理论用于实际的实践活动，是培养从事电工、电子等工程技术人员实验基本技能的重要环节。

1.1.1　实验课的目的

通过电工电子技术实验课程的学习，学生可以得到电工电子基本实践技能的训练，提高运用所学理论知识判断和解决实际问题能力，加深和扩大理论知识的学习；

可以加强工程实际观念和严谨细致的科学作风，为本学科的专业实验和科学研究打下良好的基础。

电工电子技术实验作为重要的教学环节，对培养学生理论联系实际的学风，培养学生研究问题和解决问题的能力，培养学生的创新能力和协作精神，提高学生针对实际问题进行电子线路实际制作的动手能力都具有重要的作用。

电工电子实验按照内容设置可分为基础验证、综合设计和创新研究三个层次。

①基础验证实验。主要选择一些经典内容，以元器件特性、参数和基本单元为实验电路，验证电工理论、电子技术的有关原理，巩固所学的理论知识，培养学生基本工程素养、基本实验技能、基本分析和处理问题的能力。

②综合设计实验。主要结合实际应用，给定实验的部分条件，或实验电路，或方法要求，由学生自行拟定实验方案，正确选择仪器，完成电路连接和性能测试任务，估算工程误差，并能解决实验中出现的问题(包括排除故障)，培养学生对所学知识的综合应用能力，提高学生针对实际问题进行电子设计制作的能力，培养学生的工程设计与综合应用素质。

③创新研究实验。根据给定的实验课题或自主选择课题，由学生独立设计实验电路、实验内容和性能指标，选择合适的元器件，完成电路的组装和调试，以达到设计要求，培养学生自主学习、系统分析、应用、综合、设计与创新的能力，培养学生的创新精神，培养学生更新知识、独立分析处理问题的能力以及创新的思维。

通过电工电子实验课程的学习，学生应该达到以下要求：

①能正确使用常用的电工仪表、电子仪器、电机和电器等实验设备和工具，掌握典型应用电路的组装、测量和调试方法；

②能通过查阅相关技术手册和网上技术资料，合理选用实验元器件(参数)，进行单独实验电路的设计和简单实验；

③能识别电路图、合理布局和接线，能排除实验电路的简单故障和解决实验电路中的常见问题；

④能准确读取实验数据，绘制规范的实验曲线，分析实验结果和编写合格的实验报告；

⑤具有良好的实验素养和严谨的工作作风，具备遵守纪律、团结协作和爱护公物的优良品德；

⑥具有一定的安全用电常识和操作技能。

一个完整的实验过程由实验准备、实验操作和实验总结等环节组成。每个环节的完成情况直接影响着这个实验的整体完成效果，因此必须重视实验的每一个环节。

1.1.2 实验准备

实验准备也称实验预习。实验预习是实验的首要环节，是关系到实验能否顺利完成和能否达到实验预期目的的重要前提。通过实验预习，学生要了解实验目的、掌握实验原理和测量方法，最后写出实验预习报告。

实验预习一般应按以下步骤进行：

①了解实验目的。仔细阅读实验指导书，了解本次实验的目的和任务，弄懂实验要做什么和怎么做。

②掌握实验原理。复习与本次实验相关的理论知识内容，掌握本次实验的原理。根据给出或确定的实验电路与元器件参数，进行必要的理论计算。设计和确定本次实验步骤，包括每步操作的注意事项、仪器设备和人身的安全措施、测量数据的先后顺序等。

③掌握测量方法。详细阅读本次实验所用仪器仪表的使用说明，了解和熟悉它们的功能、基本原理和操作方法并熟记操作要点。设计或掌握操作步骤和测量方法，拟好所有记录数据和有关测试内容的表格或图框。

④写出预习报告。在实验进行前，必须按照要求写出预习报告。在预习报告中要完成所有与本次实验相关内容的问题解答。

在实验准备阶段，需要注意的是，对于验证性实验，要先计算出电路各项理论值，用于判断实验结果正确与否，进行误差分析；对于设计型实验，要先进行电路设计，选择电路参数，实验前画出实验电路，列出器件清单。

1.1.3 实验操作

实验准备环节后，就可进入实验操作阶段。实验操作就是在预习报告的指导下，按照操作步骤进行实际操作的过程。

1.1.3.1 操作流程

(1)实验器材检查

实验开始前，指导教师要对学生的预习报告进行检查，看学生是否了解本次实验的目的、内容和方法。只有检查通过后，才能允许进行实验操作。操作前，学生要认真听取指导教师对实验所用仪器仪表的功能和使用方法所做的讲解，并用万用表简单检查实验中所用的元器件和导线是否完好。

(2)实验电路连接

连接实验电路是实验过程中的关键工作，也是评判学生是否掌握基本操作技能的主要依据。连接实验电路前，首先要将电源、负载和测量仪器等实验对象进行合理的摆放，一般原则是，使实验电路的布局合理，使用安全方便，连线简单可靠。其次按顺序进行电路连接，对于简单电路，一般按电路图上的接点与各实物元器件接头的一一对应关系顺序接线即可。对于复杂的实验电路，通常是先连接串联支路，后连接并联支路；先连接主回路，后连接其他回路；先连接各个局部，后连接成一个整体。

(3)实验电路检查

完成实验电路的连接之后，不能立刻通电实验，必须进行复查。要对照实验电路图，从左至右或者从电路有明显标记处开始一一检查，要按照“图物对照，以图校物”的基本方法加以检查，检查电路的接线是否正确，检查电源线、地线、信号线的连接是否正确，电路中有无短路或接触不良的情况，电路中有无多接或漏接的情况。

(4)实验电路通电

在实验电路连接检查无误后，接通电源。通电后，首先要观察电路有无异常现象，如电路是否有打火、冒烟等现象，是否有异常气味，是否有异常的声响等。如有异常情况发生，应立即关断电源，检查故障原因等排除故障后方可通电。

(5)实验数据测量并记录

实验电路接通电源后，先将设备大致调试一遍，观察各被测量的变化情况和出现的现象是否合理。若不合理，应切断电源，查找原因，进行改正，直到数据合理为止。

进行测量仪表数据读数时，精力要集中。对于数字仪表，要注意量程、单位和小数点位置；对于指针式仪表，要求眼、针、影成一线，及时变换量程使指针指示于误差最小的范围内。

记录实验数据时，要将所有数据记录在原始记录表中，数据记录要完整、清晰，力求表格化；要合理取舍有效数字，并标明被测量的名称和单位；要尊重原始记录，实验后不得涂改数据，养成良好的记录习惯，培养良好的工程意识。

(6)实验电路拆线

完成本次实验后，应先断电，暂不拆线，待指导教师审阅测量数据无误后，再拆除线路。

1.1.3.2 故障分析与排除

在实验中，由于各种各样的原因，经常会遇到一些故障，导致数据测试不正确甚至实验不能进行。一旦遇到故障，不要轻易拆线重新安装，而要运用所学知识，认真观察故障现象，仔细分析故障原因，查找故障部位，排除故障。

(1)常见故障原因分析

①电源接错。这是由于实验人员对实验室的电源系统不熟悉所致，故实验前要先熟悉实验室的供电系统，选择合适电源，不能见电源就接。

②电路连接错误。这种故障是由于实验人员的粗心造成的，所以电路连接时要认真细致，连接完成后要仔细检查。

③元器件接错或参数选择不当。这是由于实验人员对元件的特征及性能不熟悉。

④仪器仪表使用不当或损坏。如量程选择不正确等。

⑤所用导线内部断裂、导线裸露部分因意外相碰而短路或电路连接点接触不良。因此实验前应检查一下所用导线，剔除不合格导线。

⑥电源、实验电路、测试仪器、仪表之间公共参考点连接错误或参考点位置选择不当。

(2)故障的检测

故障检测的方法很多，不管采用哪种方法都要首先确定发生故障的原因和发生故障的部位，只有找到故障部位，才能排除故障。常用的故障检测方法有两种，通电检测法和断电检测法。

①通电检测法。用万用表、电压表、示波器等仪器在接通电源情况下进行电压或波形的测量，若发现异常，则要进一步分析引起异常的原因，找出故障点，加以排除。

②断电检测法。对于严重破坏性故障，要采用断电检测法。先切断电源，检查电路中有无短路、开路、元器件参数是否正确等。在没排除故障前，不可轻易给电路通电。

1.1.3.3 设计性实验的电路调试

设计性实验在完成电路设计、电路优化、器件选择和电路连接之后，通常就要进行电路的调试工作。调试的一般方法是，先对单元电路进行局部调试，以满足个体技术指标，然后再对各单元组成的整体电路进行调试。电路的调试包括静态调试、动态调试和指标调试。

静态调试是指在没有加入信号的条件下进行的调试，使电路各输入和输出参数都符合设计要求。动态调试是指在静态调试的基础上加入信号的调试，使电路各输入和输出的交流参数都符合设计要求。无论是静态调试还是动态调试，若不符合要求，均应调整或更换相应的器件直至达到要求，然后再进行指标测试。所谓指标测试，就是用仪器仪表进行的测试。如果发现指标测试结果与设计要求存在较大差异，就需找出原因，及时调整甚至修改设计方案，以达到满意的实验电路及可靠数据。

1.1.4 实验总结

实验总结是实验的最后阶段工作，主要是进行数据整理分析、图表绘制、回答思考题、总结实验体会和建议，撰写实验报告。

实验报告的一般书写格式要求如下：

①写出实验名称；

②简述实验目的和任务；

③进行实验仪器与元器件列表；

④简述实验原理、画出实验电路；

⑤进行实验数据误差和实验故障现象分析；

⑥回答思考题；

⑦总结实验体会及建议。

1.2 实验误差

数据是客观世界性质、特征和状态的描述，但由于客观世界的复杂性和在数据产生过程中携带了一些与客观无关因素的干扰，使得数据产生了与客观世界不一致的状况，人们通常把这些干扰称为误差。

真实值或称真值是客观存在的，是在一定时间及空间条件下体现事物的真实数值，但很难确切表达。测量值是测量所得的结果。这两者之间总是或多或少存在一定的差异，就是测量误差。

实验误差是实验测量值(包括直接和间接测量值)与真值(客观存在的准确值)之差。

1.2.1 实验误差的特点

(1)非零性

实验误差永远不等于零。不管人们主观愿望如何，也不管人们在测量过程中怎样精心细致地控制，误差还是要产生的，不会消除，误差的存在是绝对的。

(2)随机性

实验误差具有随机性。在相同的实验条件下，对同一个研究对象反复进行多次的实验、测试或观察，所得到的竟不是一个确定的结果，即实验结果具有不确定性。

(3)未知性

实验误差是未知的。通常情况下，由于真值是未知的。研究误差时，一般都从偏差入手。

1.2.2 实验误差的分类

根据实验误差的性质及产生的原因，可将误差分为系统误差、随机误差和粗大误差三种。

(1)系统误差

由某些固定不变的因素引起的。在相同条件下进行多次测量，其误差数值的大小和正负保持恒定，或误差随条件改变按一定规律变化。

(2)随机误差

由某些不易控制的因素造成的。在相同条件下做多次测量，其误差数值和符号是不确定的，即时大时小，时正时负，无固定大小和偏向。随机误差服从统计规律，其误差与测量次数有关。随着测量次数的增加，平均值的随机误差可以减小，但不会消除。

(3)粗大误差

与实际明显不符的误差，主要是由于实验人员粗心大意，如读数错误、记录错误或操作失败所致。这类误差往往与正常值相差很大，应在整理数据时依据常用的准则加以剔除。

1.2.3 减小实验误差的方法

①选定合适的实验仪器；

②严格按照实验步骤、方法操作；

③熟练掌握各种测量器具的使用方法，准确读数；
④改进测量方法；
⑤多次重复实验；
⑥定期用标准的度量衡校准实验仪器。

1.2.4 误差的表示方法

利用任何量具或仪器进行测量时，总存在误差，测量结果总不可能准确地等于被测量的真值，而只是它的近似值。测量的质量高低以测量精确度作为指标，根据测量误差的大小来估计测量的精确度。测量结果的误差越小，则认为测量就越精确。

(1)绝对误差

测量值 X 和真值 A_0 之差为绝对误差，通常称为误差，记为

$$D=X-A_0$$

由于真值 A_0 一般无法求得，因而上式只有理论意义。常用高一级标准仪器的示值作为实际值 A 以代替真值 A_0。由于高一级标准仪器存在较小的误差，因而 A 不等于 A_0，但总比 X 更接近于 A_0。X 与 A 之差称为仪器的示值绝对误差，记为

$$d=X-A$$

与 d 相反的数称为修正值，记为

$$C=-d=A-X$$

通过检定，可以由高一级标准仪器给出被检仪器的修正值 C。利用修正值便可以求出该仪器的实际值 A，即

$$A=X+C$$

(2)相对误差

衡量某一测量值的准确程度，一般用相对误差来表示。示值绝对误差 d 与被测量的实际值 A 的百分比值称为实际相对误差，记为

$$\delta_A=\frac{d}{A}\times 100\%$$

以仪器的示值 X 代替实际值 A 的相对误差称为示值相对误差，记为

$$\delta_X=\frac{d}{X}\times 100\%$$

一般来说，除了某些理论分析外，用示值相对误差较为适宜。

(3)引用误差

为了计算和划分仪表精确度等级，提出引用误差概念。其定义为仪表示值的绝对误差与量程范围之比。

$$\delta_A=\frac{\text{示值绝对误差}}{\text{量程范围}}\times 100\%=\frac{d}{X_n}\times 100\%$$

式中 d——示值绝对误差；

X_n——标尺上限值-标尺下限值。

(4)算术平均误差

算术平均误差是各个测量点的误差的平均值，即

$$\delta_{平}=\frac{\sum|d_i|}{n},\ i=1,\ 2,\ \cdots,\ n$$

式中 n——测量次数；

d_i——第 i 次测量的误差。

(5)标准误差

标准误差亦称为均方根误差。其定义为

$$\sigma=\sqrt{\frac{\sum d_i^2}{n}}$$

上式适用于无限测量的场合。实际测量工作中，测量次数是有限的，则改用下式

$$\sigma=\sqrt{\frac{\sum d_i^2}{n-1}}$$

标准误差不是一个具体的误差，σ 的大小只说明在一定条件下等精度测量集合所属的每一个观测值对其算术平均值的分散程度，如果 σ 的值越小则说明每一次测量值对其算术平均值分散度就小，测量的精度就高，反之精度就低。

1.2.5 实验术语

(1)测量精度

测量精度指测量的结果相对于被测量真值的偏离程度。

测量仪表的精确等级是用最大引用误差(又称允许误差)来标明的。它等于仪表示值中的最大绝对误差与仪表的量程范围之比的百分数。

$$\delta_{max}=\frac{最大示值绝对误差}{量程范围}\times100\%=\frac{d_{max}}{X_n}\times100\%$$

式中 δ_{max}——仪表的最大测量引用误差；

d_{max}——仪表示值的最大绝对误差；

X_n——标尺上限值—标尺下限值。

通常情况下是用标准仪表校验较低等级的仪表。所以，最大示值绝对误差就是被校表与标准表之间的最大绝对误差。

显然用同一仪表的不同量程测量同一被测量时，其最大绝对误差是不同的。因此使用仪表时，就存在一个选择适当量程的问题。

测量仪表的精度等级是国家统一规定的，把允许误差中的百分号去掉，剩下的数字就称为仪表的精度等级。仪表的精度等级常以圆圈内的数字标明在仪表的面板上。例如某台压力计的允许误差为 1.5%，这台压力计电工仪表的精度等级就是 1.5，通常简称 1.5 级仪表。

仪表的精度等级为 a，它表明仪表在正常工作条件下，其最大引用误差的绝对值

δ_{max}不能超过的界限，即

$$\delta_{max}=\frac{d_{max}}{X_n}\times 100\% \leqslant a\%$$

由上式可知，在应用仪表进行测量时所能产生的最大绝对误差(简称误差限)为

$$d_{max}\leqslant a\%\cdot X_n$$

而用仪表测量的最大值相对误差为

$$\delta_{nmax}=\frac{d_{max}}{X_n}\leqslant a\%\cdot\frac{X_n}{X}$$

由上式可以看出，用仪表测量某一被测量所能产生的最大示值相对误差，不会超过仪表允许误差 $a\%$ 乘以仪表测量上限 X_n 与测量值 X 的比。在实际测量中为可靠起见，可用下式对仪表的测量误差进行估计，即

$$\delta_m=a\%\cdot\frac{X_n}{X}$$

【例 1-1】 用量限为 5A，精度为 0.5 级的电流表分别测量两个电流，$I_1=5A$，$I_2=2.5A$，试求测量 I_1 和 I_2 的相对误差为多少？

解：

$$\delta_{m1}=a\%\times\frac{I_n}{I_1}=0.5\%\times\frac{5}{5}=0.5\%$$

$$\delta_{m2}=a\%\times\frac{I_n}{I_2}=0.5\%\times\frac{5}{2.5}=1.0\%$$

由此可见，当仪表的精度等级选定时，所选仪表的测量上限越接近被测量的值，则测量的误差的绝对值越小。

【例 1-2】 欲测量约 90V 的电压，实验室现有 0.5 级 0~300V 和 1.0 级 0~100V 的电压表。问选用哪一种电压表进行测量为好？

解：

用 0.5 级 0~300V 的电压表测量 90V 电压的相对误差为

$$\delta_{m0.5}=a_1\%\times\frac{U_n}{U}=0.5\%\times\frac{300}{90}=1.7\%$$

用 1.0 级 0~100V 的电压表测量 90V 电压的相对误差为

$$\delta_{m1.0}=a_2\%\times\frac{U_n}{U}=1.0\%\times\frac{100}{90}=1.1\%$$

上例说明，如果量程选择得当，用量程范围适当的 1.0 级仪表进行测量，能得到比用量程范围大的 0.5 级仪表更准确的结果。因此，在选用仪表时，应根据被测量值的大小，在满足被测量数值范围的前提下，尽可能选择量程小的仪表，并使测量值大于所选仪表满刻度的三分之二，即 $X>2X_n/3$ 。这样就可以达到满足测量误差要求，又可以选择精度等级较低的测量仪表，从而降低使用仪表的成本。

(2)灵敏度

灵敏度是指某方法对单位浓度或单位量待测物质变化所致的响应量变化程度，它

可以用仪器的响应量或其他指示量与对应的待测物质的浓度或量之比来描述。

灵敏度是指仪器测量最小被测量的能力。所测的最小量越小，该仪器的灵敏度就越高。如天平的灵敏度，每个毫克数就越小，即使天平指针从平衡位置偏转到刻度盘一分度所需的最大质量就越小。又如万用电表表盘上标的数字"5000Ω/V"就是表示灵敏度的。它的物理意义是，在电表两端加 1V 电压时，使指针满偏所要求电表的总内阻 R_v（表头内阻与附加电压之和）为 5000Ω。这个数字越大，灵敏度越高。这是因为：$I_g \times R_v = U$，所以 $R_v/U = 1/I_g$，因此根据 5000Ω/V 可以知道表头的满偏电流 $I_g = U/R_v = 1/5000 = 200(\mu A)$，$R_v/U$ 值越大，表头的满偏电流越小，电表越灵敏。用 $I_g = 1000\mu A$，$R_g = 1000\Omega$ 的电流表改装成的电压表的灵敏度是 $1/I_g = 1000\Omega/V$。

再如，将方波信号发生器输出的频率是 1kHz 幅度为 0.5V 的方波，送入示波器的"X 输入"，如屏上显示水平方向的迹线长度，在 J2458 型示波器中不小于 7.8 格，在 325-2 型示波器中不小于 6.3 格，在 J2459 型示波器不小于 5 格，则示波器的 X 轴灵敏度即为合格。否则应寻找原因，更换失效的元器件。

对放大器来说，灵敏度一般指达到额定输出功率或电压时输入端所加信号的电压大小，因此也称为输入灵敏度；对音箱来说，灵敏度是指给音箱施加 1W 的输入功率，在喇叭正前方 1m 远处能产生多少分贝的声压值。

耳机的灵敏度反映的是在同样的响度的情况下，需要输入的功率的大小。耳机灵敏度越高所需要的输入功率越小，在同样功率的音源下输出的声音越大。

仪器的灵敏度也不是越高越好，因为灵敏度过高，测量时的稳定性就越差，甚至不易测量，即准确度就差。故在保证测量准确性的前提下，灵敏度也不易要求过高。

(3)精密度

仪器的精密度又称精度，一般是指仪器的最小分度值。如米尺的最小分度为 1mm，其精密度就是 1mm，水银温度计的最小分度为 0.2℃，其精度就是 0.2℃。仪器的最小分度值越小，其精度就越高，灵敏度也就越高。比如最小分度为 0.1℃的温度计就比最小分度为 0.2℃的温度计灵敏度和精密度都高。

精密度是表示测量的再现性，是保证准确度的先决条件，但是高的精密度不一定能保证高的准确度。例如一台一定规格的电压表，其内部的附加电压变质，使其实际准确度下降了，但精度却不变。可见精度与准确度是有区别的。好的精密度是保证获得良好准确度的先决条件，一般说来，测量精密度不好，就不可能有良好的准确度。反之，测量精密度好，准确度不一定好，这种情况表明测定中随机误差小，但系统误差较大。

重复性和再现性是精密度的两个极端值，分别对应于两种极端的测量条件：前者表示的是几乎相同的测量条件（称为重复性条件），重复性衡量的是测量结果的最小差异；而后者表示的是在完全不同的条件（称为再现性条件），衡量的是测量结果的最大差异。此外还可考虑介于中间状态条件的所谓中间精密度条件，是指多次重复测定同一量时各测定值之间彼此相符合的程度，表征测定过程中随机误差的大小。

精密度通常以算术平均差、极差、标准差或方差来量度。精密度同被测定的量值大小和浓度有关。因此，在报告精密度时，应该指明获得该精密度的被测定的量值大小和浓度。

总之，准确度和精密度是两个不同的概念，但它们之间有一定的关系。应当指出的是，测定的准确度高，测定结果也越接近真实值。但不能绝对认为精密度高，准确度也高，因为系统误差的存在并不影响测定的精密度。相反，如果没有较好的精密度，就很少可能获得较高的准确度。可以说精密度是保证准确度的先决条件。

(4)占空比

占空比是指脉冲信号的通电时间与通电周期之比。如某脉冲宽度 1μs，信号周期 4μs 的脉冲序列占空比为 0.25。在一串理想的脉冲周期序列中(如方波)，正脉冲的持续时间与脉冲总周期的比值，如图 1-1 所示。

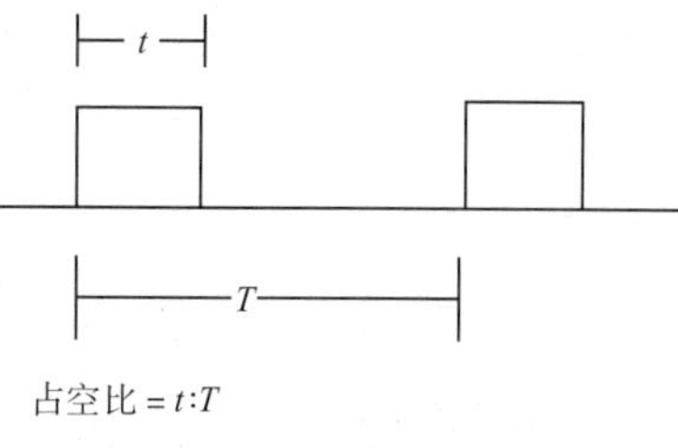

图 1-1 方波占空比

占空比是对电控脉宽调制的引申说明，占空比实质上是指受控制的电路被接通的时间占整个电路工作周期的百分比。准确地说，占空比控制应该称为电控脉宽调制技术，它是通过电子控制装置对加在工作执行元件上一定频率的电压信号进行脉冲宽度的调制，以实现对所控制的执行元件工作状态精确、连续的控制。

1.3 安全用电

电工电子实验离不开电，因此一定要安全用电。安全用电是实验室安全技术的首要组成部分，学生在实验室进行实验前必须了解安全用电常识并严格遵守安全用电规则。

1.3.1 安全电压

安全电压是指在不带任何防护设备的条件下，当人体接触带电体时对人体各部分组织均不会造成伤害的电压值。

我国有关标准规定，12V、24V 和 36V 三个电压等级为安全电压级别，分别适用于不同的应用场合。在湿度大、空间狭窄、行动不便、周围有大面积接地导体的场所(如金属容器内、矿井内、隧道内等)并使用手提照明灯，应采用 12V 安全电压。手提照明器具、危险环境的局部照明灯、高度不足 2.5m 的一般照明灯、携带式电动工具等，若无特殊的安全防护装置或安全措施，均应采用 24V 或 36V 的安全电压。

安全电压的规定是从总体上考虑的，对于某些特殊情况或某些人也不一定绝对安全。所以即使在规定的安全电压下工作，也不可粗心大意，而要小心用电。

1.3.2 人体触电及触电急救

人体中含有大量的水分子和金属粒子，当人不慎触及电源或带电导体时就会有电流流过人体，从而造成触电，使人受到伤害。从本质上讲，触电是电流对人体的伤害。

触电对人体的伤害分为电伤和电击。电伤是指电流对人体外部造成的局部伤害，这是由于电流的热效应、化学效应或机械效应使人受到灼伤、烙伤和皮肤金属化等伤害。电击是电流通过人体内部，使心脏、神经系统或肺部等内部器官组织的正常工作受到破坏而造成的伤害。这是经常遇到的一种伤害，也是造成触电死亡的主要原因。

触电的危险程度与人体电阻的大小、电流的频率、电流的大小和电流持续的时间等因素有关。

①伤害程度与人体电阻的关系。人体的电阻越大，通过的电流越小，伤害程度也越轻。由于人的皮肤状况不同，使得人体电阻在很大范围内变化。一般干燥环境下，人体电阻在 2kΩ 左右；皮肤出汗时，约为 1kΩ 左右；皮肤有伤口时，约为 800Ω 左右。

②伤害程度与电流频率的关系。直流电和频率为 50Hz 左右的交流电对人体的危害最大，高于此频段的电流对人体触电的伤害程度明显减轻。

③伤害程度与电流大小的关系。通常 1mA 的工频电流通过人体时，就会使人有不舒服的感觉。10mA 的工频电流人体尚可摆脱，称为摆脱电流。50mA 的工频电流通过人体时，就会有生命危险。当流过人体的工频电流达到 100mA 时，就足以使人死亡。

④伤害程度与电流持续时间的关系。电流通过人体的时间越长，则伤害越严重。

我国规定安全电流为工频 30mA，触电时间不超过 1s，即 30mA · s。

当发生触电事故时，要进行必要的急救处理。首先要使触电者迅速脱离电源，把触电者接触的那一部分带电设备的开关、刀闸或其他设备断开，或设法将触电者与带电设备脱离。在脱离电源中，救护人员既要救人，也要注意保护自己，在触电者未脱离电源前，救护人员不准直接用手触及触电者，因为有触电的危险。其次，在触电者脱离电源后，应立即进行现场急救。触电者如神志清醒，应使其就地躺平，严密观察，暂时不要站立或走动。触电者如神志不清，应就地仰面躺平，且确保气道通畅，并用 5s 时间呼叫伤员或轻拍其肩部，以判定伤员是否意识丧失，禁止摇动伤员头部呼叫伤员。需要抢救的伤员，应立即就地坚持正确抢救进行人工呼吸等，并设法联系医疗部门接替救治。

1.3.3　常见的触电方式

常见的触电方式一般分为三种：单相触电、两相触电和跨步触电。

(1)单相触电

当人体站在地面或其他接地导体上，人体的某一部位碰到相线(俗称火线)时，电流由相线经人体流入大地的触电方式，称为单相触电。单相触电发生的机会还是很多的，这是因为现在普遍采用三相四线制供电，且中性线(俗称零线)一般都接地。

(2)两相触电

当人体的不同部位分别接触到同一电源的不同相位的相线时，电流由一个相线经人体流到另一根相线的触电方式，称为两相触电。此时人体承受的是电网的线电压，通过人体的电流远远大于致命电流，其伤亡程度比单相触电更为危险。

(3)跨步触电

由跨步电压引起的触电，称为跨步触电。跨步电压是指当输电线断线落地时，在断线接地点周围形成同心圆的电压，如果人双脚沿这些圆的径向分开站立时，两脚之间就会承受一定的电压，人体就会因两脚的电势差形成电流而触电。因此，人们在户外不要走近断线着地点 8~10m 以内的地段。

1.3.4　安全保护技术

实验室常用的用电安全保护技术主要包括：保护接地、保护接零、保护切断和合理布线等方法。

(1)保护接地

目前在三相四线制供电系统中，配电变压器的中性点一般是通过导线和接地体与大地进行可靠的连接。所谓保护接地，就是将电气设备的金属外壳连接起来，通过接地线和大地连接，当设备因某种原因带电时，电流就会从地线流入大地，这时人体如果接触此电器时，人体电阻将与接地线电阻并联，人体的电阻在较低时约为 1kΩ，而合格的接地保护线对地电阻应小于 4Ω，显然 1kΩ 远大于 4Ω，这时的漏电电流绝大部分将从接地线上分流入地，通过人体的电流会远小于安全电流值，从而保障了人身安全。基于此，实验室中所有的插座中顶端接地端子必须都与接地保护线良好地连接，万一有设备漏电，也不易引起触电事故。

(2)保护接零

将电气设备的金属外壳不直接接地，而是连接在零线上。当电器发生漏电时，由于这一回路的电阻很小，漏电电流就很大，会使接在相线上的保险丝熔断或引起自动开关跳闸，及时切断电源，防止人身触电。

(3)保护切断

使用漏电保安器或总控开关。实验室通过安装触电保安器或总控开关，可以随时控制供电的通断。在使用时如遇漏电或其他意外时就会自动跳闸，进行安全保护。如果未安装漏电保安器或总控开关，遇触电或火灾时就不能在最短的时间内切断电源，控制险情，而不断电就难以进行人员救护，更不能用水等导电灭火剂来灭火。

(4)漏电保护

当实验室用电设备绝缘不良引起漏电时，其外壳或其他外露的可导电部分就可能长期带电，这增加了人体触电的危险。漏电保护断路器就是针对这种情况发展起来的保护装置，它在判断到漏电或触电故障时，能自动切断故障电路。

漏电保护断路器的工作原理是正常情况下穿过其零序电流互感器的三相电流之和等于零，当三相中的任意一相绝缘损坏导致漏电发生时，三相电流之和将不等于零，从而引起零序电流互感器激磁，致使副边绕组有电流输出。副边绕组的输出经放大器放大后驱动脱扣器动作，使得断路器断开电源，防止了漏电/触电事故的发生与扩大。

(5)合理布线

实验室要合理布设供电线路并且避免导线超负荷供电。一般实验中有许多台设备工作，功率很大，布设供电导线时必须选择安全载流量线径的导线。如果使用线径较细的导线就要采用分路送电，使各路导线供电量不超负荷，也不要随意在原设计的线路上增加负荷量。实验室空调线路要与设备线路分线供电和分线控制。

1.3.5 个人防护装置

在实验室进行一些特殊用电实验时，需要用到个人防护装置。个人防护装置是指衣、帽等实验操作人员在工作现场穿戴的个人防护用品，它主要包括：工作衣、安全帽、防护眼镜、绝缘手套和电工鞋等。

(1)工作衣

工作衣能够提供安全保护，避免人体可能接触到尖锐的物体、过热的物体、有害的物体而造成伤害。工作衣要用耐磨损的材料制成，既贴身又不妨碍移动。工作衣口袋应方便掏取，且不易被工具撕裂。被油污弄脏的工作衣要及时洗涤，不要让它变成易燃物。

当在高电压环境下工作时，工作衣要用不易起弧的材料制成，而且纤维表面应涂 PVC。

(2)安全帽

安全帽可以避免头部触电同时保护头部免遭下落或飞行物体的伤害。安全帽要用轻而坚固的材料制成，内部衬垫应使头部不接触坚硬的头盔外壳，既吸震又通风。

安全帽按保护等级分 A、B、C 三类：A 类安全帽可以保护低压触电、燃烧和撞击；B 类安全帽可以保护高压触电、燃烧和被下落/飞行物体撞击刺穿；C 类安全帽用轻型材料制成，防撞击。

(3)防护眼镜

防护眼镜由防冲击玻璃或塑料镜片、加固的镜框和边护构成，可以避免眼睛或面部受到飞行的尘粒、触头引起的电弧和辐射能量的伤害。

(4)绝缘手套

绝缘手套由乳胶橡胶制成，用于保护双手免遭触电的伤害，能提供的耐压等级由 500V 到 26500V 不等。绝缘手套和皮护套一般配套使用，皮护套戴在橡胶手套的外面，保护橡胶绝缘手套不被尖锐的东西刺穿并提供附加的触电防护。

橡胶绝缘手套和皮护套的最主要的作用是保护手和小臂避免接触带电导体。

(5)电工鞋

电工鞋是指有橡胶底的绝缘鞋，可防止触电事故的发生，同时也对脚起到一定的保护作用。

1.3.6 安全警示与加锁

当实验室用电设备或线路进行维修或检查时，必须断电。为了确保人员和设备的安全，必须确保期间电源不被合闸、设备不被操作，必须挂警示牌并加锁。警示牌要告知不可合闸，直到警示牌撤销；电源箱要加锁，不能任意启动有关电源。

除了被授权的人之外，任何人无权移动警示牌和打开锁，除非情况紧急。

使用安全警示牌或加锁的一般规则如下：

①尽可能使用安全警示牌和加锁；

②当加锁不可能的时候仅使用安全警示牌；

③当使用一把锁不实际的时候，加多把锁；

④断掉所有的电源，包括一次侧与二次侧；

⑤使用万用表确认电源确实断掉。

在检查或者维修完成准备恢复正常运行时，要将安全警示牌去掉，然后将电源箱开锁，设备上电。

1.3.7 其他保护措施

实验室安全用电除了可采用上述措施外还有一些其他的措施，包括绝缘、屏护、间距和自动断电等。

(1)绝缘

用绝缘材料将带电体封闭起来。良好的绝缘材料所提供的高绝缘电阻是保证实验设备和用电线路安全运行的重要措施。

(2)屏护

采用屏护装置将带电体与外界隔绝。常用的屏护装置，如设备的绝缘外壳、金属网罩、变压器的遮拦、栅栏等都属于屏护措施。凡金属材料制作的屏护装置，均应接地或接零。

(3)间距

为防止人体触及和过分接近带电体，为防止火灾、过电压放电及短路事故的发生，在带电体与地面之间、在带电体与带电体之间、在带电体与其他设备之间，均应保持一定的安全距离。

(4)自动断电

在带电线路或用电设备上发生触电事故或其他事故(短路、过载、欠压等)时，在规定的时间内能自动切断电源。如漏电保护、过流保护、过压或欠压保护、过载保护、触电保护等都属于自动断电保护。

1.4 实验室防火安全

减少火灾的最好办法是预防，实验室管理和使用人员应负起责任，杜绝火灾隐患的出现，主要的防火措施包括：

①谨慎地使用和存储诸如润滑油、油棉纱、溶剂等易燃物品。

②将粘有汽油、酒精、油漆、机油等易燃品的擦拭布放在远离建筑物的有盖的金属罐内。

③明显标示出电路主断路器的位置、火灾报警器的位置、灭火器的位置和紧急出口位置等。

1.5 实验室安全预防措施

要保证实验室的用电安全，就必须有安全用电的预防措施，常见的安全措施主要有以下几种方式。

①定期检查供电线路安全状况。开关和熔断器是否装在火线上(零线上不能安装开关和保险丝)，开关和熔断器及电器周围是否存有易燃物，供电线路是否有供电隐患等。

②检查三孔插座接线是否正确。地插座顶端是否有接地保护线，地插座左侧为零线，右侧为火线，是否有错。防止外线改动使火线与零线接反。

③保护接地线的线径不小于相线线径，并经常检查接地电阻是否小于4Ω。

④要经常性对学生进行安全教育，注意自身用电安全保护。

⑤接线、改线、拆线都必须在切断电源的情况下进行，即先接线后通电，先断电后拆线，不能带电操作。

⑥接线完毕后，认真检查，经老师检查同意后方可接通电源进行实验。

⑦实验中，特别是设备刚投入运行时，要随时注意仪器设备的运行情况，如发现异味、异声、冒烟、打火等现象，应立即断电，并报告指导教师。

1.6 接地装置

接地装置由接地体和接地线两部分组成。

(1)接地体

接地体是指埋入地下并和大地直接接触的导体组，分为自然接地体和人工接地体。

①自然接地体。自然接地体是指利用与大地有可靠连接的金属构件、金属管道、钢筋混凝土建筑物基础等作为接地体。装设接地装置时应首先利用自然接地体，对螺栓连接的管道、钢结构等采用跨接线焊牢方法。

②人工接地体。人工接地体是指使用型钢如角钢、钢管、圆钢等打入地下而作为

接地体。

(2)接地线

电气设备或装置的接地端与接地体相连的金属导体称为接地线，分为干线与支线。

①实验室用电设备较多时，应设置接地干线。接地干线一般沿实验室四周墙体明设，距地面 300mm，与墙体有 15mm 的距离。

②接地线与接地体之间的连接一般为焊接，埋入地下的连接点应在焊接后涂沥青漆防腐。

③每台设备使用单独的接地线与干线连接，禁止在一条接地线上串联多台接地设备。

家用电器作为日常生活中常见的用电设备，同样需要接地或接零保护。如果供电变压器副边的三相四线中性点不接地，家用电器必须采用保护接地作为保安措施；如果三相四线中性点接地，应采用接零保护。

为了改善和提高三相四线低压电网的安全程度，出现了三相五线制和单相三线制，即增加一根保护零线(PE)，而三相四线制中的中性线称为工作零线(N)，这对家用电器的保护接零非常重要。因为目前单相电源的进线(相线和中性线)上都安装有熔断器，此时的中性线(N)就不能作为保护接零用了。所有的接零设备都要通过三孔插座接到保护零线(PE)上(三孔插座中间粗大的孔为保护接零，其余二孔为电源线)。

生活用电一般是单相三线供电，即一根相线 L，一根保护零线 PE，一根中性线 N。多数采用三脚插头和三眼插座连接。三眼插座的正确接法是将插座上接零线的孔连接到保护零线 PE 上，接中性线的孔接到中性线 N 上，但要注意保护零线 PE 上不能有熔断器。

1.7 养成良好实验习惯

实验室是进行实验教学和科学研究的公共场所，这必然要求学生有良好的实验习惯。实验习惯是实验活动中个人修养所达到的专业程度及其表现，也是学生在实验中的思想、态度、精神、知识、技能、方法、能力、品格习惯和作风等诸方面专业实际水平的综合体现。学生要培养良好的实验习惯，需做到以下几方面内容的要求：

①增强自律意识。有一定的思想品行准则、道德规范、纪律与卫生守则和安全防污与环保意识，严格遵循实验室的规章制度。

②课前预习。明确实验的目的和要求，避免盲目做实验。每次实验课之前，学生要预习实验指导书，明确实验目的，了解实验应解决的问题，然后再做实验，最后得出结论。一定要在实验过程中，把实验数据记录下来，培养学生科学严谨的实验态度。

③规范操作仪器仪表。学生在实验开始前，通过实验老师的讲解，要了解实验所用测量仪器的使用方法，牢记使用规则和操作程序，了解与其他仪器的正确接法；实验中要爱护仪器，细心操作，对仪器仪表正确读数，记录数据。

④具备团结协作的合作共赢意识。电工电子实验中经常要分组进行，如何在有限的时间更快更好的完成实验，小组人员的互相配合是非常重要的。实验过程中，学生要团结协作，合理分工，共同探讨。要避免一人操作，其余人旁观的现象发生。

⑤具有良好的心理素质和行为习惯。良好的心理素质是实验成功的保证。在实验中，要避免害怕难做而不想做、怕损坏仪器干脆不做的畏难心理。要大胆实验，细心规范操作，学会自己处理小故障。对确实不小心损坏仪器的，要勇于承认自己的失误，等候老师妥善处理，不要逃避责任。

⑥实验要有始有终。学生在实验过程中不仅要养成规范操作的良好习惯，还必须在实验完成后检查收拾好仪器并摆放整齐。实验课后，按要求写出规范的实验报告，避免因为实验有始无终而造成实验走过场的情况。学生通过撰写实验报告，提高自己的表达能力，逐渐养成一种严谨、科学的实验态度，从而养成良好的实验习惯。

第 2 章

常用电子器件

电子元器件是组成电子产品的基础，了解常用电子元器件的种类、结构、性能以及在电路中的作用，掌握元器件的识别、检测、安装和拆卸方法是衡量学生掌握电子技术基本技能的一个重要内容，也是学生必须掌握的技能。本章主要介绍电阻器、电位器、电感器、电容器、半导体二极管、半导体三极管、集成电路、传感器等常用电子元器件的分类、符号、外形、参数、识别方法、选用等。

2.1 电阻器和电位器

电阻器是电子电路中用得最多的元件之一，几乎在任何一个电子线路中都不可缺少。在电路中，电阻器主要有缓冲、分压、分流、负载、保护等作用，用于稳定、调节、控制电压或电流的大小。

电阻器一般可以分为固定电阻器、可变电阻器和特种电阻器三大类。固定电阻器的阻值是固定不变的，阻值的大小即为它的标称阻值，通常我们把固定电阻器简称为电阻器或电阻。可变电阻器的阻值可以在一定的范围内调整，它的标称阻值是最大值，其滑动端到任意一个固定端的阻值在零和最大值之间连续可调，可变电阻器也称为电位器。特种电阻器是指具有特殊性能的电阻器，也称为敏感电阻器，如光敏电阻器、热敏电阻器、压敏电阻器，它们的电阻值会随光强、温度、电涌电压的变化而变化。下面将分别介绍电阻器、电位器和特种电阻器。

2.1.1 电阻器

电阻器即固定电阻器，在电路中用“R”加数字表示，如：R1 表示编号为 1 的电阻，电路符号表示如图 2-1 所示，图(a)为国外电阻器符号，图(b)为国内电阻器符号。电阻值的单位为欧姆，简称欧，符号为 Ω，常用的单位还有千欧(kΩ)，兆欧(MΩ)等，换算方法是：1 MΩ = 1000 kΩ = 10^6Ω。

图 2-1 电阻器电路符号表示

2.1.1.1 电阻器的分类

电阻器的种类有很多，可以按照电阻体材料、用途、结构形状等分为不同的种类，如图 2-2 所示。

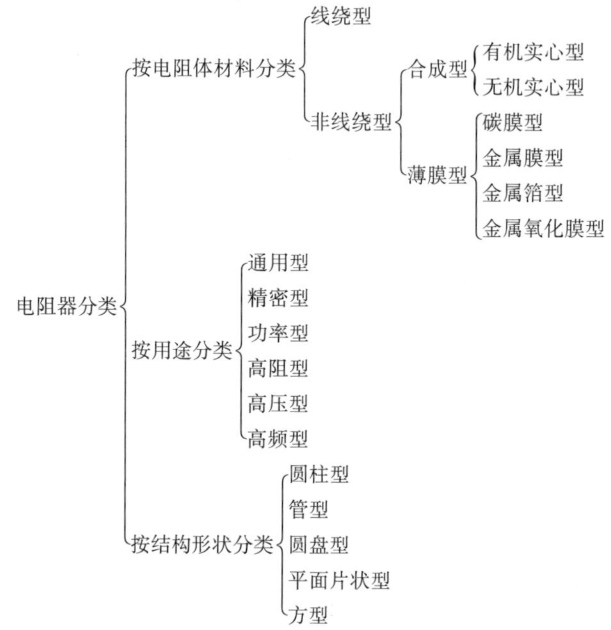

图 2-2 电阻器的分类

常用的电阻器主要有碳膜电阻器、金属膜电阻器、线绕电阻器、片状电阻器等，如图 2-3 所示。

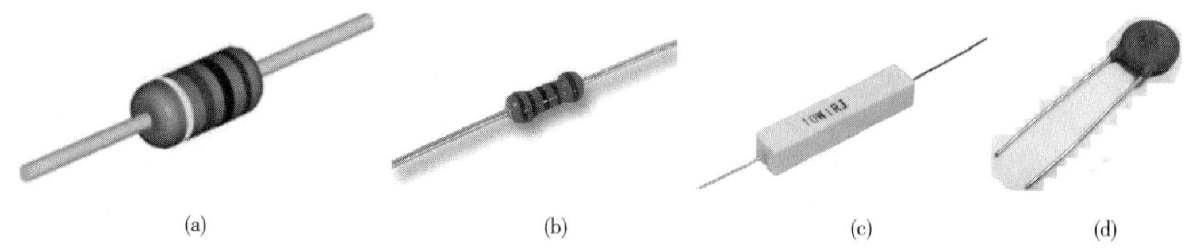

图 2-3 常用电阻器外形图

(a)碳膜电阻器 (b)金属膜电阻器 (c)水泥电阻器 (d)片状电阻器

(1)碳膜电阻器

碳膜电阻器是由碳沉积在瓷质基体上制成的，通过改变碳膜的厚度或长度得到不同的电阻值。碳膜电阻器具有价格低，高频特性好，负温度系数较小，脉冲负载稳定等优点；缺点是体积较大，误差较大。碳膜电阻器是目前应用最广泛的电阻，主要应用在各种电子产品中。

(2)金属膜电阻器

金属膜电阻器是由金属合金粉沉积在瓷质基体上制成的，通过改变金属膜的厚度或长度得到不同的电阻值。金属膜电阻器具有耐高温，高频特性好，精度高，体积较小等优点；但它成本较高，脉冲负载稳定性较差。主要应用于精密仪器仪表等电子产品中。

(3)线绕电阻器

线绕电阻器是用电阻率较大的镍、铬、锰铜、康铜等合金电阻丝缠绕在绝缘骨架基体上制成的。线绕电阻器的优点是：耐高温，精度高，噪声小，功率大，但因其固有电容和固有电感较大，故不宜用于高频电路中。常用在万用表和电阻箱中作分压器和限流器。

水泥电阻器是一种陶瓷绝缘功率型线绕电阻，主要应用于彩色电视机、计算机及精密仪器仪表等电子产品中。

(4)片状电阻器

片状电阻器属于新一代电阻元件，是超小型电子元器件，形状有矩形和圆柱形两种。矩形片状电阻很薄，有两种型号：3216型(长3.2mm、宽1.6mm、厚0.45~0.6mm)和2125型(长2.0mm、宽1.25mm、厚0.35~0.5mm)，适于制作超薄型产品。圆柱形是标准规格，目前世界上流行的尺寸是ϕ2.2mm×5.9mm。片状电阻器占用的安装空间很小，没有引线，适合于机器自动装配，其分布电容和分布电感均很小，使高频设计易于实现。

对于常见的电阻器，将它们的性能特点进行总结，见表2-1。

表2-1 常用电阻器的性能特点

电阻名称	电阻的性能特点
碳膜电阻	价格低，高频特性好，负温度系数较小，脉冲负载稳定，但体积较大，误差较大。应用广泛。阻值范围：1Ω~10MΩ
金属膜电阻	耐高温，高频特性好，精度高，体积较小，但成本较高，脉冲负载稳定性差。阻值范围：1Ω~620MΩ
线绕电阻	耐高温，精度高，噪声小，功率大(可达500W)，但高频性能差，体积大，成本高。阻值范围：0.1Ω~5MΩ
金属氧化膜电阻	除具有金属膜电阻的特点外，它比金属膜电阻的抗氧化性和热稳定性高，功率大(可达50kW)，但阻值范围小，主要用来补充金属膜电阻器的低阻部分。阻值范围：1Ω~200kΩ
合成实芯电阻	机械强度高，过负载能力较强，可靠性较高，体积小，但噪声较高大，分布参数(L、C)大，对电压和温度的稳定性差。阻值范围：4.7Ω~22MΩ
合成碳膜电阻	电阻阻值变化范围宽，价廉，但噪声大，频率特性差，电压稳定性低，抗湿性差。主要用来制造高压高阻电阻器。阻值范围：10MΩ~106MΩ

2.1.1.2 电阻器的型号及命名法

电阻器的种类繁多，不同的种类对应了不同的型号，根据国家标准 GB 2470—1995 的规定，电阻器的命名包含四个部分，通过这种命名法可以区分不同的型号。电阻器的命名法见表 2-2。

表 2-2 电阻器的型号命名法

第一部分：主称		第二部分：材料		第三部分：特征			第四部分：序号
符号	意义	符号	意义	符号	电阻器	电位器	
R	电阻器	T	碳膜	1	普通	普通	对主称、材料相同，仅性能指标尺寸大小有区别，但基本不影响互换使用的产品，给同一序号；若性能指标、尺寸大小明显影响互换时，则在序号后面用大写字母作为区别代号
W	电位器	H	合成膜	2	普通	普通	
		S	有机实芯	3	超高频	—	
		N	无机实芯	4	高阻	—	
		J	金属膜	5	高温	—	
		Y	氧化膜	6	—	—	
		C	沉积膜	7	精密	精密	
		I	玻璃釉膜	8	高压	特殊函数	
		P	硼酸膜	9	特殊	特殊	
		U	硅酸膜	G	高功率	—	
		X	线绕	T	可调	—	
		M	压敏	W	—	微调	
		G	光敏	D	—	多圈	
		R	热敏	B	温度补偿用	—	
				C	温度测量用	—	
				P	旁热式	—	
				W	稳压式	—	
				Z	正温度系数	—	

【例 2-1】 有一电阻器为 RJ71-0.25-4.7kⅠ型，其表示含义如下：

R-主称，电阻器；J-材料，金属膜；7-特征，精密型；1-序号，1；0.25-额定功率，1/4W；4.7k-标称阻值，4.7kΩ；Ⅰ-允许误差，Ⅰ级±5%。

【例 2-2】 有一电阻器为 WSW-1-0.5-4.7kΩⅡ型，其表示含义如下：

W-主称，电位器；S-材料，有机实芯；W-特征，微调型；1-序号，1；0.5-额定功率，1/2W；4.7kΩ-标称阻值，4.7kΩ；Ⅱ-允许误差，Ⅱ级±10%。

2.1.1.3 电阻器的主要参数

(1)标称电阻值与允许误差

电阻器上所标的阻值称为标称阻值。电阻器的实际阻值和标称值之差除以标称值所得到的百分数，为电阻器的允许误差。

$$\delta=\frac{R-R_R}{R_R}\times100\%$$

式中　δ——允许误差；

R——实际阻值；

R_R——标称阻值。

误差越小的电阻器，其标称值规格越多。按照国家标准，常用固定电阻器的标称阻值见表 2-3，允许误差等级见表 2-4。

表 2-3　常用固定电阻器的标称阻值表

允许误差	系列代号	标称阻值系列
±5%	E24	1.0　1.1　1.2　1.3　1.5　1.6　1.8　2.0　2.2　2.4　2.7　3.0　3.3　3.6　3.9　4.3　4.75.1　5.6　6.2　6.8　7.5　8.2　9.1
±10%	E12	1.0　1.2　1.5　1.8　2.2　2.7　3.3　3.9　4.7　5.6　6.8　8.2
±20%	E6	1.0　1.5　2.2　3.3　4.7　6.8

表 2-4　常用固定电阻器的允许误差表

级别	005	01	02	Ⅰ	Ⅱ	Ⅲ
允许误差	±0.5%	±1%	±2%	±5%	±10%	±20%

表 2-3 中，E24 系列中有 24 个数值等级，E12 系列中有 12 个数值等级，E6 系列中有 6 个数值等级。电阻器上的标称阻值是按国家规定的阻值系列标注的，因此选用时必须按此阻值系列去选用，使用时将表中的数值乘以 $10^n\Omega$（n 为整数），就成为这一阻值系列。如 E24 系列中的 1.8 就代表有 1.8Ω、18Ω、180Ω、1.8kΩ、180kΩ 等标称电阻。该表也适用于电位器、电容器标称值系列，在表示电容器容量标称系列时，单位为 pF。

精密电阻器的标称值有 E48 系列、E96 系列和 E192 系列。其中，E48 系列中有 48 个数值等级，E96 系列中有 96 个数值等级，E192 系列中有 192 个数值等级。

常用电阻器的精度大都是Ⅰ、Ⅱ级，Ⅲ的很少使用。005、01、02 精度等级的电阻器仅供精密仪器或特殊电子设备使用，它们的标称阻值属于 E48、E96、E192 系列。除了表 2-4 中所规定的精度等级外，精密电阻器的允许误差可分为：±2%、±1%、±0.5%、±0.2%、±0.1%、±0.05%、±0.02%、±0.01%等。

选用电阻器时应选择接近计算值的一个标称阻值，一般的电路对精度没有要求，选用精度为Ⅰ、Ⅱ级的都可以满足误差要求。如果有精度要求，要根据需要从规定的高精度系列中选取。

(2)额定功率

电阻器在交直流电路中长期连续工作所允许消耗的最大功率，称为电阻器的额定功率。当超过额定功率，电阻器的阻值将发生变化，甚至烧毁电阻器。对于同一类电阻器，几何尺寸越大，额定功率越大。

电阻器额定功率的等级见表 2-5 所列，共分为 19 个等级。常用的有：1/20W，1/8W，1/4W，1/2W，1W，2W，5W，10W，20W 等。各种功率的电阻器在电路图中的符号如图 2-4 所示。

表 2-5 电阻器额定功率系列表

种类	电阻器额定功率系列/W
线绕电阻	1/20 1/8 1/4 1 2 3 4 8 10 16 25 40 50 75 100 150 250 500
非线绕电阻	1/20 1/8 1/4 1 2 5 10 25 50 100

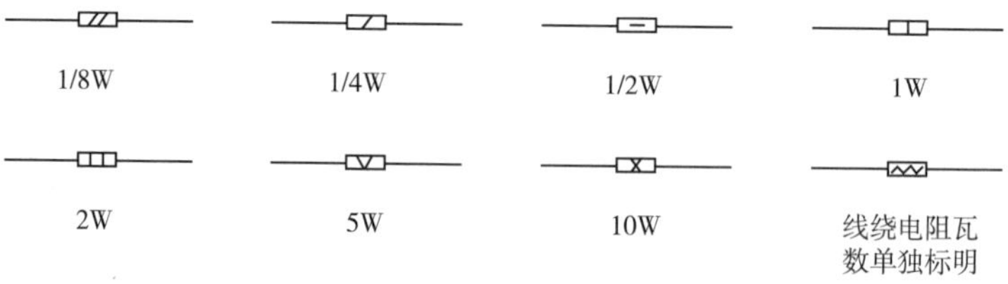

1/8W 1/4W 1/2W 1W

2W 5W 10W 线绕电阻瓦数单独标明

图 2-4 电阻器额定功率的符号表示

(3)最大工作电压

允许加到电阻器两端的最大连续工作电压称为最大工作电压。在实际工作中，如果工作电压超过规定的最大工作电压值，电阻器内部可能会产生火花，引起噪声，最后导致热损坏或电击穿。电阻器的最大工作电压不能仅从电阻器的发热状态来确定，还必须考虑到电阻器本身的抗电强度以及工作环境的气压等因素，一般需经过试验来确定。一般 1/8W 碳膜电阻器或金属膜电阻器，最大工作电压分别不能超过 150V 和 200V。

2.1.1.4 电阻器的标志方法

电阻器常用的标志方法有下列三种。

(1)直接标志法

直接标志法是将标称电阻的数字和单位直接印在电阻器上，有时候单位 Ω 可以省略，允许误差直接以百分号形式表示；若无误差标出，表示允许误差为±20%。

(2)文字符号法

文字符号法指的是用阿拉伯数字和文字符号两者有规律的组合来表示标称阻值，允许误差也用文字符号表示。符号前面的数字表示整数阻值，后面的数字依次表示第一位小数阻值和第二位小数阻值，符号表示的含义为：k 表示 kΩ(千欧 10^3Ω)，M 表示 MΩ(兆欧 10^6Ω)，G 表示 GΩ(吉欧 10^9Ω)，T 表示 TΩ(太欧 10^{12}Ω)。允许误差的文字符号表示见表 2-6 所列。

表 2-6 常用固定电阻器允许误差的文字符号表示

文字符号	D	F	G	J/Ⅰ	k/Ⅱ	M/Ⅲ/不标
允许误差	±0.5%	±1%	±2%	±5%	±10%	±20%

【例 2-3】 3Ω3 I 表示电阻值为 3.3Ω，允许误差为±5%；1k8 表示电阻值为 1.8kΩ，允许误差为±20%；5M1G 表示电阻值为 5.1MΩ，允许误差为±2%。

(3)色环标志法

色环标志法是用不同颜色的色环在电阻器表面标称阻值和允许偏差。

色环标志法指的是对体积很小的电阻和一些合成电阻器，其标称电阻和允许误差常用不同颜色的色环来标注。色环标志法有四环和五环两种。四环电阻的一端有四道色环，第 1 道环和第 2 道环分别表示电阻的第一位和第二位有效数字，第 3 道环表示倍乘数(10^n，n 为颜色所表示的数字)，第 4 道环表示允许误差(若无第四道色环，则误差为±20%)。五环电阻一般为精密电阻器，它用前三道色环表示三位有效数字，第四道色环表示倍乘数(10^n，n 为颜色所代表的数字)，第五道色环表示阻值的允许误差。色环电阻的单位一律为 Ω。表 2-7 列出了色环电阻所表示的数字和允许误差。

表 2-7　电阻器色标颜色含义

颜色	有效数字第一/二/三位数	倍乘数	允许误差/%
棕	1	10^1	±1
红	2	10^2	±2
橙	3	10^3	
黄	4	10^4	
绿	5	10^5	±0.5
蓝	6	10^6	±0.2
紫	7	10^7	±0.1
灰	8	10^8	
白	9	10^9	+50%/-20%
黑	0	10^0	
金	-	10^{-1}	±5
银	-	10^{-2}	±10
无色	-	-	±20

【例 2-4】 某电阻的五道色环为：橙橙红红棕，则其阻值为 332×10^2Ω，允许误差为±1%。

在色环电阻器的识别中，找出第一道色环是很重要的。在四环标志中，第四道色环一般是金色或银色，由此可推出第一道色环。在五环标志中，第一道色环与电阻的引脚距离最短，由此可识别出第一道色环。

如图 2-5 所示的电阻器，第一道环为棕色，表示标称值第一位有效值为 1；第二道环为绿色，表示标称值第二位有效值为 5；第三道环为黑色，表示标称值第三位有效值为 0；第四道环为棕色，表示标称值倍乘数为 10；第五道环为棕色，表示允许误差为±1%。所以，标称电阻 = 150×10 = 1.5kΩ，允许误差 = ±1%。

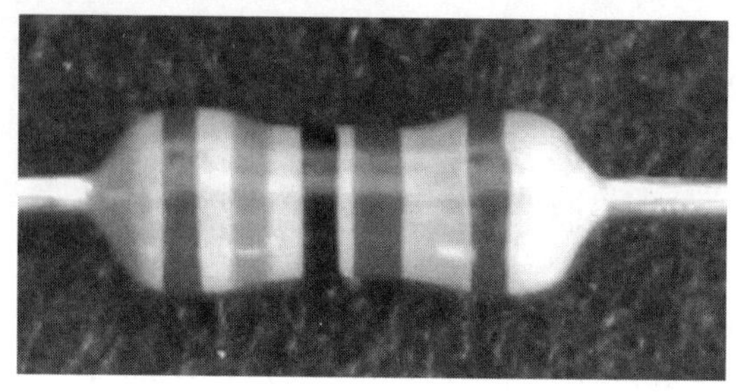

图 2-5　色环电阻器

采用色环标志的电阻器，颜色醒目，标志清晰，不易退色，从不同的角度都能看清阻值和允许偏差。目前在国际上都广泛采用色标法。

①两位有效数字的色环标志法。普通电阻器用四条色环表示标称阻值和允许偏差，其中三条表示阻值，一条表示偏差，如图 2-6 所示。

②三位有效数字的色环标志法。精密电阻器用五条色环表示标称阻值和允许偏差，如图 2-7 所示。

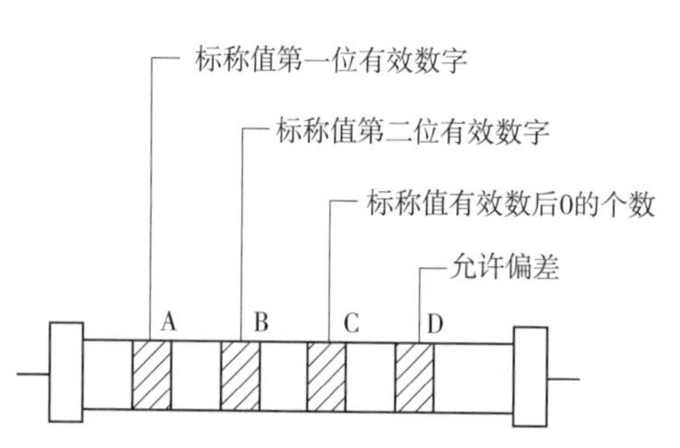

图 2-6　两位有效数字的阻值色环标志法

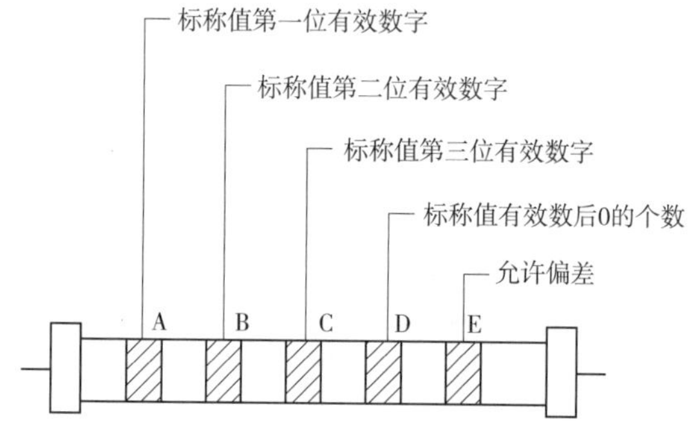

图 2-7　三位有效数字的阻值色环标志法

2.1.1.5　电阻器阻值的测量

测量电阻阻值有直接法和间接法两种方法。

(1)直接法

普通电阻器一般可以使用万用表直接测量电阻器阻值。测量前根据电阻器的标称电阻，将万用表的功能选择开关调到适当量程的电阻档，然后将万用表的两个表笔分别接触电阻器的两个引出线，即可测量出电阻值。需要注意的是：测量电阻时手不能同时接触到电阻器的两个引出线，否则测量出的电阻值为人体和电阻器并联的阻值。

(2)间接法

间接法测量电阻值的具体方法比较多，如伏安法、伏阻法、伏伏法、安安法等，但原理都一样，都是根据欧姆定律 $R=U/I$ 以及串联电路和并联电路的特点来实现的，因为原理比较简单，这里就不赘述了。

2.1.1.6　电阻器的正确选用

正确的选择和使用电阻器是确保整个电路稳定性、可靠性、安全性的重要条件。

选用电阻器需要注意以下几方面的问题：

(1)正确选择电阻器的阻值和误差

①阻值选用。选择和所需电阻器相同阻值的电阻。在没有相同阻值电阻器的情况下，一般选用标称阻值稍大一点的电阻器来代替所需电阻器，但阻值差越小越好。

②误差选用。误差尽量小，一般可选 5%以内的。退耦电路，反馈电路，滤波电路，负载电路对误差要求不太高，可用误差值 10%～20%的电阻器。

在某些场合，可以采取电阻器的串联或并联方式满足阻值和允许误差的要求。

(2)注意电阻器的极限参数

①额定电压。当实际电压超过额定电压时，即便满足功率要求，电阻器也会被击穿损坏。

②额定功率。所选电阻器的额定功率应大于实际承受功率的两倍以上才能保证电阻器在电路中长期工作的可靠性。在某些场合，也可将小功率电阻器并联使用以满足功率的要求。

(3)根据电路特点选用电阻器的类型

①高频电路。分布参数越小越好，应选用金属膜电阻、金属氧化膜电阻等高频电阻。

②低频电路。绕线电阻、碳膜电阻都适用。

③功率放大电路、偏置电路、取样电路。电路对稳定性要求比较高，应选温度系数小的电阻器。

④退耦电路、滤波电路。对阻值变化没有严格要求，任何类电阻器都适用。

(4)电阻器的代用原则

大功率电阻器可代换小功率电阻器，但用于保险的电阻例外；金属膜电阻器可代换碳膜电阻器；固定电阻器与半可调电阻器可相互代替使用。

2.1.2　电位器

电位器是一种可变电阻器，通常由电阻体和转动或滑动系统组成，靠一个动触点在电阻体上移动，获得部分电压输出，它所用的电阻材料和相应的电阻器相同，主要技术参数和相应的电阻器类似。在电路中，电位器的符号表示如图 2-8 所示。

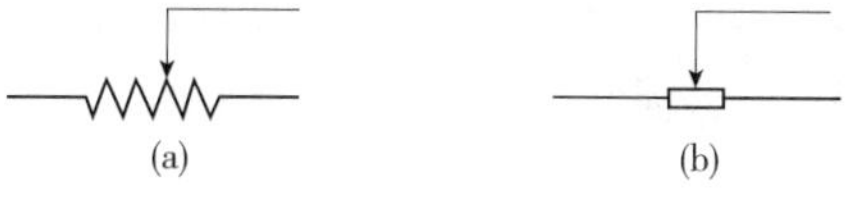

图 2-8　电位器电路符号表示

(a)国外电位器符号　(b)国内电位器符号

2.1.2.1　电位器的分类

电位器的种类有很多，可以按照电阻体材料、用途、结构形状等分为不同的种类，如图 2-9 所示。

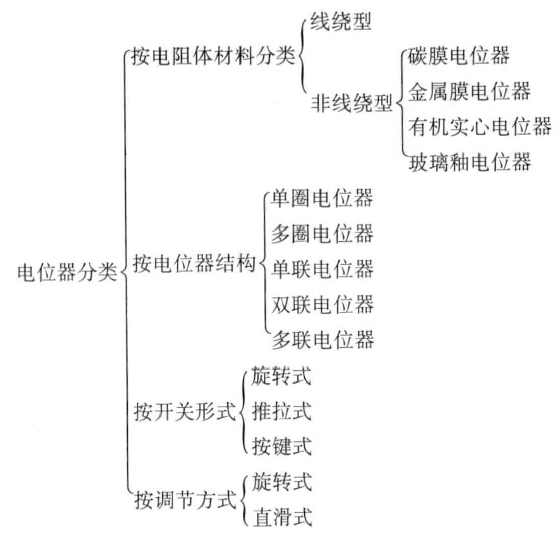

图 2-9　电位器的分类

常用的电位器主要有碳膜电位器、线绕电位器、直滑式电位器、方形电位器等，如图 2-10 所示。

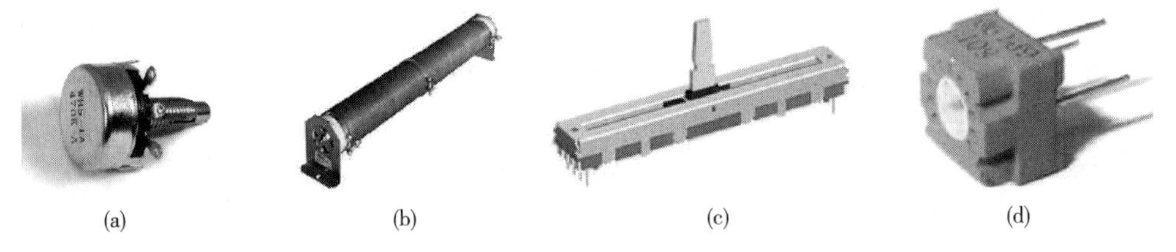

图 2-10　常用电位器外形图

(a)碳膜电位器　(b)线绕电位器　(c)直滑式电位器　(d)方形电位器

(1)碳膜电位器

碳膜电位器主要由马蹄形电阻片和滑动臂构成，其结构简单，阻值随滑动触点位置的改变而改变。碳膜电位器的阻值范围较宽(100Ω~4.7MΩ)，工作噪声小，稳定性好，品种多，因此广泛用于无线电电子设备和家用电器中。

(2)线绕电位器

线绕电位器由合金电阻丝绕在环状骨架上制成。其优点是能承受大功率且精度高，电阻的耐热性和耐磨性较好。其缺点是分布电容和分布电感较大，影响高频电路的稳定性，故在高频电路中不宜使用。

(3)直滑式电位器

直滑式电位器外形为长方体，电阻体为板条形，通过滑动触头改变阻值。直滑式电位器多用于收录机和电视机中，其功率较小，阻值范围为 470Ω~2.2 MΩ。

(4)方形电位器

方形电位器是一种新型电位器，采用碳精接点，耐磨性好，装有插入式焊片和插入式支架，能直接插入印制电路板，不用另设支架。常用于电视机的亮度、对比度和色饱和度的调节，阻值范围在 470Ω~2.2 MΩ，这种电位器属于旋转式电位器。

2.1.2.2 电位器的性能指标

电位器的主要参数除与电阻器相同之外，还有阻值变化形式、滑动噪声、分辨力、机械耐久性等参数。

(1)阻值变化形式

阻值变化形式是指电位器的阻值随旋转角度或活动触点移动长度的变化关系。常见电位器的阻值变化形式有线性变化型(X 型)、指数变化型(D 型)、对数变化型(Z 型)。

(2)滑动噪声

由于材料电阻率分布的不均匀性和滑动触点接触电阻的无规律变化，当滑动臂在电阻体上滑动时，电位器中心端与固定端之间的电压出现无规则的起伏，这种现象称为电位器的滑动噪声。滑动噪声对电子设备的工作将产生不良影响。

(3)分辨率

电位器的分辨率也称为分辨力，是指电位器对输出量可实现的最精细的调节能力。线绕电位器的分辨率较差，总匝数越多，分辨率越高。直线式线绕电位器的理论分辨率等于绕线总匝数的倒数。

(4)机械耐久性

机械耐久性通常以旋转或者滑动的次数为标志，是表示电位器使用寿命的指标。

2.1.2.3 电位器的测试

假设用 A、B 分别表示电位器的两个固定端，P 表示电位器的滑动端。调节 P 的位置可以改变 A 与 P 或者 P 与 B 之间的阻值，但调节的过程应该遵循：$R_{AB}=R_{AP}+R_{PB}$。

电位器在使用过程中，由于旋转频繁容易发生故障，这种故障表现为噪声和声音时大时小、电源开关失灵等，我们可以用万用表来检查电位器的性能好坏。

(1)测量电位器 A、B 端的总电阻是否符合标称值

把万用表的表笔分别接在 A、B 端，看读数是否与标称值一致。

(2)检测电位器的滑动臂与电阻片的接触是否良好

用万用表的欧姆档测 A、P 端或者 P、B 端，慢慢转动电位器，阻值应连续变大或变小，若有阻值跳动，则说明活动触点有接触不良的故障。

(3)测量开关电位器的好坏

对带有开关的电位器，检查时可用数字万用表的二极管档通过测“开关”两焊片间的通断情况来判断其是否正常。若在“开关”闭合时，数字万用表发出响声，则说明内部开关触点接触不良；若在“开关”打开时，数字万用表没有发出响声，则说明内部开关失控。

(4)检查外壳与引脚的绝缘性

将数字万用表选为电阻档，一个表笔接电位器外壳，另一个表笔逐个接触每一个引脚，阻值均应为无穷大；否则，说明外壳与引脚间绝缘不良。

2.1.2.4 电位器的选用

选用电位器时，要从多方面考虑，比如根据使用要求选择电位器的类型和结构形式，根据电子设备的要求选择电位器的性能和主要参数等，选用电位器需要注意以下几方面的问题。

(1)根据几何参数选用电位器类型

电位器的体积大小、转轴的轴端式样、轴柄的长短、轴上位置是否需要锁紧开关、单联还是多联、单圈还是多圈等结构问题要符合电路的要求，如：经常旋转调整的选用铣平面式电位器，不需要经常调整的可选用轴端带沟槽式电位器，对单电量的调节选用单联式电位器，对精密电子设备、自动控制装置和计算伺服控制等电路选用多圈式电位器等。

(2)根据用途选择电位器的阻值变化形式

分压控制、偏流调整、音量调节等可用直线式电位器；音调控制、对比度调节用对数式电位器；音量控制首选指数式电位器。

(3)更换电位器时注意结构是否匹配

电位器严重损坏时需要更换新电位器，这时最好选用型号和阻值与原电位器相同的电位器，还应注意新电位器的结构与原电位器的结构相匹配。如果万一找不到原型号、原阻值的电位器，可用相似阻值和型号的电位器代换。代换电位器的额定功率一般不得小于原电位器的额定功率，代换的电位器阻值可比原来电位器的阻值略大或略小，允许增值变化 20%~30%。

2.1.3 特种电阻器

特种电阻器主要有：保险电阻器、热敏电阻器、光敏电阻器、压敏电阻器、湿敏电阻器等，如图 2-11 所示。

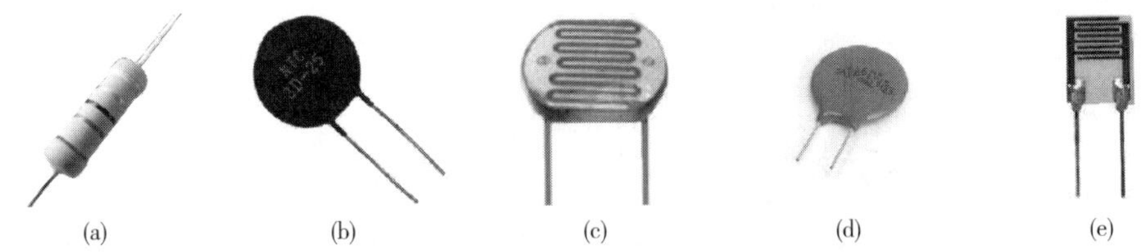

(a) (b) (c) (d) (e)

图 2-11 几种特殊电阻器外形图

(a)保险电阻器 (b)热敏电阻器 (c)光敏电阻器 (d)压敏电阻器 (e)湿敏电阻器

2.1.3.1 保险电阻器

保险电阻器在正常情况下具有普通电阻的功能，一旦电路出现故障，超过其额定功率时，它会在规定时间内断开电路，从而达到保护其他元器件的作用，代号为 RF。

(1)主要特性

保险电阻器分为不可修复型和可修复型两种。

不可修复型保险电阻器外形和普通金属膜电阻极为相似。当过载引起温度上升并达到某一温度时，涂有熔断材料的异电膜层或绕组线匝就自动熔断使电路断开。不可修复式保险电阻在线路板上应悬空 5～10mm 安装，一旦熔断，应先查找故障原因，排除后再换上同样的保险电阻，以确保电子电器的正常工作。

可修复型保险电阻器是将普通电阻与低熔点金属串接后密封在一个外壳中，呈圆柱型，其电阻体的一端采用低熔点焊料焊接一根弹性金属片或金属丝。一旦过热时，焊点首先熔化，弹性金属片或金属丝便与电阻器断开。这种保险电阻器熔断后，可以修复使用。

保险电阻器在额定电流内，起固定电阻作用。当通过的电流超过额定电流时，电阻丝温度迅速升高，达 500℃时，电阻丝立即熔断剥落，以切断需保护的电路。

(2) 主要用途

保险电阻器在电路中起着保险丝和电阻的双重作用，主要用在各种需要限流输出的电源电路中，用来保护电源或负载不至于过流而损坏。

2.1.3.2　热敏电阻器

热敏电阻器是一种电阻值随着其表面温度的变化而变化的半导体器件，代号为 RT。热敏电阻器按照温度系数可以分为正温度系数热敏电阻和负温度系数热敏电阻两种。

(1) 主要特性

正温度系数热敏电阻(俗称 PTC 元件)，常温下只有几欧姆至几十欧姆的阻值，当通过的电流超过额定电流时，其阻值能在几秒钟内升到数百欧姆乃至数千欧姆以上。

负温度系数热敏电阻(俗称 NTC 元件)，在常温下呈高阻几十欧姆至几千欧姆，当温度升高或通过它的电流增大时，其阻值急剧下降。

热敏电阻是一种非线性电阻，其电压、电流和电阻三者的变化不符合欧姆定律，而符合指数变化关系。

(2) 主要用途

正温度系数热敏电阻常用于电机启动电路、彩电消磁电路、自动保险丝电路。负温度系数热敏电阻常用于温度补偿及温度控制电路中，如作晶体管的偏置电阻，以稳定晶体管的工作点；在电子温度计及自动控温系统中(如空调、电冰箱)作感温元件。

2.1.3.3　光敏电阻器

光敏电阻器是一种利用半导体的光电效应制成的电阻值随入射光的强弱而改变的电阻器，又称为光导管，代号为 RG。

(1) 主要特性

光敏电阻器对光线十分敏感，其电阻值与光照强度有关，光照越强，阻值越小。一般无光照射时，光敏电阻器的阻值很高，呈高阻状态；当受到光照射时，阻值迅速减小，降为几百欧姆乃至几十欧姆。因此，光敏电阻器的阻值分别用亮电阻和暗电阻两个参数来表示，亮电阻是指光敏电阻器受到光照射时的电阻值，单位是 kΩ；暗电阻是指光敏电阻器在无光照射(黑暗环境)时的电阻值，单位是 MΩ。

(2)主要用途

光敏电阻主要用于光控开关计数电路及各种光控自动控制系统中，如自动照明灯控制电路、自动报警电路、电视机的亮度自动调节电路，照相机的自动曝光控制电路等。

2.1.3.4　压敏电阻器

压敏电阻器是一种具有非线性伏安特性并有抑制瞬态过电压作用的固态电压敏感元件，代号为 RV。

(1)主要特性

当压敏电阻器两端的电压低于某一阈值时，电流几乎等于零，此时，压敏电阻器呈高阻状态，可以看作断开状态的开关；当两端的电压超过此阈值时，电流值随端电压的增大而急剧增加，此时，压敏电阻器迅速导通，可以看作闭合状态的开关。

(2)主要用途

压敏电阻器主要应用于家电产品或电子设备的瞬态过电压，如显像管灯丝电路、整流电路和电源，防雷击电路和需要防止过电压的线路中。

压敏电阻类似于半导体稳压管的伏安特性，因此具有多种电路元件功能，如直流高压小电流稳压元件、电压波动检测元件、直流电平移位元件、均压元件、荧光启动元件等。

2.1.3.5　湿敏电阻器

湿敏电阻器是一种采用湿敏材料制成的电阻值随湿度变化而改变的敏感电阻元器件，代号为 RH。

(1)主要特性

湿敏电阻器是在基片上覆盖一层用湿敏材料制成的膜，当空气中的水蒸气吸附在该膜上时，元件的电阻率和电阻值都发生变化，利用这一特性可测量湿度。按照湿敏材料的类型，可以将湿敏材料分为半导体陶瓷湿敏电阻器、氯化锂湿敏电阻器、有机高分子膜湿敏电阻器。按照电阻值随湿度变化特性，可以将湿敏材料分为正系数型和负系数型。正系数型湿敏电阻器的阻值随湿度增大而增大，负系数型湿敏电阻器的阻值随湿度增大而减小。常用的湿敏电阻器为负系数型。

湿敏元件的线性度及抗污染性差，在检测环境湿度时，湿敏元件要长期暴露在待测环境中，很容易被污染而影响其测量精度及长期稳定性。

(2)主要用途

湿敏电阻器主要应用于需要检测湿度的家电产品或电子设备中，如：空调、加湿器、除湿器、天气预报机、干燥机等。

2.2　电容器

电容器是电子电路大量使用的基本元件之一，它是一种能存储电能的元件，由两块彼此绝缘的金属电极之间夹一层绝缘电介质构成。其特点是通交流、隔直流、阻低频、通高频，在电路中常用于隔断直流、耦合交流、旁路交流、滤波、定时和组成振荡电路等。电容器用符号 C 表示。电容器的国际标准单位是法拉，简称法，用 F 表示，常用单位有毫法(mF)、微法(μF)、纳法(nF)和皮法(pF)，换算方法是：$1F=10^3mF=10^6\mu F=10^9nF=10^{12}pF$。

电容器按结构可分为固定电容器和可变电容器两大类。固定电容器是指电容量恒定的电容器，可变电容器是指通过改变电容器两极的相对面积或改变两级之间的相对距离来调节电容量的电容器。下面将分别介绍固定电容器和可变电容器。

2.2.1　固定电容器

2.2.1.1　电容器的分类

电容器的种类有很多，可以按照电容器是否有极性、电容器构成材料、安装方式等分为不同的种类，如图 2-12 所示。

电容器的种类有很多，常用的主要有纸介电容器、有机薄膜电容器、瓷介电容器、云母电容器、玻璃釉电容器、电解电容器等。

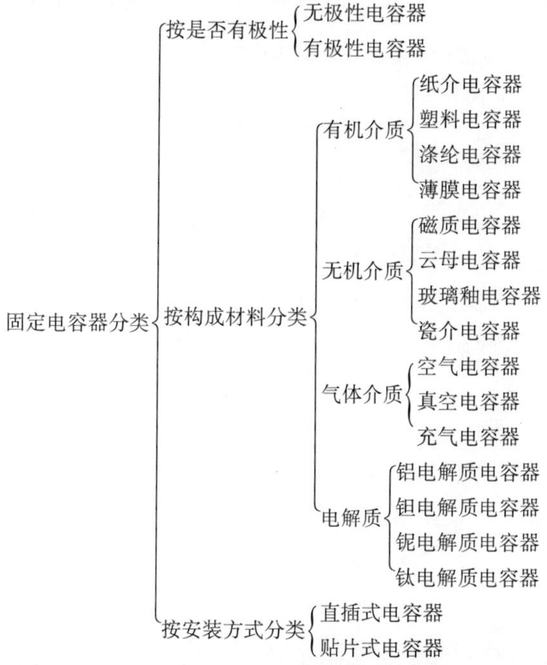

图 2-12　固定电容器的分类

电容器在电路中的表示符号与电容器的种类有关，常见的表示符号如图 2-13 所示。常见的电容器外形图如图 2-14 所示。

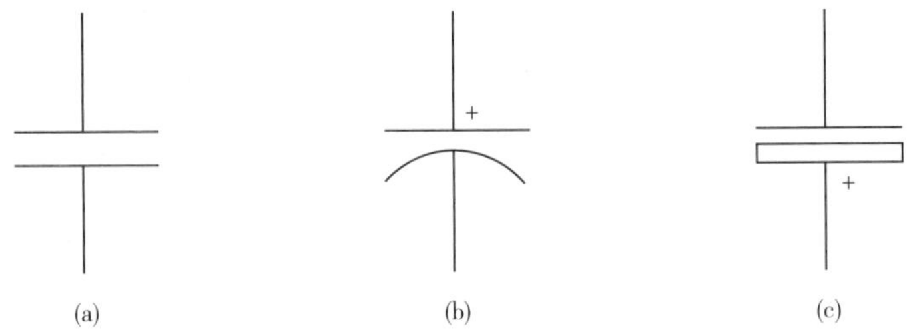

图 2-13 电容器电路符号表示

(a)无极性电容器 (b)有极性电容器 (c)电解电容器

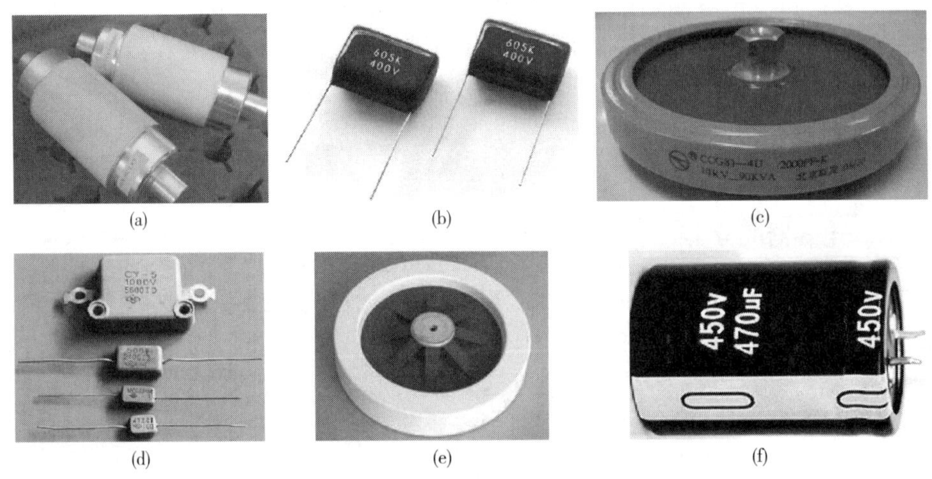

图 2-14 常用电容器外形图

(a)纸介电容器 (b)有机薄膜电容器 (c)瓷介电容器

(d)云母电容器 (e)玻璃釉电容器 (f)电解电容器

(1)纸介电容器

纸介电容器的电极用铝箔或锡箔做成，绝缘介质用浸过蜡的纸相叠后卷成圆柱体密封而成。其特点是容量大、构造简单、成本低，但热稳定性差、损耗大、易吸湿，适用于在低频电路中用做旁路电容和隔直电容。

金属纸介电容器的两层电极是将金属蒸发后附着在纸上形成的金属薄膜，其体积小，特点是被高压击穿后有自愈作用。

(2)有机薄膜电容器

有机薄膜电容器是用聚苯乙烯、聚四氟乙烯、聚碳酸酯或涤纶等有机薄膜代替纸介质，以铝箔或在薄膜上蒸发金属薄膜作电极卷绕封装而成。其特点是体积小、耐压高、损耗小、绝缘电阻大、稳定性好，但是温度系数较大。适于用在高压电路、谐振回路、滤波电路中。

(3)瓷介电容器

瓷介电容器是以陶瓷材料作介质，在介质表面上烧渗银层作电极，有管状、圆片状、矩形、片状等多种形状。其特点是结构简单、绝缘性能好、稳定性较高、介质损耗小、固有电感小、耐热性好，但其机械强度低、容量不大。适用于高频高压电路和温度补偿电路中。

铁电陶瓷和独石电容克服了容量小的缺点，但其温度系数大、损耗大、容量误差大。

(4) 云母电容器

云母电容器以云母为介质，上面喷覆银层或用金属箔作电极后封装而成。其特点是绝缘性好、耐高温、介质损耗极小、固有电感小，因此其工作频率高、稳定性好、工作耐压高，应用广泛。适于用高频电路和高压设备中。

(5) 玻璃釉电容器

玻璃釉电容器用玻璃釉粉加工成的薄片作为介质，其特点是介电常数大，体积也比同容量的瓷片电容器小，损耗更小。与云母和瓷介电容器相比，它更适用于在高温下工作，广泛用于小型电子仪器中的交直流电路、高频电路和脉冲电路中。

(6) 电解电容器

电解电容器以附着在金属极板上的氧化膜层作介质，阳极金属极片一般为铝、钽、铌、钛等，阴极是填充的电解液(液体、半液体、胶状)，且有修补氧化膜的作用。氧化膜具有单向导电性和较高的介质强度，所以电解电容为有极性电容。新出厂的电解电容其长脚为正极，短脚为负极，在电容器的表面上还印有负极标志。电解电容在使用中一旦极性接反，则通过其内部的电流过大，导致其过热击穿，温度升高产生的气体会引起电容器外壳爆裂。

电解电容器的优点是其容量大，在短时间过压击穿后，能自动修补氧化膜并恢复绝缘。其缺点是误差大、体积大，有极性要求，并且其容量随信号频率的变化而变化，稳定性差，绝缘性能低，工作电压不高，寿命较短，长期不用时易变质。电解电容器适用于在整流电路中进行滤波、电源去耦、放大器中的耦合和旁路等。

对于常见的电容器，将它们的性能特点进行总结，见表 2-8。

表 2-8　常用电容器的性能特点

电容名称	容量范围	额定工作电压	主要性能特点
纸介电容器	1000pF～0.1 μF	160～400V	成本低，损耗大，体积大
云母电容器	4.7～30000pF	250～7000V	耐压高，耐高温，损耗小，性能稳定，体积小，容量小
瓷介电容器	2pF～0.047μF	160～500V	耐高温，漏电小，损耗小，性能稳定，体积小，容量小
涤纶电容器	1000pF～0.5μF	63～630V	体积小，漏电小，重量轻，容量小
金属膜电容器	0.01～100μF	400V	体积小，电容量较大，击穿后有自愈能力
聚苯乙烯电容器	3pF～1μF	63～250V	漏电小，损耗小，性能稳定，有较高的精密度
钽电解质电容器	1～20000μF	3～450V	容量大，有极性，漏电大

2.2.1.2　电容器的型号及命名法

电容器的种类繁多，不同的种类对应于不同的型号，根据国家标准 GB 2470—1981 的规定，电容器通常的命名包含了四个部分，通过这种命名法可以区分不同的型号。电容器的命名法见表 2-9。在该表中的命名规定对可变电容器和真空电容器不适用，对微调电容器仅适用于瓷介微调电容器和云母微调电容器。在某些电容器的型号中还用 X 表示小型，用 M 表示密封，也有的用序号来区分电容器的形式、结构、外形尺寸等。

表 2-9　电容器型号命名方法

第一部分：主称		第二部分：材料		第三部分：特征、分类					第四部分：序号
符号	意义	符号	意义	符号	意义				
					瓷介	云母	电解	有机薄膜	
C	电容器	C	瓷介	1	圆片	非密封	箔式	非密封	对主称、材料相同，仅性能指标、尺寸大小有区别，但基本不影响互换使用的产品，给同一序号；若性能指标、尺寸大小明显影响互换时，则在序号后面用大写字母作为区别代号
		Y	云母	2	管形	非密封	箔式	非密封	
		I	玻璃釉	3	叠片	密封	烧结粉、液体	密封	
		O	玻璃膜	4	独石	密封	烧结粉、液体	密封	
		Z	纸介	5	穿心	—	穿心	—	
		J	金属化纸	6	支柱等	—	—	—	
		B	聚苯乙烯	7	—	—	无极性	—	
		L	涤纶	8	高压	高压	—	高压	
		Q	漆膜	9	—	—	特殊	特殊	
		S	聚碳酸酯	G	高功率	—	—	—	
		H	复合介质	W	微调	微调	—	—	
		D	铝						
		A	钽						
		N	铌						
		G	合金						
		T	钛						
		E	其他						

【例 2-5】 某电容器的标号为：CJX-250-0.33-±10%，则其含义如下：

C-主称，电容；J-材料，金属化纸；X-特征，小型；250-耐压，250V；0.33-标称容量，0.33μF；±10%-允许误差，±10%。

2.2.1.3　电容器的主要参数

(1)标称容量与允许误差

电容器上所标的电容量值称为标称容值。电容器的实际容量和标称容量之差除以标称值所得到的百分数，为电容器的允许误差。

误差越小的电容器，其标称值规格越多。按照国家标准，常用固定电容器的标称容量可通过表2-3查询，允许误差等级可通过表2-4查询。

(2)额定耐压

额定耐压指在规定温度范围下，电容器正常工作时能承受的最大直流电压。固定式电容器的耐压系列值有：1.6、4、6.3、10、16、25、32*、40、50、63、100、125*、160、250、300*、400、450*、500、1000V等(带*号者只限于电解电容使用)。耐压值一般直接标在电容器上，但有些电解电容器在正极根部用色点来表示耐压等级，如6.3V用棕色，10V用红色，16V用灰色。色点应标在正极。电容器在使用时不允许超过这个耐压值，若超过此值，电容器就可能损坏或被击穿，甚至爆裂。

(3)绝缘电阻

绝缘电阻指加到电容器上的直流电压和漏电流的比值，又称漏阻。漏阻越低，漏电流越大，介质耗能越大，电容器的性能就差，寿命也越短。绝缘电阻一般在5000MΩ以上，优质电容器可达TΩ(太欧，$10^{12}\Omega$)级。

2.2.1.4 电容器的标志方法

电容器容量常用的标志方法有下列三种。

(1)直接标志法

直接标志法是在产品的表面上直接标志出产品的主要参数和技术指标的方法。

【例2-6】 某电容器上标志：33μF、32V，表示该电容器标称容量为33μF，额定耐压为32V。

(2)文字符号法

文字符号法指的是用阿拉伯数字和文字符号两者有规律的组合来标注电容的主要参数。容量的标志方法有两种，一种是用2~4位数字表示电容量有效数字，再用字母表示数值的量级，如：1p2表示1.2pF；另一种是用数码表示，数码一般为三位效，前两位为电容量的有效数字，第三位是倍乘数，但第三位倍乘数是9时，表示10^{-1}，单位默认为pF。

【例2-7】 102表示10×10^{2}pF =1000pF，159表示15×10^{-1} pF =1.5 pF。

(3)色环标志法

电容器色标法原则上与电阻器色标法相同，标志的颜色符号与电阻器采用的相同，单位是pF。

2.2.1.5 电容器的检测

测量电容器的电容量要用电容表，有的万用表也带有电容档。在通常情况下，电容用作滤波或隔直，电路中对电容量的精确度要求不高，故无须测量实际电容量。但是，使用中应掌握电容的一般检测方法。

(1)测试漏电阻(适用于0.1mF以上容量的电容)

方法：用万用表的电阻档，将表笔接触电容器的两引线。刚接触时，由于电容器充电电流大，表头指针偏转角度最大，随着充电电流减小，指针逐渐退回，最后稳定处即漏电电阻值。一般电容器的漏电电阻为几百至几千兆欧，漏电电阻越大表示电容器的漏电流越小，电容器质量越好。测量时，若表头指针接近欧姆零点，表明电容器内部断路或电解质已干涸而失去容量。对于电容量在 0.1mF 以下的小电容，由于漏电阻接近 $R=\infty$，难以分辨，故不能用此法测漏电阻或判定好坏。

(2)电解电容器的极性检测

电解电容器的正、负极性不允许接错，当极性接反时，可能因电解液的反向极化，引起电解电容器的爆裂。当极性标记无法辨认时，可根据正向连接时漏电电阻大、反向连接时漏电电阻相对小的特点判断极性。交换表笔前后两次测量漏电电阻，阻值大的一次，黑表笔接触的是正极，因为黑表笔与万用表内电池正极相接(采用数字万用表时，红表笔接电池正极)。但用这种办法有时并不能明显地区分正、反向电阻，所以使用电解电容时，要注意保护极性标记。

2.2.1.6 电容器的正确选用

正确地选择和使用电容器是对于电路的安全稳定十分重要，也能够提高电容器自身寿命。选用电容器需要注意以下几方面的问题：

(1)不同电路应选用不同种类的电容器

在电源滤波和退耦电路中应选用电解电容；在高频电路和高压电路中应选用瓷介和云母电容；在谐振电路中可选用云母、陶瓷和有机薄膜等电容器；用作隔直时可选用纸介、涤纶、云母、电解等电容器；用在谐振回路时可选用空气或小型密封可变电容器。

(2)耐压选择

电容器的额定电压应高于其实际工作电压的 10%~20%，以确保电容器不被击穿损坏。

(3)允许误差的选择

在业余制作电路时一般不考虑电容的允许误差；对于用在振荡和延时电路中的电容器，其允许误差应尽可能小(一般小于 5%)；在低频耦合电路中的电容误差可以稍大一些(一般为 10%~20%)。

(4)电容器的代用原则

电容器在代用时要与原电容器的容量基本相同(对于旁路和耦合电容，容量可比原电容大一些)；耐压值要不低于原电容器的额定电压。在高频电路中，电容器的代换一定要考虑其频率特性应满足电路的频率要求。

2.2.2 可变电容器

2.2.2.1 可变电容器的分类

可变电容器是一种电容量可以在一定范围内调节的电容器。按介质材料分类，可变电容器分为薄膜介质和空气介质两种形式；按电容容量的变化范围，可变电容器分为普通的可变电容器和微调电容器(又称为半可变电容器)。在电路中，可变电容器的符号表示如图 2-15 所示。

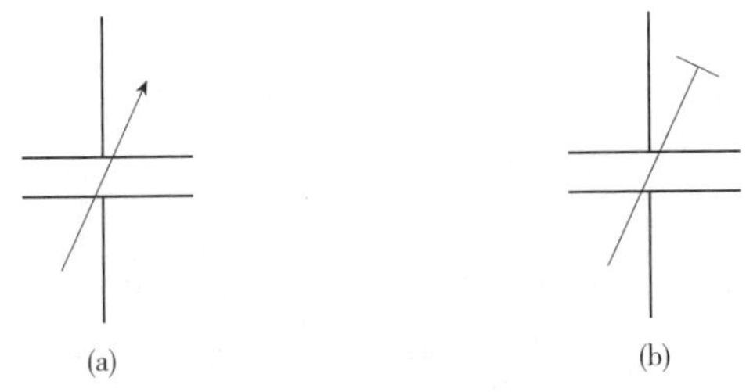

图 2-15　可变电容器电路符号表示

(a)可变电容器符号　(b)微调电容器符号

2.2.2.2　常用可变电容器

常用的可变电容器主要有空气可变电容器、薄膜介质可变电容器、微调电容器等，如图 2-16 所示。

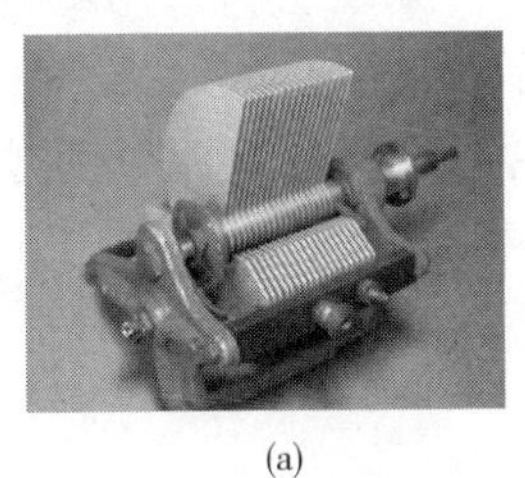
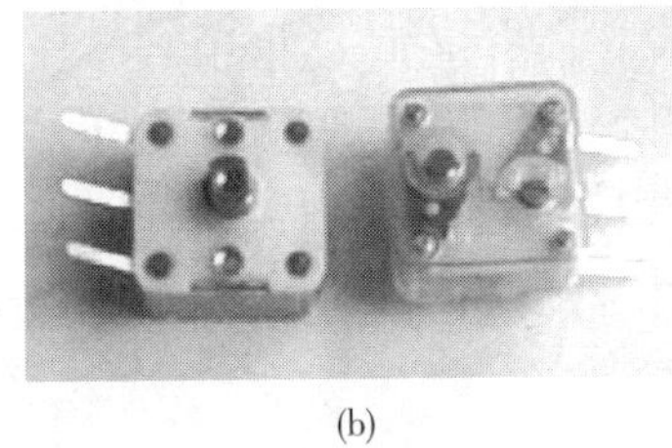

(a)　(b)　(c)

图 2-16　常用电位器外形图

(a)空气可变电容器　(b)薄膜介质可变电容器　(c)微调电容器

(1)空气可变电容器

空气可变电容器以空气为介质，用一组固定的定片和一组可旋转的动片(两组金属片)为电极，两组金属片互相绝缘。动片和定片的组数分为单连、双连、多连等。其特点是稳定性高、损耗小、精确度高，但体积大。常用于收音机的调谐电路中。

(2)薄膜介质可变电容器

薄膜介质可变电容器的动片和定片之间用云母或塑料薄膜作为介质，外面加以封装。由于动片和定片之间距离极近，因此在相同的容量下，薄膜介质可变电容器比空气电容器的体积小，重量也轻。常用的薄膜介质密封单联和双联电容器在便携式收音机广泛使用。

(3)微调电容器

微调电容器有云母、瓷介和瓷介拉线等几种类型，其容量的调节范围极小，一般仅为几皮法至几十皮法，常用于在电路中作补偿和校正等。

2.3　电感器和变压器

当线圈通过电流后，在线圈中形成磁场感应，感应磁场又会产生感应电流来抵制通过线圈中的电流，这种电流与线圈的相互作用关系叫做电的感抗，也就是电感，单位是亨利，用 H 表示。电感的感应现象包括自感和互感两种。

(1)自感现象

自感现象是当线圈中电流发生变化时，其周围的磁场也产生相应的变化，该变化的磁场可使线圈自身产生感应电动势。

(2)互感现象

互感现象是两个电感线圈相互靠近时，一个电感线圈的磁场变化将影响另一个电感线圈。互感的大小取决于电感线圈的自感与两个电感线圈耦合的程度。

电感器是利用自感作用进行能量传输的电路元件，变压器是利用互感作用进行能量传输的电路元件。下面将分别介绍电感器和变压器。

2.3.1　电感器

电感器是用漆包线、纱包线或塑皮线等在绝缘骨架或磁芯、铁芯上绕制成的一组串联的同轴线匝，它一般由骨架、绕组、屏蔽罩、封装材料(封装材料采用塑料或环氧树脂等)、磁芯或铁芯等组成，在电路中用字母“L”表示。

电感器的特性与电容的特性相反，它具有阻止交流电通过而让直流电通过的特性。电感器在电路中具有耦合、滤波、阻流、补偿、调谐等作用。当电感器和电容器配合使用时，可用作调谐、滤波、选频、分频、退耦等功能电路。

2.3.1.1　电感器的分类

电感器的种类有很多，可以按照电感器是否可调、结构、用途等分为不同的种类，如图 2-17 所示。

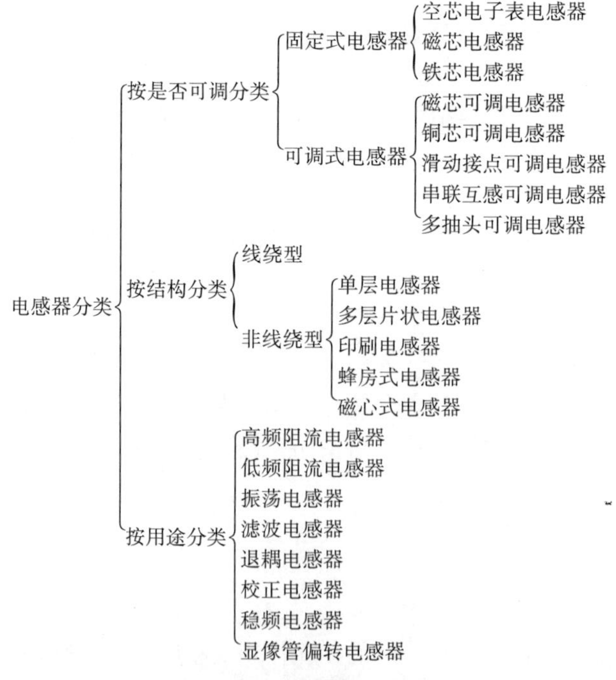

图 2-17　电感器的分类

电感器的种类有很多，常用的主要有小型固定式电感器、高频扼流线圈、低频扼流线圈、可变电感器等。

(1)小型固定式电感器

小型固定式电感器是将铜线绕在磁芯上，再用环氧树脂或塑料封装而成。它的电感量用直标法和色标法表示，又称色码电感器。它具有体积小、重量轻、结构牢固和安装使用方便等优点，因而广泛用于收录机、电视机等电子设备中，在电路中用于滤波、阻流、振荡、延迟等。固定电感器有立式和卧式两种，其电感量一般为0.1~3000μH，允许误差分为Ⅰ、Ⅱ、Ⅲ三档，即±5%、±10%、±20%，工作频率在10kHz~200MHz之间。

(2)高频扼流线圈

高频扼流线圈用在高频电路中用来阻碍高频电流的通过。在电路中，高频扼流线圈常与电容串联组成滤波电路，起到分开高频和低频信号的作用。

(3)低频扼流线圈

低频扼流线圈一般由铁芯和绕组等构成。其结构有封闭式和开启式两种，封闭式的结构防潮性能较好。低频扼流线圈常与电容器组成滤波电路，以滤除整流后残存的交流成分。

(4)可变电感器

可变电感器在线圈中插入磁芯(或铜芯)，通过改变磁芯的位置达到改变电感量的目的。如磁棒式天线线圈就是一个可变电感线圈，其电感量可在一定的范围内调节。它还能与可变电容器组成调谐器，用于改变谐振回路的谐振频率。

电感器在电路中的表示符号与电感器的种类有关，常见的表示符号如图2-18所示。常见的电感器外形图如图2-19所示。

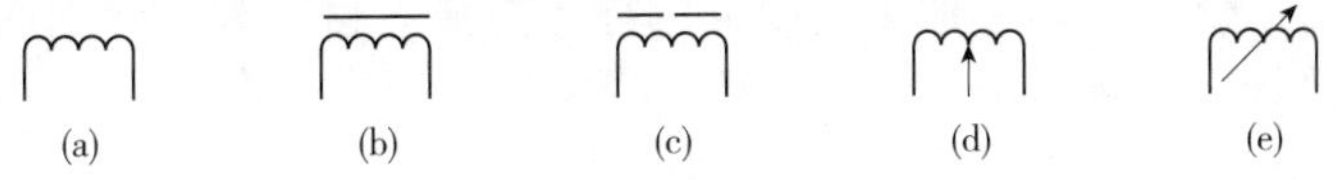

图2-18 电感器符号表示

(a)空气芯固定式 (b)磁芯固定式 (c)有磁隙的磁芯
(d)带一个抽头可调式 (e)连续可调式

2.3.1.2 电感器的型号及命名法

电感元件的型号一般由下列四部分组成：

第一部分：主称，用字母表示，其中L代表电感线圈，ZL代表扼流圈；

第二部分：特征，用字母表示，其中G代表高频；

第三部分：型式，用字母表示，其中X代表小型；

第四部分：区别代号，用数字或字母表示。

【例2-8】 某电感器的标号为LGX，则其含义为小型高频电感线圈。

但需要指出的是，目前电感器的型号命名方法各生产厂有所不同，尚无统一的标准。

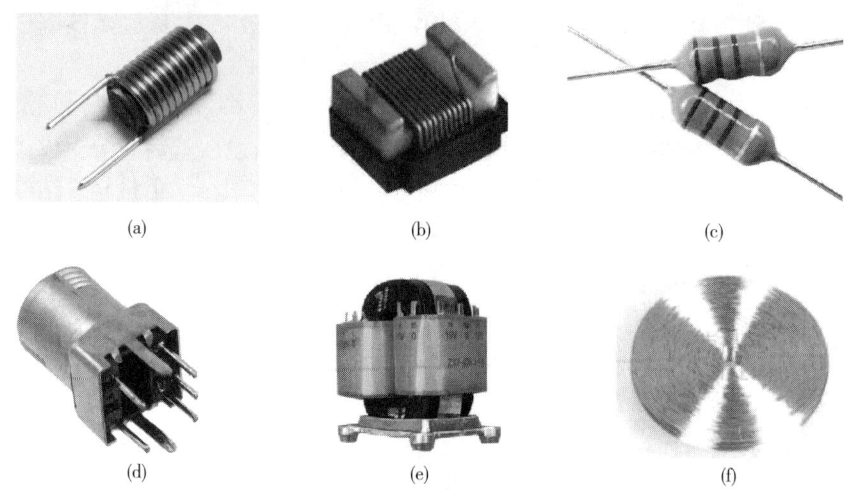

(a) (b) (c) (d) (e) (f)

图 2-19 常用电感器外形图

(a)线绕电感器 (b)贴片阻流电感器 (c)色码电感器
(d)可变电感器 (e)滤波电感器 (f)蜂房式电感器

2.3.1.3 电感器的主要参数

(1)电感量标称值与允许误差

电感器的电感量也有标称值，单位有 μH(微亨)、mH(毫亨)和 H(亨利)，它们之间的换算关系为：$1\text{H}=10^3\text{mH}=10^6\mu\text{H}$。电感量的误差是指线圈的实际电感量与标称值的差异，对振荡线圈的要求较高，允许误差为 0.2%~0.5%；对耦合扼流线圈要求则较低，一般在 10%~15%之间。电感器的标称电感量和误差的常见标志方法有直接法和色标法，标志方式类似于电阻器的标志方法。目前大部分国产固定电感器将电感量误差直接标在电感器上。

(2)品质因数

电感器的品质因数 Q 是线圈质量的一个重要参数。它表示在某一工作频率下，线圈的感抗对其等效直流电阻的比值，即

$$Q=\frac{\omega L}{R}$$

式中 ω——工作角频率；

L——线圈电感量；

R——线圈电阻。

Q 越高，线圈的铜损耗越小。在选频电路中，Q 值越高，电路的选频特性也越好。

(3)额定电流

额定电流指在规定的温度下，线圈正常工作时所能承受的最大电流值。通过电感器的电流超过额定电流时，电感器会发热，严重时会被烧毁。对于扼流线圈、电源滤波线圈和大功率的谐振线圈，这是一个很重要的参数。

(4)分布电容

分布电容指电感线圈的匝与匝之间、线圈与地以及屏蔽盒之间存在的寄生电容。分布电容使 Q 值减小，稳定性变差，为此可将导线用多股线或将线圈绕成蜂房式，对天线线圈则采用间绕法，以减少分布电容的数值。

2.3.1.4　电感器的标志方法

电感器常用的标志方法有下列三种。

(1)直接标志法

直接标志法指的是在小型电感线圈的外壳上直接用文字标出电感线圈的电感量允许偏差和最大直流工作电流等主要参数。其中最大工作电流常用字母标志，见表 2-10 所列。

表 2-10　小型固定电感线圈的额定电流与标志字母

标志字母	A	B	C	D	E
额定电流(mA)	50	150	300	700	1600

(2)文字符号法

文字符号法是将电感量的标称值和允许误差用阿拉伯数字和文字符号两者有规律的组合标注在电感体上。采用文字符号法表示的电感通常是一些小功率电感，单位通常为 nH（纳亨)或 μH(微亨)。用 μH 做单位时，“*R*”表示小数点；用 nH 做单位时，“N”表示小数点。

【例 2-9】 *R*47 表示电感量为 0.47μH，4R7 表示电感量为 4.7μH，10N 表示电感量为 10nH。

(3)色环标志法

色环标志法是在电感表面涂上不同的色环来表示电感量，与电阻类似，通常用四个色环表示，各色环表示的含义参见表 2-7。电感的默认单位是 μH。

【例 2-10】 色环颜色分别为棕、灰、银、金的电感为 0.18μH，误差为 5%。

需要注意的是，色环电感器和色环电阻器的外形相近，使用时要注意区分，通常色环电感外形以短粗居多，而色环电阻通常为细长。

2.3.1.5　电感器的检测

对电感器的检测时，首先进行外观检查，看线圈有无松散，引脚有无折断、生锈现象。然后用万用表的欧姆档测线圈的直流电阻，若为无穷大，说明线圈(或与引出线间)有断路；若比正常值小很多，说明有局部短路；若为零，则线圈被完全短路。对于有金属屏蔽罩的电感器线圈，还需检查它的线圈与屏蔽罩间是否短路；对于有磁芯的可调电感器，螺纹配合要好。

2.3.1.6　电感器的正确选用

选用电感器需要注意以下几方面的问题。

(1)根据电路的要求选择不同的电感器

首先应明确其使用的频率范围。铁芯线圈只能用于低频，铁氧体线圈、空芯线圈可用于高频。其次要搞清线圈的电感量和适用的电压范围。

(2)额定电流选择

电感器的额定电流要高于其实际工作电流，否则，电感器将发热，使其性能变坏甚至烧毁。

(3)注意安装位置

在安装时，要注意电感元件之间的相互位置，因为电感线圈是磁感应元件，一般应保证相互靠近的电感线圈的轴线互相垂直。

2.3.2 变压器

变压器是一种利用互感原理来传输能量的元件，具有变压、变流、变阻抗、耦合、匹配等主要作用。

2.3.2.1 变压器的分类

变压器按工作频率的高低可分为低频变压器、中频变压器、高频变压器、脉冲变压器；按耦合方式可分为空气芯变压器、磁芯变压器、铁芯变压器。下面介绍几种常用的变压器。

(1)低频变压器

低频变压器又分为音频变压器和电源变压器两种，它主要用在阻抗变换和交流电压的变换上。音频变压器的主要作用是实现阻抗匹配、信号耦合、信号倒相等，因为只有在电路阻抗匹配的情况下，音频信号的传输损耗及其失真才能降到最小；电源变压器是将220V交流电压升高或降低，变成所需的各种交流电压。

(2)中频变压器

中频变压器是超外差式收音机和电视机中的重要元件，又称为中周。中周的磁芯和磁帽是用高频或低频特性的磁性材料制成的，低频磁芯用于收音机，高频磁芯用于电视机和调频收音机。中周的调谐方式有单调谐和双调谐两种，收音机多采用单调谐电路。常用的中周有TFF-1、TFF-2、TFF-3等型号为收音机所用；10TV21、10LV23、10TS22等型号为电视机所用。中频变压器的适用频率范围从几千赫兹到几十兆赫兹，在电路中起选频和耦合等作用，在很大程度上决定了接收机的灵敏度、选择性和通频带。

(3)高频变压器

高频变压器又分为耦合线圈和调谐线圈两类。调谐线圈与电容可组成串、并联谐振回路，用于选频等作用。天线线圈、振荡线圈等都是高频线圈。

(4)行输出变压器

行输出变压器又称为逆行程变压器，接在电视机行扫描的输出级，将行逆程反峰电压经过升压整流、滤波，为显像管提供阳极高压、加速极电压、聚焦极电压以及其他电路所需的直流电压。新产品均为一体化行输出变压器。

变压器在电路中的表示符号与变压器的种类有关，常见的表示符号如图 2-20 所示。常见的变压器外形图如图 2-21 所示。

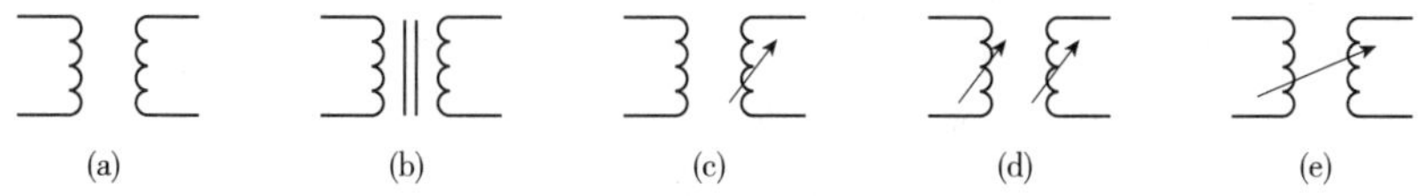

图 2-20　变压器电路符号表示

(a)空气芯固定式　(b)磁芯固定式　(c)一匝绕组可调
(d)两匝绕组可调　(e)互感器可调

(a)

(b)

(c)

图 2-21　常用变压器外形图

(a)低频变压器　(b)中频变压器　(c)高频变压器

2.3.2.2　变压器的型号及命名法

(1)调幅收音机中频变压器的型号命名方法

调幅收音机中频变压器的型号命名由三部分组成：

第一部分：主称，用字母表示；

第二部分：外形尺寸，用数字表示；

第三部分：级数，用数字表示。

各部分的字母和数字所表示的意义见表 2-11 所列。

表 2-11　调幅收音机中频变压器型号中各部分含义

主称		尺寸		级数	
字母	名称、特征、用途	数字	外形尺寸(mm)	数字	用于中波技术
T	中频变压器	1	7×7×12	1	第一级
L	线圈或振荡线圈	2	10×10×14	2	第二级
T	磁芯式	3	12×12×16	3	第三级
F	调幅收音机用	4	20×25×36		
S	短波段				

【例 2-11】 TTF-2-1 型变压器表示调幅收音机用磁芯式中频变压器，外形尺寸为 10mm×10mm×14mm，用于中波第一级。

(2)电视机中频变压器的型号命名方法

电视机中频变压器的型号命名由四部分组成：

第一部分：底座尺寸，用数字表示，例如 10 表示 10mm×10mm；

第二部分：主称，用字母表示，字母表示的意义见表 2-12 所列；

第三部分：结构，用数字表示，2 为磁帽调节式，3 为螺杆调节式；

第四部分：序号，用数字表示。

表 2-12 电视机中频变压器型号中主称部分含义

字母	意义	字母	意义
T	中频变压器	V	图像回路
L	线圈	S	伴音回路

【例 2-12】 10TS2221 型中频变压器，表示为磁帽调节式伴音中频变压器，底座尺寸为 10mm×10mm，产品区别序号为 221。

(3)低频变压器的型号命名方法

低频变压器一般由下列三部分组成：

第一部分：主称，用字母表示，字母表示的意义见表 2-13 所列；

第二部分：功率，用数字表示，计量单位用伏安(VA)或瓦(W)表示，但 RB 型变压器除外；

第三部分：序号，用数字表示。

表 2-13 低频变压器型号中主称部分含义

字母	意义	字母	意义
DB	电源变压器	HB	灯丝变压器
CB	音频输出变压器	SB/ZB	音频(定阻式)输送变压器
RB	音频输入变压器	B/EB	音频(定阻式或自耦式)变压器
GB	高频变压器		

【例 2-13】 DB-60-2 型变压器表示 60 W(VA)电源变压器。

2.3.2.3 变压器的主要参数

(1)额定功率

额定功率指在规定的频率和电压下，变压器能长期工作而不超过规定温升的最大输出功率，单位为伏安(VA)或瓦(W)。

(2)效率

效率指在额定负载时变压器的输出功率 P_2 和输入功率 P_1 的比值，即

$$\eta=\frac{P_2}{P_1}\times 100\%$$

一般来说，变压器的额定输出功率 P_2 越大，其效率越高；额定输出功率 P_2 越小，效率越低。

(3)绝缘电阻

绝缘电阻是表征变压器绝缘性能的一个参数，它指施加在绝缘层上的电压与漏电流的比值，包括绕组之间、绕组与铁芯及外壳之间的绝缘阻值。由于绝缘电阻很大，一般只能用兆欧表(或万用表的 $R\times 10\text{k}\Omega$ 档)测量其阻值。如果变压器的绝缘电阻过低，在使用中可能会出现机壳带电甚至将变压器绕组击穿烧毁的情况。

(4)变压比

变压比指变压器的初级电压 U_1 与次级电压 U_2 的比值，或初级线圈匝数 N_1 与次级线圈匝数 N_2 比值。

$$n=\frac{U_1}{U_2}=\frac{N_1}{N_2}$$

2.3.2.4　变压器的检测

变压器的检测主要检测直流电阻和绝缘电阻。

(1)直流电阻的检测

由于变压器的直流电阻很小，所以一般用万用表的 R×1Ω 档来测绕组的电阻值，可判断绕组有无短路或断路现象。对于某些晶体管收音机中使用的输入、输出变压器，由于它们体积相同，外形相似，一旦标志脱落，直观上很难区分，此时可根据其线圈直流电阻值进行区分。一般情况下，输入变压器的直流电阻值较大，初级多为几百欧，次级多为 1~200Ω；输出变压器的初级多为几十到上百欧，次级多为零点几到几欧。

(2)绝缘电阻的检测

变压器各绕组之间以及绕组和铁芯之间的绝缘电阻可用 500V 或 1000V 兆欧表(摇表)进行测量。根据不同的变压器，选择不同的兆欧表。一般电源变压器和扼流圈应选用 1000V 兆欧表，其绝缘电阻应不小于 1000MΩ；晶体管输入变压器和输出变压器用 500V 兆欧表，其绝缘电阻应不小于 100MΩ。若无兆欧表，也可用万用表的“R×10kΩ”档，测量时，表头指针应不动(相当电阻为∞)。

2.4　半导体分立元件

半导体是指导电能力介于导体与绝缘体之间的物体，如：硅、锗、硒、砷化镓以及大多数金属氧化物和硫化物等。半导体器件具有体积小、重量轻、耗电省、寿命长、工作可靠等一系列优点，应用十分广泛。半导体二极管和三极管是分立元件电子电路中最常用的半导体器件。按国家标准 GB 249—1974 的规定，国产半导体分立器件的型号命名由五部分组成，具体命名法见表 2-14 所列。

表 2-14 国产半导体分立器件型号命名法

<table>
<tr><td colspan="2">第一部分：用数字表示器件的电极数</td><td colspan="2">第二部分：用字母表示器件的材料和极性</td><td colspan="2">第三部分：用字母表示器件的类别</td><td>第四部分：用数字表示器件的序号</td><td>第五部分：用字母表示规格号</td></tr>
<tr><td>符号</td><td>意义</td><td>符号</td><td>意义</td><td>符号</td><td>意义</td><td>意义</td><td>意义</td></tr>
<tr><td rowspan="4">2</td><td rowspan="4">二极管</td><td>A</td><td>N 型锗材料</td><td>P</td><td>普通管</td><td rowspan="23">反映了极限参数、直流参数和交流参数等的差别</td><td rowspan="23">反映了承受反向击穿电压的程度。如规格号为 A、B、C、D…其中 A 承受的反向击穿电压最低，B 次之…</td></tr>
<tr><td>B</td><td>P 型锗材料</td><td>V</td><td>微波管</td></tr>
<tr><td>C</td><td>N 型硅材料</td><td>W</td><td>稳压管</td></tr>
<tr><td>D</td><td>P 型硅材料</td><td>C</td><td>变容管</td></tr>
<tr><td rowspan="5">3</td><td rowspan="5">三极管</td><td>A</td><td>PNP 型锗材料</td><td>Z</td><td>整流管</td></tr>
<tr><td>B</td><td>NPN 型锗材料</td><td>L</td><td>整流堆</td></tr>
<tr><td>C</td><td>PNP 型硅材料</td><td>S</td><td>隧道管</td></tr>
<tr><td>D</td><td>NPN 型硅材料</td><td>N</td><td>阻尼管</td></tr>
<tr><td>E</td><td>化合物材料</td><td>U</td><td>光电器件</td></tr>
<tr><td rowspan="14"></td><td rowspan="14"></td><td colspan="2" rowspan="14"></td><td>K</td><td>开关管</td></tr>
<tr><td>X</td><td>低频小功率管($f_a<3\text{MHz}$，$P_c<1\text{W}$)</td></tr>
<tr><td>G</td><td>高频小功率管($f_a\geq 3\text{MHz}$，$P_c<1\text{W}$)</td></tr>
<tr><td>D</td><td>低频大功率管($f_a<3\text{MHz}$，$P_c\geq 1\text{W}$)</td></tr>
<tr><td>A</td><td>高频大功率管($f_a\geq 3\text{MHz}$，$P_c\geq 1\text{W}$)</td></tr>
<tr><td>T</td><td>可控整流管</td></tr>
<tr><td>Y</td><td>体效应器件</td></tr>
<tr><td>B</td><td>雪崩管</td></tr>
<tr><td>J</td><td>阶跃恢复管</td></tr>
<tr><td>CS</td><td>场效应器件</td></tr>
<tr><td>BT</td><td>半导体特殊器件</td></tr>
<tr><td>FH</td><td>复合管</td></tr>
<tr><td>PIN</td><td>PIN 型管</td></tr>
<tr><td>JG</td><td>激光器件</td></tr>
</table>

【例 2-14】 “2 A P 10”型为 N 型锗材料的小信号普通二极管，序号为 10。

【例 2-15】 “3 A X 31 A”型为 PNP 型锗材料的低频小功率三极管，序号为 31，规格号为 A。

2.4.1 半导体二极管

半导体二极管由一个PN结，再加上电极、引线，封装而成。半导体二极管具有单向导通特性，即加正向电压时，二极管能导通，正向电阻很小；加反向电压时，二极管截止，反向电阻很大。半导体二极管主要作用包括：稳压、整流、检波、开关、光/电转换等。半导体二极管在电路中常用"D"加数字表示，如：D5表示编号为5的二极管。

2.4.1.1 半导体二极管的分类

半导体二极管的种类有很多，可以按照材料、结构、用途等分为不同的种类，如图2-22所示。

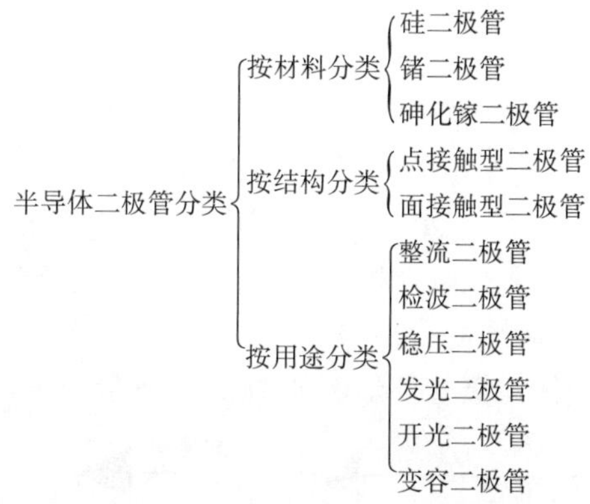

图2-22 半导体二极管的分类

下面介绍几种常用的半导体二极管。

(1)整流二极管

整流二极管主要用于整流电路，即把交流电变换成脉动的直流电。整流二极管为面接触型，其结电容较大，因此工作频率范围较窄(3kHz以内)。常用的型号有2CZ型、2DZ型等，还有用于高压和高频整流电路的高压整流堆，如2CGL型、DH26型2CL51型等。

(2)检波二极管

检波二极管主要作用是把高频信号中的低频信号检出，为点接触型，其结电容小，一般为锗管。检波二极管常采用玻璃外壳封装，主要型号有2AP型和1N4148(国外型号)等。

(3)稳压二极管

稳压二极管也称为稳压管，它是用特殊工艺制造的面结型硅半导体二极管，其特点是工作于反向击穿区，实现稳压；其被反向击穿后，当外加电压减小或消失，PN结能自动恢复而不至于损坏。稳压管主要用于电路的稳压环节和直流电源电路中，常用的有2CW型和2DW型。

(4)光电二极管

光电管又称光敏管，同稳压管一样，其PN结也工作在反偏状态，其特点是：无光照射时其反向电流很小，反向电阻很大；当有光照射时，其反向电阻减小，反向电流增大。光电管常用在光电转换控制器或光的测量传感器中，其PN结面积较大，是专门为接收入射光而设计的。光电管在无光照射时的反向电流称为暗电流，有光照射时的电流称为光电流(或亮电流)。其典型产品有2CU、2DU系列。

(5)发光二极管

发光二极管简写做LED。它通常用砷化镓或磷化镓等材料制成，当有电流通过它时便会发出一定颜色的光。按发光的颜色不同发光二极管可分为红色、黄色、绿色、蓝色、变色和红外发光二极管等。一般情况下，通过LED的电流在10~30mA之间，正向压降约为1.5~3V。LED可用直流、交流、脉冲等电源驱动，但必须串接限流电阻 R。LED能把电能转换成光能，广泛应用在音响设备、数控装置、微机系统的显示器上。

(6)变容二极管

变容二极管是利用PN结加反向电压时相当于一个结电容的特性，反偏电压越大，PN结的绝缘层加宽，其结电容越小。如2CB14型变容二极管，当反向电压在3~25V区间变化时，其结电容在20~30pF之间变化。它主要用在高频电路中作自动调谐、调频、调相等，如在彩色电视机的高频头中作电视频道的选择。

半导体二极管在电路中的表示符号与二极管的种类有关，常见的表示符号如图2-23所示。常见的半导体二极管外形图如图2-24所示。

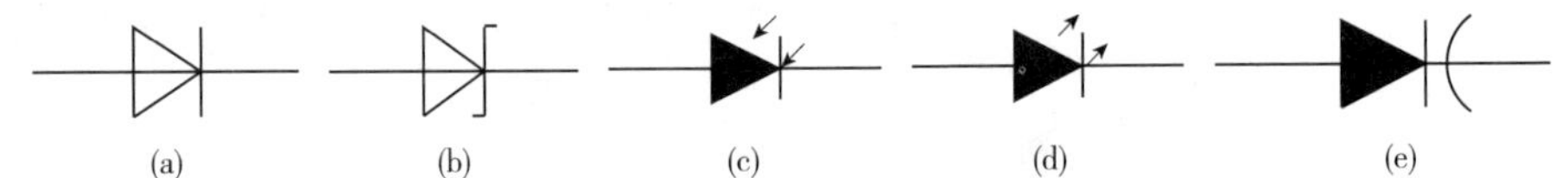

图2-23 半导体二极管电路符号表示

(a)普通二极管 (b)稳压二极管 (c)光电二极管 (d)发光二极管 (e)变容二极管

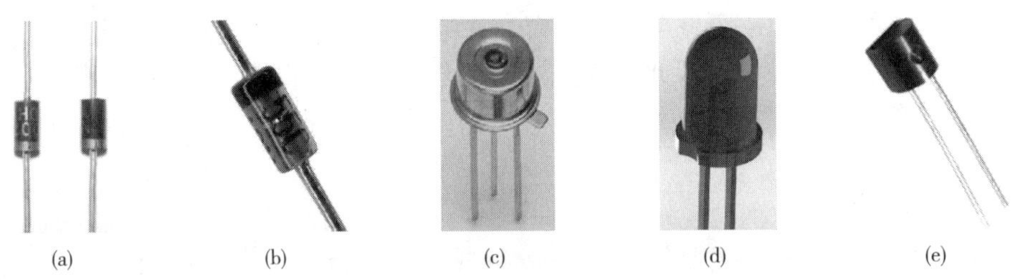

图2-24 常用半导体二极管外形图

(a)普通二极管 (b)稳压二极管 (c)光电二极管 (d)发光二极管 (e)变容二极管

2.4.1.2 半导体二极管的主要参数

不同用途的半导体二极管有其各自的特殊参数，下面介绍常见的通用参数。

(1)最大整流电流

最大整流电流是指半导体二极管在正常连续工作时，允许通过的最大正向电流值。使用时电路的最大电流不能超过此值，否则二极管就会发热而烧毁。

(2)最高反向工作电压

最高反向工作电压是指半导体二极管正常工作时所能承受的最高反向电压值，它是击穿电压值的一半。也就是说，将一定的反向电压加到二极管两端，二极管的PN结不致引起击穿。一般使用时，外加反向电压不得超过此值，以保证二极管的安全。

(3)最大反向电流

最大反向电流是指在最高反向工作电压下允许流过的反向电流。该参数的大小，反映了半导体二极管单向导电性能的好坏，如果这个反向电流值太大，就会使二极管过热而损坏。因此这个值越小，表明二极管的质量越好。

(4)最高工作频率

最高工作频率是指半导体二极管正常工作时允许通过交流信号的最高频率。如果通过二极管交流信号的频率大于此值，二极管将不能起到它应有的作用。在选用二极管时，一定要考虑电路频率的高低。选择能满足电路频率要求的二极管。

2.4.1.3 半导体二极管的检测

(1)普通二极管的检测

普通二极管外壳上均印有型号和标记。标记方法有箭头、色点、色环三种，箭头所指方向或靠近色环的一端为二极管的负极，有色点的一端为正极。若型号和标记脱落时，可用万用表的欧姆档进行判别。主要原理是根据二极管的单向导电性，其反向电阻远远大于正向电阻。具体过程如下：

①判别极性。将万用表选在 $R\times100$ 或 $R\times1$k 档，两表笔分别接二极管的两个电极。若测出的电阻值较小(硅管为几百～几千 Ω，锗管为 100～1kΩ)，说明是正向导通，此时黑表笔接的是二极管的正极，红表笔接的则是负极；若测出的电阻值较大(几十 kΩ～几百 kΩ)，为反向截止，此时红表笔接的是二极管的正极，黑表笔为负极。

②检查好坏。可通过测量正、反向电阻来判断二极管的好坏。一般小功率硅二极管正向电阻为几百 Ω～几千 Ω，锗管约为 100Ω～1kΩ。

③判别硅、锗管。若不知被测的二极管是硅管还是锗管，可根据硅、锗管的导通压降不同的原理来判别。将二极管接在电路中，当其导通时，用万用表测其正向压降，硅管一般为 0.6～0.7V，锗管为 0.1～0.3V。

(2)稳压二极管的检测

①判别极性。与上普通二极管的判别方法相同。

②检查好坏。万用表置于 $R\times10$k 档，黑表笔接稳压管的“-”极，红笔接“+”，若此时的反向电阻很小(与使用 $R\times1$k 档时的测试值相比较)，说明该稳压管正常。因为万用表 $R\times10$k 档的内部电压都在 9V 以上，可达到被测稳压管的击穿电压，使其阻值大大减小。

(3)光电二极管的检测

把光电二极管用黑纸盖住，将万用表打到 $R\times1$k 档，两表笔分别接两个管脚，若指针读数为几 kΩ 左右，则黑表笔为正极。这是正向电阻，是不随光照而变化的。将两表笔对调测反向电阻，一般读数应在几百 kΩ 到无穷大(注意测量时窗口应避开光)。然后用手电光照管子的顶端窗口，这时表头指针偏转应明显加大，光线越强，反向电阻应越小(仅几百 Ω)。关掉手电，指针读数应立即恢复到原来的阻值，这样的光电二极管才是正常的。

(4)发光二极管的检测

用万用表 R×10k 档测试。一般正向电阻应小于 30kΩ，反向电阻应大于 1MΩ；若正、反向电阻均为零，说明其内部击穿。反之，若均为无穷大，则内部已开路。

2.4.1.4 半导体二极管的正确选用

设计电路时，应根据用途和电路的具体要求来选择半导体二极管的种类、型号及参数。

选用检波二极管时，主要使其工作频率符合要求。常用的有 2AP 系列，还可用锗开关管 2AK 型代用。用锗高频三极管的发射结进行检波的效果较好，因其发射结电容很小。

选择整流二极管时主要考虑其最大整流电流、最高反向工作电压是否满足要求，常用的硅桥(硅整流组合管)为 QL 型。

在修理电子电路时，当损坏的二极管型号一时找不到，可考虑用其他二极管代用。代换的原则是弄清原二极管的性质和主要参数，然后换上与其参数相当的其他型号二极管。如检波二极管，只要工作频率不低于原型号的就可以使用。

2.4.2 半导体三极管

半导体三极管也称为晶体三极管，是电子电路中非常重要的元器件。它最主要的功能是电流放大和开关、控制等作用，是电子电路与电子设备中广泛使用的基本元件。

半导体三极管具有三个电极：基极(b 极)，集电极(c 极)和发射极(e 极)，由两个 PN 结构成：集电结和发射结这两个 PN 结共用基极。由于不同的组合方式，形成了一种是 NPN 型的三极管，另一种是 PNP 型的三极管。半导体三极管的内部结构及电路符号如图 2-25 所示。

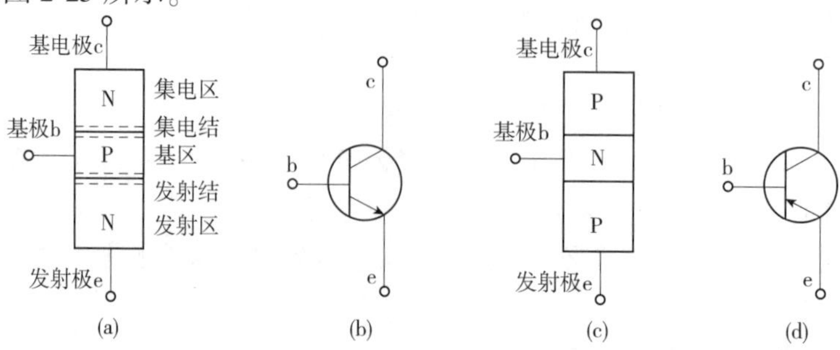

图 2-25 半导体三极管内部结构及电路符号

(a)NPN 型内部结构 (b) NPN 型符号 (c)PNP 型内部结构 (d) PNP 型符号

2.4.2.1　半导体三极管的分类

半导体三极管的种类有很多，可以按照材料、结构、功率、工作频率、封装方式等分为不同的种类，如图 2-26 所示。常用半导体三极管外形如图 2-27 所示。

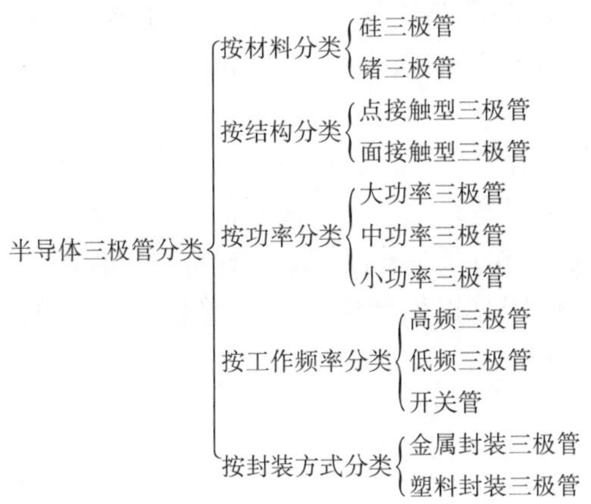

图 2-26　半导体三极管的分类

图 2-27　常用半导体三极管外形图

(a)低频大功率三极管　(b)差分对管　(c)达林顿管　(d)场效应管　(e)螺旋式晶闸管

下面介绍几种常用的半导体三极管。

(1)大功率三极管

大功率三极管一般是指耗散功率大于 1W 的三极管。可广泛应用于高、中、低频功率放大、开关电路，稳压电路，模拟计算机功率输出电路。它的特点是工作电流大，而且体积也大，各电极的引线较粗而硬，集电极引线与金属外壳或散热片相连，金属外壳是金属封装三极管的集电极，散热片是塑料封装三极管的集电极。

高频大功率三极管主要用于功率驱动电路、功率放大电路、通信电路的设备中。低频大功率三极管的用途很广泛，如电视机、扩音机、音响设备的低频功率放大电路、稳压电源电路、开关电路等。

(2)对管

为了提高功率放大器的输出功率和效率，减小失真，功率放大器通常采用推挽式功率放大电路，即由两只互补三极管分别放大一个完整正弦波的正、负半周信号。这要求两只三极管的材料相同，性能参数也要尽可能一致，使用前应进行挑选“配对”，这种管子称为对管。

对管分为差分对管和互补对管。差分对管是指两个管子均用 PNP 型或 NPN 型三极管，即极性相同。但在电路输入端，必须要有一个变压器构成倒相电路，把输入信号变换为两个大小相等、相位相反的信号，分别加入对管的两个管子进行放大。互补对管是指两个管子中一个采用 PNP 型三极管，另一个采用 NPN 型三极管，即极性相反。它可以省去倒相及输出变压器，输入完全相同的信号。

(3)达林顿管

达林顿三极管又称复合三极管，它将两个或多个三极管的集电极连在一起，而将第一个三极管的发射极直接连到第二个三极管的基极，依次连接，最后引出发射极、基极、集电极，等效成一个的新的三极管。达林顿三极管的放大倍数是每一个三极管放大倍数之积，最大的作用是提供高电流放大增益。达林顿管的基本电路如图 2-28 所示。

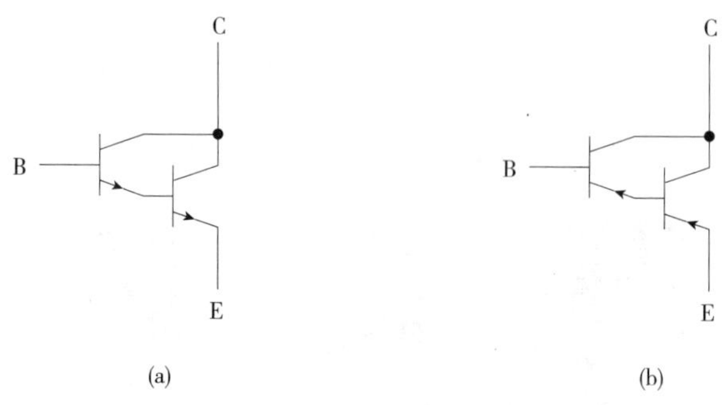

图 2-28　达林顿管的基本电路

(a)NPN 型　(b)PNP 型

(4)场效应管

场效应管(FET)是一种用输入电压控制输出电流的半导体器件，利用电场效应来控制晶体管的电流。它的外型是一个三极管，有三个电极，因此又称场效应三极管，但三个电极分别是源极(S 极)、栅极(G 极)、漏极(D 极)。场效应管是只有一种载流子参与导电的半导体器件，从参与导电的载流子来划分，分为以电子作为载流子的 N 沟道器件和以空穴作为载流子的 P 沟道器件。从结构来划分，场效应管分为结型场效应管(JFET)和绝缘栅型场效应管(MOS)。MOS 管有增强型和耗尽型两种。场效应管的电路符号如图 2-29 所示。

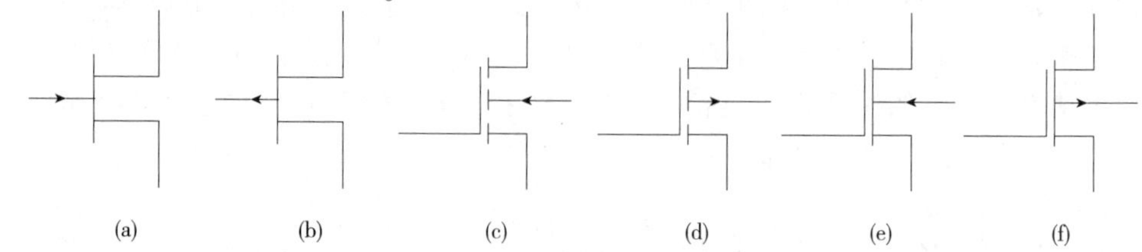

图 2-29　场效应管电路符号

(a)N 沟道 JFET　(b)P 沟道 JFET　(c)N 沟道增强型 MOS 管

(d)P 沟道增强型 MOS 管　(e)N 沟道耗尽型 MOS 管　(f)P 沟道耗尽型 MOS 管

场效应管的特点是输入电阻很高($10^7 \sim 10^{12}\Omega$)、噪声小、功耗低、无二次击穿现象，受温度和辐射影响小，特别适用于要求高灵敏度和低噪声的电路。场效应管和三极管一样都能实现信号的控制和放大，但由于它们的构造和工作原理截然不同，所以二者的差别很大。在某些特殊应用方面，场效应管优于三极管，是三极管所无法替代的。

(5)晶闸管

晶闸管是晶体闸流管的简称，原来被称作可控硅整流器，简称为可控硅。晶闸管是 PNPN 四层半导体结构，中间形成了三个 PN 结，它有三个极：阳极(A 极)，阴极(K 极)和控制极(也称门极，G 极)。晶闸管的内部结构和电路符号如图 2-30 所示。

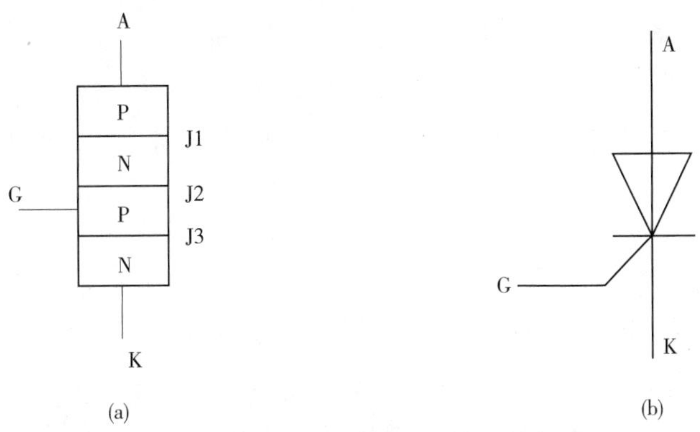

图 2-30　晶闸管的内部结构及电路符号

(a)晶闸管内部结构　(b)晶闸管电路符号

晶闸管具有硅整流器件的特性，能在高电压、大电流条件下工作，且其工作过程可以控制，被广泛应用于可控整流、交流调压、无触点电子开关、逆变及变频等电子电路中。

2.4.2.2　半导体三极管的主要参数

不同用途的半导体三极管有其各自的特殊参数，下面介绍常见的通用参数。

(1)共射电流放大系数

共射电流放大系数是指在共射极放大电路中集电极电流和基极电流的比值，它分为共射直流电流放大系数和共射交流放大系数。

若交流输入信号为零，则管子各极间的电压和电流都是直流量，此时的集电极电流 I_C 和基极电流 I_B 的比值称为共射直流电流放大系数$\bar{\beta}$，即

$$\bar{\beta}=\frac{I_C}{I_B}$$

当共射极放大电路有交流信号输入时，因交流信号的作用，必然会引起 i_B 的变化，相应的也会引起 i_C 的变化，两电流变化量的比值称为共射交流电流放大系数 β，即

$$\beta=\frac{\Delta i_C}{\Delta i_B}$$

(2)共基电流放大系数

共基电流放大系数是指在共基极放大电路中集电极电流和发射极电流的比值，它分为共基直流电流放大系数$\bar{\alpha}$和共基交流放大系数 α，共基电流放大系数与共发射电流放大系数具有如下数学关系：

$$\bar{\alpha}=\frac{\bar{\beta}}{1+\bar{\beta}}$$

$$\alpha=\frac{\beta}{1+\beta}$$

(3)穿透电流

穿透电流 I_{CEO} 是指基极开路，集电极与发射极之间加一定反向电压时的穿透电流。

(4)极间反向电流

极间反向电流 I_{CBO} 是指发射极开路，在集电极与基极之间加上一定的反向电压时，所对应的反向饱和电流。I_{CBO} 与 I_{CEO} 存在如下关系：

$$I_{CEO}=(1+\bar{\beta})I_{CBO}$$

在一定温度下，I_{CBO} 是一个常量。随着温度的升高 I_{CBO} 将增大，它是三极管工作不稳定的主要因素。在相同环境温度下，硅管的 I_{CBO} 比锗管的 I_{CBO} 小 2~3 个数量级，因此硅管的温度稳定性比锗管好。

(5)最大集电极电流

最大集电极电流是指三极管的集电极允许通过的最大电流 I_{CM}。为了使三极管在放大电路中能正常工作，i_C 不应超过 I_{CM}。实际上，当 i_C 超过 I_{CM}，三极管不一定损坏，但是共发射电流放大系数 β 明显下降。

(6)最大集电极耗散功率

最大集电极耗散功率 P_{CM} 是指三极管参数变化不超出允许值时集电极的最大耗散功率。实际使用时应注意功耗不要超过此值，否则管子将损坏。

(7)特征频率

由于三极管中 PN 结结电容的存在，三极管的交流放大系数是所加信号频率的函数。使共射电流放大系数的数值下降到 1 的信号频率称为特征频率 f_T。

2.4.2.3 半导体三极管的检测

(1)三极管好坏的判断

通过测量三极管极间电阻的大小，可判断管子质量的好坏，也可看出三极管内部是否短路、断路等损坏情况。在测量三极管极间电阻时，要注意量程的选择，否则将产生误判。对于小功率管，应当用 $R\times1k$ 或 $R\times100$ 档，绝对不能用 $R\times1$ 或 $R\times10$ 档，否则可能造成三极管的损坏；对于大功率锗管，应当用 $R\times1$ 或 $R\times10$ 档，因它的正、反向电阻比较小，用其他档容易发生误判。

对于质量良好的中、小功率三极管，基极与集电极、基极与发射极正向电阻一般为几百欧姆到几千欧姆。其余的极间电阻都很高，约为几百千欧。硅材料的三极管要比锗材料的三极管的极间电阻高。当测得的正向电阻近似于无穷大时，表明管子内部断路。如果测得的反向电阻很小或为零时，说明管子已击穿或短路。

(2)基极 B 及三极管类型的判断

将欧姆档拨至 $R\times100$(或 $R\times1\text{k}$)档的位置。用黑表笔接三极管的某一个极，再用红表笔分别去接触另外两个电极，如果一个阻值大，另一个阻值小时，就需将黑表笔换接一个电极再测，直到测得的两个电阻值都很大或者都很小。这时黑表笔所接电极为三极管的基极。若两个电阻值都很大，则该三极管是 PNP 型；若两个阻值都很小，则该三极管为 NPN 型。

(3)集电极 C 和发射极 E 的判断

因为三极管发射极和集电极正确连接时 β 大(表针摆动幅度大)，反接时 β 就小得多。因此，先假设一个集电极，用欧姆档拨至 $R\times100$(或 $R\times1\text{k}$)档连接。对 NPN 型管，集电极接黑表笔，发射极接红表笔；对 PNP 型管，集电极接红表笔，发射极接黑表笔。测量时，用手捏住基极和假设的集电极，两极不能接触，若指针摆动幅度大，而把两极对调后指针摆动小，则说明假设是正确的，从而确定集电极和发射极。

(4)共射电流放大系数的估算

选用欧姆档的 $R\times100$(或 $R\times1\text{k}$)档，对 NPN 型管，黑表笔接集电极，红表笔接发射极，测集电极与发射极之间的电阻。测量时，只要比较用手捏住基极和集电极(两极不能接触)，和把手放开两种情况下阻值的大小差别，即指针摆动的大小，摆动越大，β 值越高。

对于 PNP 型三极管的放大能力的测量与 NPN 管的方法完全一样，只是要把红、黑表笔对调就可以了。

2.4.2.4　半导体三极管的正确选用

选用三极管首先要符合设备及电路的要求，其次要符合节约的原则。根据用途的不同，一般应考虑以下几个因素：工作频率、集电极电流、耗散功率、电流放大系数、反向击穿电压、稳定性及饱和压降等。这些因素又具有相互制约的关系，在选管时应抓住主要矛盾，兼顾次要因素。

低频管的特征频率 f_T 一般在 2.5MHz 以下，而高频管的 f_T 都从几十兆赫到几百兆赫甚至更高。选管时应使 f_T 为工作频率的 3~10 倍。原则上讲，高频管可以代换低频管，但是高频管的功率一般都比较小，动态范围窄，在代换时应注意功率条件。

一般希望共射电流放大系数 β 选大一些，但也不是越大越好。β 太高了容易引起自激振荡，而且一般 β 高的管子工作多不稳定，受温度影响大。通常 β 多选 40~100 之间，但低噪声，高 β 值的管子，β 值达数百时温度稳定性仍较好。另外，对整个电路来说还应该从各级的配合来选择 β。例如前级用 β 高的，后级就可以用 β 较低的管子；反之，前级用 β 较低的，后级就可以用 β 较高的管子。

集电极—发射极反向击穿电压 U_{CEO} 应选得大于电源电压。穿透电流越小，对温度的稳定性越好。普通硅管的稳定性比锗管好得多，但普通硅管的饱和压降比锗管的大，在某些电路中会影响电路的性能，应根据电路的具体情况选用。选用晶体管的耗散功率时应根据不同电路的要求留有一定的余量。

对高频放大、中频放大、振荡器等电路用的晶体管，应选用特征频率较高、极间电容较小的晶体管，以保证在高频情况下仍有较高的功率增益和稳定性。

2.5　集成电路

2.5.1　概述

集成电路是将半导体分立器件、电阻、小电容以及导线集成在一块硅片上，形成一个具有一定功能的电子电路，并封装成一个整体的电子器件。

与分立元件相比，集成电路具有体积小、重量轻、性能好、可靠性高、损耗小、成本低、外接元器件数目少、整体性能好、便于安装调试等优点。

2.5.1.1　集成电路的分类

集成电路的分类方法很多，下面给出了不同的分类方法，如图 2-31 所示。

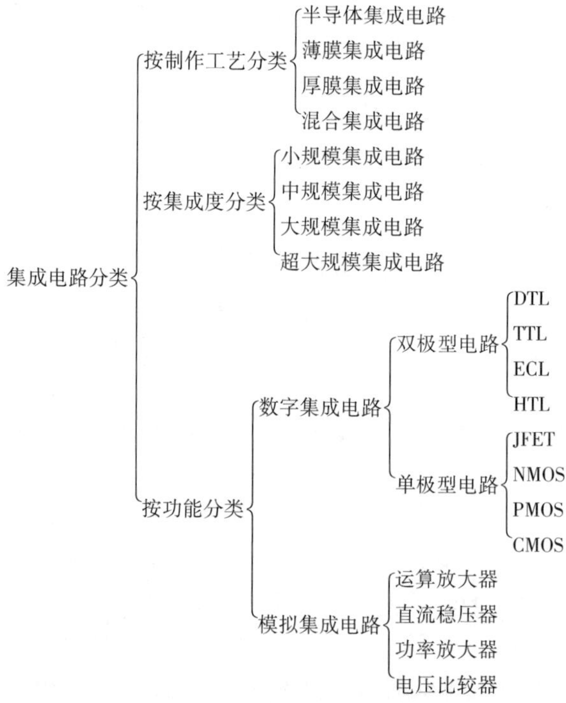

图 2-31　集成电路分类

2.5.1.2　集成电路的型号命名

国产集成电路的型号一般由五部分组成，各部分符号及含义见表 2-15 所列。

表 2-15　国产集成电路型号命名法

第一部分：用字母表示器件的符号		第二部分：用字母表示器件的类型		第三部分：用数字表示器件的系列和品种代号	第四部分：用字母表示器件的工作温度(℃)		第五部分：用字母表示器件的封装形式	
符号	意义	符号	意义		符号	意义	符号	意义
C	中国制造	T	TTL 集成电路	TTL 分为：	C	0～+75	W	陶瓷扁平封装
		H	HTL 集成电路	54/74×××	E	-40～+85	B	塑料扁平封装
		E	ECL 集成电路	54/74H×××	R	-55～+85	F	全密封扁平封装
		C	CMOS 集成电路	54/74L×××	M	-55～+125	P	塑料直插封装
		P	PMOS 集成电路	54/74S×××			D	陶瓷直插封装
		N	NMOS 集成电路	54/74LS×××			T	金属壳圆形封装
		F	线性放大器集成电路	54/74AS×××				
		D	音响、电视集成电路	54/74ALS×××				
		W	集成稳压电路	54/74F×××				
		J	接口电路					
		B	非线性集成电路					
		M	存储器					
		I	IIL 集成电路					
		μ	微处理器					

2.5.1.3　集成电路的封装

封装就是指把硅片上的电路管脚用导线接引到外部接头处，以便与其他器件连接。它不仅起着安装、固定、密封、保护芯片及增强电热性能等方面的作用，而且还通过芯片上的接点用导线连接到封装外壳的引脚上，这些引脚又通过印刷电路板上的导线与其他器件相连接，从而实现内部芯片与外部电路的连接。集成电路的封装形式包括以下几种(图 2-32)：

(1)SOP 封装

SOP 是英文 Small Outline Package 的简写，即小外形封装。SOP 封装技术由 1968—1969 年菲利浦公司开发出来，以后逐渐派生出 SOJ(J 型引脚小外形封装)、TSOP(薄小外形封装)、VSOP(甚小外形封装)、SSOP(缩小型 SOP)、TSSOP(薄的缩小型 SOP)及 SOT(小外形晶体管)、SOIC(小外形集成电路)等。

(a)　(b)　(c)　(d)

(e)　(f)　(g)　(h)

图 2-32　常见封装形式的集成芯片外形图

(a)SOP 封装　(b)DIP-4 封装　(c)DIP-8 封装　(d)PLCC 封装
(e)QFP 封装　(f)BGA 封装　(g)QFP 封装　(h)BGA 封装

(2)DIP 封装

DIP 是英文 Dual In-line Package 的简写，即双列直插式封装。DIP 封装的引脚从封装两侧引出，封装材料有塑料和陶瓷两种。DIP 是最普及的插装型封装，应用范围包括标准逻辑 IC，存贮器 LSI，微机电路等。

(3)PLCC 封装

PLCC 是英文 Plastic Leaded Chip Carrier 的简写，即塑封 J 引线芯片封装。PLCC 封装是表面贴装型封装的一种，外形呈正方形，32 脚封装，四周都有管脚，外形尺寸比 DIP 封装小得多，具有外形尺寸小、可靠性高的优点。

(4)QFP 封装

QFP 是英文 Quad Flat Package 的简写，即四方扁平封装。QFP 封装的引脚端子从封装的两个侧面引出，呈 L 字形，引脚节距为 1.0mm、0.8mm、0.65mm、0.5mm、0.4mm、0.3mm，引脚可达 300 脚以上。PLCC 技术实现的 CPU 芯片引脚之间距离很小，管脚很细，一般大规模或超大规模集成电路采用这种封装形式。根据封装本体厚度分为 QFP(2.0～3.6mm 厚)、LQFP(1.4mm 厚)和 TQFP(1.0mm 厚)三种。

(5)BGA 封装

BGA 是英文 Ball Grid Array Package 的简写，即球栅阵列封装。BGA 封装的 I/O 端子以圆形或柱状焊点按阵列形式分布在封装下面，BGA 技术的优点是 I/O 引脚数虽然增加了，但引脚间距并没有减小反而增加了，从而提高了组装成品率；虽然功耗增加，但 BGA 能用可控塌陷芯片法焊接，从而可以改善它的电热性能；厚度和重量都较以前的封装技术有所减少；寄生参数减小，信号传输延迟小，使用频率大大提高；组装可用共面焊接，可靠性高。

(6)PGA 封装

PGA 是英文 Ceramic Pin Grid Array Package 的简写，即插针网格阵列封装。由 PGA 封装的芯片内外有多个方阵形的插针，每个方阵形插针沿芯片的四周间隔一定距离排列，根据管脚数目的多少，可以围成 2~5 圈。安装时，将芯片插入专门的 PGA 插座。

(7)CSP 封装

CSP 是英文 Chip Scale Package 的简写，即芯片级封装。CSP 封装最新一代的内存芯片封装技术，其技术性能又有了新的提升。CSP 封装可以让芯片面积与封装面积之比超过 1∶1.14，已经相当接近 1∶1 的理想情况，绝对尺寸也仅有 $32mm^2$，约为普通的 BGA 的 1/3。与 BGA 封装相比，同等空间下 CSP 封装可以将存储容量提高三倍。

2.5.2 三端固定稳压器

三端固定稳压器是指集成稳压电路的固定输出端的引脚只有三个：输入端、输出端及公共端，而且输出电压是固定不能调整的。比较常用的三端固定稳压器有正电压输出 W78××系列和负电压输出 W79××系列，“××”表示输出电压值，有 5V、6V、8V、9V、10V、12V、15V、18V、24V 等；输出电流有 0.1A(78L××、79L××)、0.5A(78M××、79M××)和 1.5A(78××、79××)可达 1.5A。W78××系列和 W79××系列的三端固定稳压器的封装如图 2-33 所示，两者的外形基本相同，图 2-34 所示的是 7805 的外形图。

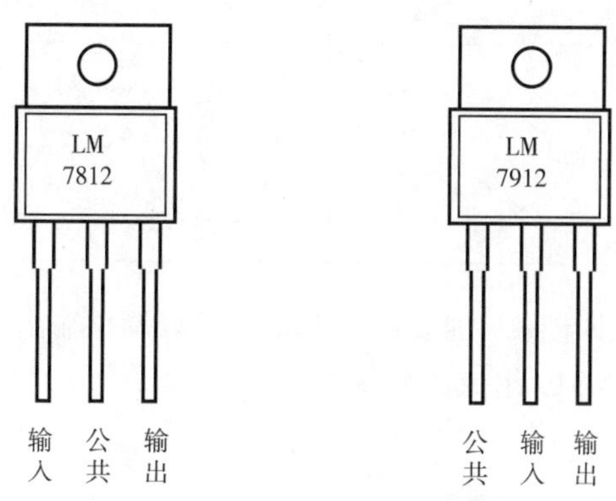

图 2-33 三端固定稳压器封装图

图 2-34 三端固定稳压器外形图

在根据稳定电压值选择稳压器的型号时，要求经整流滤波后的电压要高于三端固定稳压器的输出电压 2~3V(输出负电压时要低 2~3V)，但不宜过大。

用三端固定稳压器组成的稳压电路，外围元件少，电路简单，使用安全可靠。如图 2-35 所示的是由三端固定稳压器 7806 组成的稳压电源电路。

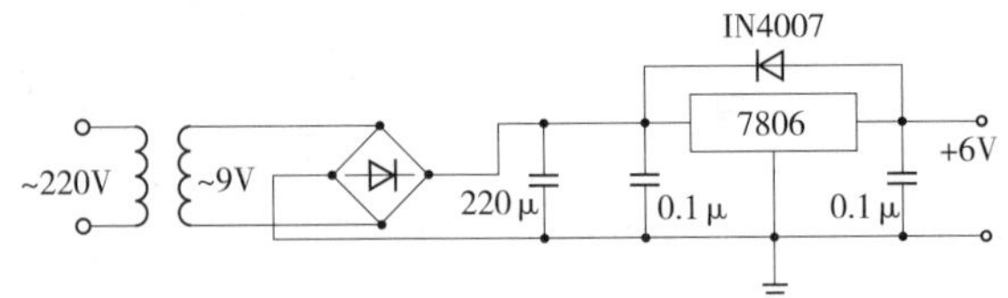

图 2-35　三端固定稳压器组成的稳压电源电路

2.5.3　三端可调稳压器

三端可调稳压器是在三端固定稳压器的基础上改进的，能够输出连续可调的直流电压，因此具有较多通用性，其应用可以拓展到许多输出为固定电压的器件不适合的范围。比较常用的三端可调稳压器有 LM117、LM217、LM317，它们的输出电压范围是 1.2~37V。由于三端可调稳压器的集成电路内部具有过载保护和限流保护功能，使用中不易损坏。表 2-16 给出了 LM117 系列封装图与对应的引脚图。图 2-36 所示的是 LM317 的外形图。

表 2-16　LM 系列封装图与对应的引脚图

封装图				
引脚图	INPUT OUTPUT ADJUST	INPUT OUTPUT ADJUST	OUTPUT INPUTS ADJ	2 INPUT 3 OUTPUT 1 ADJUST

用三端可调稳压器组成的稳压电路，其外围电路只需要两个电阻就可以调整输出电压。如图 2-37 所示的是由三端可调稳压器 LM317 组成的稳压电源电路。

图 2-36　LM317 外形图

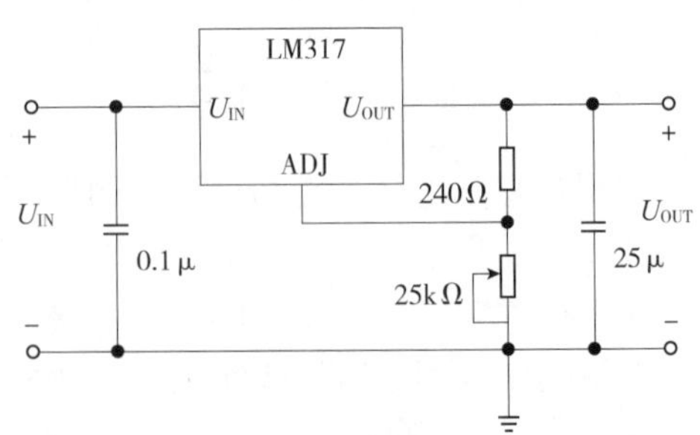

图 2-37　三端可调稳压器组成的稳压电源电路

2.5.4　集成运算放大器

集成运算放大器简称集成运放，是由多级直接耦合放大电路组成的高增益模拟集成电路，整个电路可分为输入级、中间级、输出级。输入级采用差分放大电路以消除零点漂移和抑制干扰；中间级一般采用共发射极电路，以获得足够高的电压增益；输出级一般采用互补对称功放电路，以输出足够大的电压和电流，其输出电阻小，负载能力强。集成运算放大器的电路符号如图 2-38 所示，其中，u_-表示反向输入端，u_+表示同向输入端，u_o 表示输出端，同相输入端的电压变化和输出端的电压变化方向一致，反相输入端的电压变化和输出端的电压变化方向相反。

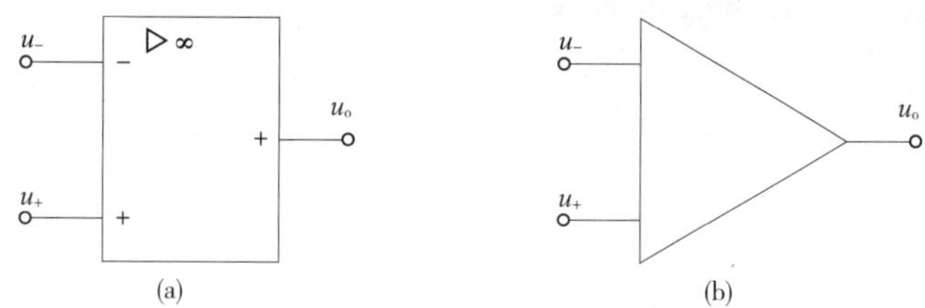

图 2-38　集成运算放大器的电路符号

（a）国家标准符号　（b）国际符号

2.5.4.1　集成运算放大器的分类

集成运算放大器的品种繁多，大致可分为通用型和专用型两大类，具体分类如图 2-39所示。

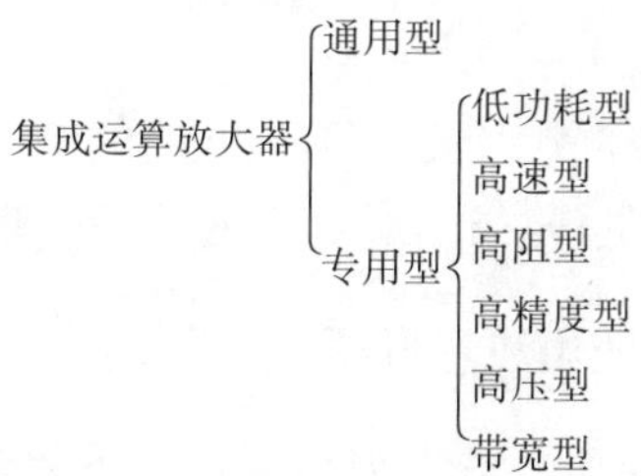

图 2-39　集成运算放大器分类

通用型集成运算放大器的各项指标比较均衡，适用于无特殊要求的一般场合。常见的型号有 CF741（单运放）、CF747（双运放）、CF124（四运放）等。其特点是增益高、共模和差模电压范围宽、正负电源对称且工作稳定。专用型集成运算放大器往往特别突出其中某一项或两项特性参数，以适用于某些特殊要求的场合。低功耗型集成运算放大器的静态功耗在 1mW 左右，如 CA3078，适用于遥感技术、空间技术等要求能源消耗有限制的场合；高速型集成运算放大器的转换速率在 10V/s 左右，如 A715，主要用于快速 A/D 和 D/A 转换器、锁相环电路和视频放大器等要求电路有快速响应的场合；高阻型集成运算放大器的输入电阻在 1012Ω 左右，如 CA3140；高精度型集成运算放大器的失调电压在 1V 左右，如 A725；高压型高精度型集成运算放大器的允许供电电压在±30V 左右，如 CF343；宽带型高精度型集成运算放大器的带宽在10MHz 左右，如 A772。

2.5.4.2　集成运算放大器的型号命名

集成运算放大器属于集成电路，因此其型号命名按照国标统一命名法规定由字母和阿拉伯数字两部分组成，见表 2-15 所列，集成运算放大器统一采用 CF 两个字母开头，其后的数字表示运放的类型，最后又用字母表示温度范围和封装形式。

【例 2-16】　CF0741CT 表示采用金属壳圆形封装，工作温度为 0~70℃的集成运算放大器 0741。

2.5.4.3　集成运算放大器的主要参数

(1)差模开环放大倍数

差模开环放大倍数是指集成运算放大器在无反馈情况下的差模放大倍数，也称为开环差模增益，它是衡量集成运算放大器放大能力的重要指标，一般为 100dB 左右。

(2)共模开环放大倍数

共模开环放大倍数是指集成运算放大器在无反馈情况下的共模放大倍数，也称为开环共模增益，它是衡量集成运算放大器抗温漂、抗共模干扰能力的重要指标，好的集成运算放大器的共模开环放大倍数应接近于零。

(3)共模抑制比

共模抑制比等于差模放大倍数与共模放大倍数之比的绝对值，它可以反映集成运算放大器的放大能力尤其是抗温漂、抗共模干扰能力的重要指标，好的集成运算放大器的共模抑制比应在 100dB 以上。

(4)单位增益带宽

单位增益带宽是使差模开环放大倍数降到 0dB 时的信号频率，它可以反映集成运算放大器的增益带宽积，一般为几兆赫兹至几十兆赫兹，宽频带运放可达 100MHz 以上。

2.5.4.4　集成运算放大器的使用注意事项

集成运算放大器在使用前应进行下列检查：能否调零和消振，正负向的线性度和输出电压幅度；若数值偏差大或不能调零，则说明器件已损坏或质量不好。集成运放在使用时，因其管脚较多，必须注意管脚不能接错。更换器件时，注意新器件的电源电压和原运放的电源电压是否一致。

2.5.5　数字集成电路

如图 2-31 所示，数字集成电路按结构不同可分为双极型和单极型电路。其中双极型电路有 DTL、TTL、ECL、HTL 等多种；单极型电路有 JFET、NMOS、PMOS、CMOS 等四种。在实际工程中，最常用的数字集成电路主要有 TTL 和 CMOS 两大系列，下面分别作以介绍。

2.5.5.1 TTL 集成电路

TTL 集成电路是用双极型晶体管为基本元件集成在一块硅片上制成的，其品种、产量最多，应用也最广泛。国产的 TTL 集成电路有 T1000~T4000 系列，其中，T1000 系列与国标 CT54/74 系列及国际 SN54/74 通用系列相同，T2000 高速系列与国标 CT54H/74H 系列及国际 SN54H/74H 高速系列相同，T3000 肖特基系列与国标 CT54S/74S 系列及国际 SN54S/74S 肖特基系列相同，T4000 低功耗肖特基系列与国标 CT54LS/74LS 系列及国际 SN54LS/74LS 低功耗肖特基系列相同。54 系列与 74 系列的主要区别在其工作环境温度上，54 系列的工作温度为-55℃~+125℃；74 系列的工作温度为 0~70℃。另外这些系列的区别还在于典型门的平均传输时间和平均功耗这两个参数不同，其他的电参数和外管脚功能基本相同，必要时可互为代换使用。

TTL 集成电路在使用时要注意：不许超过其规定的工作极限值，以确保电路能可靠工作。TTL 集成电路只允许在 5V±10%的电源电压范围内工作。TTL 门电路的输出端不允许直接接地或接电源，也不准许并联使用(开路门和三态门例外)。TTL 门电路的输入端悬空相当于接高电平 1，但多余的输入端悬空容易引入外来干扰使得门电路的逻辑功能不正常，所以最好将多余输入端和有用端并联在一起使用。在电源接通的情况下，不要拔插集成电路，以防电流冲击造成电路永久性的损坏。

2.5.5.2 CMOS 集成电路

CMOS 集成电路以单极型晶体管为基本元件制成，它具有功耗低、速度快、工作电源电压范围宽(如 CC4000 系列的工作电源电压为 3~18V)、抗干扰能力强、输入阻抗高、扇出能力强、温度稳定性好及成本低等优点，而且制造工艺非常简单，适合大批量生产。

CMOS 集成电路有三种封装方式：陶瓷扁平封装(工作温度范围是-55℃~+100℃)；陶瓷双列直插封装(工作温度范围是-55℃~+125℃)；塑料双列直插封装(工作温度范围是-40℃~+85℃)。

CMOS 集成电路在使用时要注意：电源电压端和接地端绝对不许接反，也不准超过其允许工作电压范围(V_{DD}= 3~18V)。CMOS 电路在工作时，应先加电源后加信号；工作结束时，应在撤除信号后再切断电源。为防止输入端的保护二极管因大电流而损坏，输入信号的电压不能超过电源电压；输入电流不宜超过 1mA，对低内阻的信号源要采取限流措施。CMOS 集成电路的多余输入端一律不准悬空，应按其逻辑要求将多余的输入端接电源(如与门)或接地(如或门)；CMOS 集成电路的输出端不准接电源或接地，也不许将两个芯片的输出端直接连接使用，以免损坏器件。

2.6 传感器

传感器是指能感受规定的被测量的信息，并按照一定的规律(数学函数法则)转换成可用信号输出的器件或装置，通常由敏感元件和转换元件组成。

2.6.1 传感器的分类

传感器种类繁多，功能各异。由于同一被测量可用不同转换原理实现探测，利用同一种物理法则、化学反应或生物效应可设计制作出检测不同被测量的传感器，而功能大同小异的同一类传感器可用于不同的技术领域，故传感器有不同的分类方法。

按照传感器的被测量对象——输入信号分类，能够很方便地表示传感器的功能，也便于用户选用。按这种分类方法，传感器可以分为温度、压力、流量、物位、加速度、速度、位移、转速、力矩、湿度、黏度、浓度等传感器。生产厂家和用户都习惯于这种分类方法。同时，这种方法还将种类繁多的物理量分为两大类，即基本量和派生量。例如，将“力”视为基本物理量，可派生出压力、重量、应力、力矩等派生物理量，当我们需要测量这些派生物理量时，只要采用基本物理量传感器就可以了。表 2-17给出的是常用的基本物理量和派生物理量。

表 2-17 常用的基本物理量和派生物理量

基本物理量		派生物理量
位 移	线位移	长度、厚度、应变、振动、磨损、不平度
	角位移	旋转角、偏转角、角振动
速 度	线速度	速度、振动、流量、动量
	角速度	转速、角振动
加速度	线加速度	振动、冲击、质量
	角加速度	角振动、扭矩、转动惯量
力	压 力	重力、应力、力矩
时 间	频 率	周期、计数、统计分布
温 度		热容量、气体速度、涡流
光		光通量与密度、光谱分布

传感器的种类有很多，可以按照转换效应、有无外加电源、组成材料、转换形式等分为不同的种类，具体分类如图 2-40 所示。

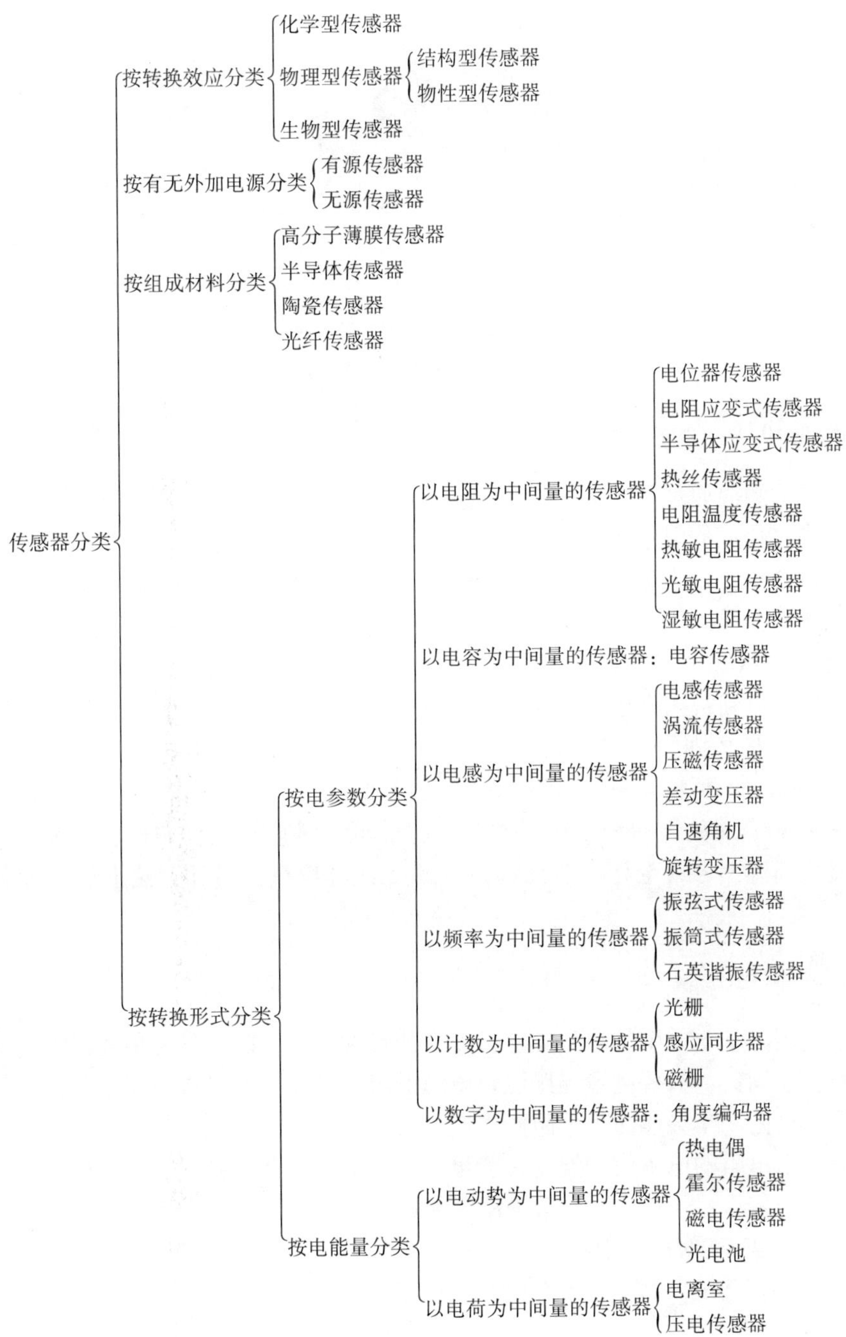

图 2-40　传感器分类图

2.6.2　温度传感器

温度传感器是指能感受温度并转换成可用输出信号的传感器。常见的温度传感器主要有热电偶、热敏电阻和集成温度传感器，如图 2-41 所示。

(a) (b) (c)

图 2-41 常用温度传感器外形图

(a)热电偶温度计 (b)热敏电阻 (c)集成温度传感器 AD592

2.6.2.1 热电偶

热电偶的测温原理是：两种不同成分的导体(称为热电偶丝或热电极)两端接合成回路，当接合点的温度不同时，在回路中就会产生电动势，这种现象称为热电效应，而这种电动势称为热电动势。热电偶就是利用这种原理进行温度测量的，其中，直接用作测量介质温度的一端叫做工作端(也称为测量端)，另一端叫做冷端(也称为补偿端)；冷端与显示仪表连接，显示出热电偶所产生的热电动势，通过查询热电偶分度表，即可得到被测介质温度。

热电偶非常坚固，价格比较便宜，具有非常宽的温度范围，常用的热电偶从-50℃～+1600℃均可连续测量，某些特殊热电偶最低可测到-269℃(如金铁镍铬)，最高可达+2800℃(如钨-铼)。但是热电偶具有低灵敏度、低稳定性、中等精度、响应速度慢、高温下容易老化和有漂移以及非线性等特点，另外，热电偶需要外部参考端。

2.6.2.2 热敏电阻

热敏电阻是基于电阻的热效应进行温度测量的，即电阻体的阻值随温度的变化而变化的特性。因此，只要测量出感温热电阻的阻值变化，就可以测量出温度。目前主要有金属热电阻和半导体热敏电阻两类。

金属热敏电阻的电阻值和温度一般可以用以下的近似关系式表示，即

$$R_t = R_{t0}[1+\alpha(t-t_0)]$$

式中 R_t——温度 t 时的阻值；

R_{t0}——温度 t_0(通常 $t_0=0$℃)时对应电阻值；

α——温度系数。

金属热敏电阻一般适用于-200～500℃范围内的温度测量，其特点是测量准确、稳定性好、性能可靠。

半导体热敏电阻的阻值和温度关系为

$$R_t = A \cdot e^{B/t}$$

式中 R_t——温度为 t 时的阻值；

A、B——取决于半导体材料的结构的常数。

半导体热敏电阻测温范围只有-50～300℃左右，且互换性较差，非线性严重，但温度系数更大，常温下的电阻值更高(通常在数千欧以上)。

目前铂和铜是应用最广泛的热敏电阻材料。铂电阻精度高，适用于中性和氧化性介质，稳定性好，具有一定的非线性，温度越高电阻变化率越小；铜电阻在测温范围内电阻值和温度呈线性关系，温度系数大，适用于无腐蚀介质，超过 150℃ 易被氧化。

2.6.2.3　集成温度传感器

集成温度传感器是采用硅半导体集成工艺而制成的，集成了感温电路、信号放大电路、电源电路、补偿电路等。集成温度传感器包括模拟集成温度传感器和数字集成温度传感器两种类型。

模拟集成温度传感器输出模拟信号，其主要特点是功能单一(仅测量温度)，测温误差小，价格低，响应速度快，传输距离远，体积小，微功耗，适合远距离测温，不需要进行非线性校准，外围电路简单，是目前在国内外应用最为普遍的一种集成传感器。典型产品有 AD590、AD592、TMP17、LM135 等。

数字集成温度传感器也叫做智能温度传感器，内部包含温度传感器、A/D 转换器、信号处理器(或寄存器)和接口电路。有的产品还带多路选择器、中央控制器(CPU)随机存储器(RAM)和只读存储器(ROM)。数字集成温度传感器的特点是能输出温度数据及相关的温度控制量，适配各种微控制器(MCU)；并且它是在硬件的基础上通过软件来实现测试功能的，其智能化程度也取决于软件的开发水平。

2.6.3　光敏传感器

光敏传感器是将光信号转换为电信号的传感器，也称为光电式传感器，它可用于检测直接引起光强度变化的非电量，如光强、光照度、辐射测温、气体成分分析等；也可用来检测能转换成光量变化的其他非电量，如零件直径、表面粗糙度、位移、速度、加速度及物体形状、工作状态识别等。光敏传感器具有非接触、响应快、性能可靠等特点，因而在工业自动控制及智能机器人中得到广泛应用。常见的光敏传感器主要有光敏电阻、光敏二极管、光敏三极管、硅光电池，如图 2-42 所示。

(a)

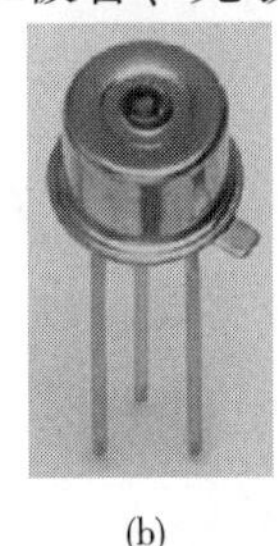
(b)

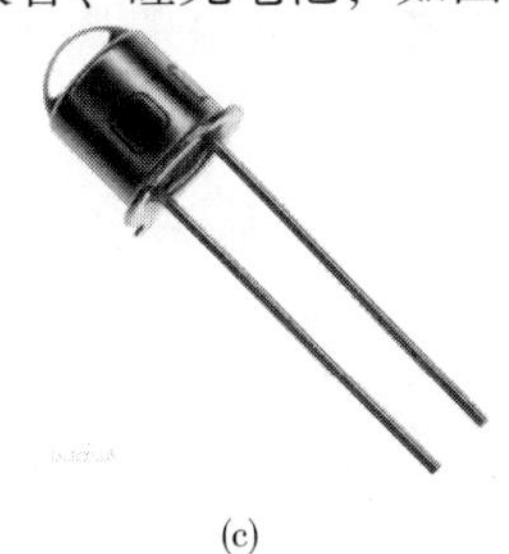
(c)

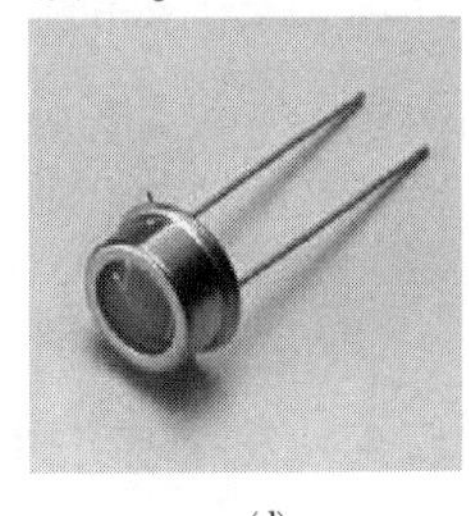
(d)

图 2-42　常用光敏传感器外形图

(a)光敏电阻　(b)光敏二极管　(c)光敏三极管　(d)硅光电池

2.6.3.1 光敏电阻

光敏电阻在无光照时电阻值很大，当有光照时电阻值变小，即光敏电阻的电阻值会随光照强度变化而变化，但这种光照特性是非线性的，且不同的光敏电阻的光照特性是不同的。光敏电阻不适宜作线性敏感元件，在自动控制中常用作开关量。

2.6.3.2 光敏二极管

光敏二极管又称为光电二极管，它与普通半导体二极管结构相似，具有单向导电性。在光敏二极管管壳上有一个能射入光线的玻璃透镜。光敏二极管工作时，需要加反向电压。当有光照时，在反向电压作用下，反向饱和漏电流大大增加，形成光电流，光电流通过电阻时在电阻两端得到随入射光变化的电压信号。光敏二极管的电流灵敏度一般为常数，因此光照特性具有良好的线性特性。

2.6.3.3 光敏三极管

光敏三极管与普通半导体三极管结构相似，但通常只引出集电极和发射极两个电极，少数光敏三极管将基极引出，用作温度补偿。光敏三极管通常采用透明树脂封装，外形与发光二极管相似，伏安特性也类似，但光电流比同类型的光敏二极管大好几十倍。光敏三极管和光敏二极管都能产生光生电动势，但光敏三极管的集电结在无反向偏压时没有放大作用，所以在零偏压时没有电流输出(或仅有很小的漏电流)，而光敏二极管有光电流输出。光敏三极管的电流放大倍数成非线性，因此在弱光时灵敏度低，在强光时则有饱和现象，一般不用作线性检测元件。

2.6.3.4 硅光电池

硅光电池是一种能直接将光能转换成电能的半导体器件。硅光电池的工作原理是光生伏特效应。当光照射在硅光电池的PN结区时，会在半导体中激发出光生电子空穴对。PN结两边的光生电子—空穴对在内电场的作用下，多数载流子不能穿越阻挡层，而少数载流子却能穿越阻挡层。因此P区的光生电子进入N区，N区的光生空穴进入P区，使每个区中的光生电子—空穴对分隔开来。光生电子在N区集结，使N区带负电；光生空穴在P区的集结使P区带正电。因此P区和N区之间产生光生电动势。当硅光电池接入负载后，光电流从P区经负载流至N区，负载中就可以得到功率输出。

由于硅光电池能把入射到其表面的光能转化为电能，所以常用作光电探测器和光电池。

2.6.4 热释电红外传感器

当一些晶体受热时，在晶体两端将会产生数量相等而符号相反的电荷，这种由于热变化产生的电极化现象，被称为热释电效应。能产生热释电效应的晶体称之为热释电体或热释电元件，其常用的材料有单晶($LiTaO_3$ 等)、压电陶瓷(PZT 等)及高分子薄膜(PVFZ 等)。

热释电红外传感器是基于热电效应原理的热电型红外传感器，它能以非接触式检测出物体放出的红外线能量变化并将其转换为电信号输出。热释电红外传感器内部的热电元由高热电系数的铁钛酸铅汞陶瓷以及钽酸锂、硫酸三甘铁等配合滤光镜片窗口组成，其极化程度随温度的变化而变化。

热释电红外传感器由传感探测元、干涉滤光片和场效应管匹配器三部分组成。热释电探测元是将高热电材料制成一定厚度的薄片，并在它的两面镀上金属电极，然后对其加电极化。由于加电极化的电压是有极性的，因此极化后的探测元也是有正、负极性的。热释电红外传感器的干涉滤光片采用菲涅尔透镜，因为菲涅尔透镜可以将物体辐射出红外线聚焦到热释电红外探测元上，同时也产生交替变化的红外辐射高灵敏区和盲区，以适应热释电探测元要求信号不断变化的特性。由于热电元输出的是电荷信号，并不能直接使用，因此需要用电阻将其转换为电压形式，该电阻阻抗高达 $10^4 M\Omega$，需要引入 N 沟道结型场效应管，并接成共漏形式(即源极跟随器)，完成阻抗变换。

人体热释电红外传感器是热释电红外传感器的一种。它以探测人体辐射为目标，对人体辐射出的特定波长 10μm 左右的红外线非常敏感，一旦人侵入探测区域内，人体红外辐射通过部分镜面聚焦，并被热释电元接收，但是两片热释电元接收到的热量不同，热释电也不同，不能抵消，经信号处理而报警。因此人体热释电红外传感器适用于人体移动的探测报警系统，如自动门系统。

2.6.5 霍尔集成传感器

当电流垂直于外磁场方向通过导体时，在垂直于磁场和电流方向的导体的两个端面之间出现电势差的现象称为霍尔效应，该电势差称为霍尔电势差(霍尔电压)。根据霍尔效应制成的元件称为霍尔元件。霍尔集成传感器是在结晶片中集成了霍尔元件、放大及控制输出电压电路的器件，它能够感知磁场信息，并输出电压信号。霍尔集成传感器分为线性和开关型两种。

2.6.5.1 霍尔线性集成传感器

霍尔线性集成传感器由霍尔元件、线性放大器和射极跟随器组成，输出模拟电压，输出电压与外加磁场强度成线性比例关系。霍尔线性集成传感器主要用于交直流电流和电压测量。比较典型的霍尔线性集成传感器有 UGN3501 等。

2.6.5.2 霍尔开关集成传感器

霍尔开关集成传感器由稳压器、霍尔元件、放大器、整形电路和输出电路五部分组成，输出数字量(即开关量)。开关型霍尔传感器还有一种特殊的形式，称为锁键型霍尔传感器。比较典型的霍尔线性集成传感器有 UGN3020、UGN3030 等。

2.6.6 压阻式压力传感器

固体受到作用力后，电阻率要发生变化，这种效应称为压阻效应。半导体材料的这种效应特别强。压阻式压力传感器就是利用半导体材料的压阻效应制成的元器件。半导体材料在受到力的作用后，电阻率发生变化，通过测量电路可以得到正比于力变化的电信号输出。

压阻式压力传感器的主要特点是：工作可靠、精度高、体积小，可将温度补偿电路、应变元件、放大电路做在同一芯片上，测量压力范围宽，可以测 10～100Pa 的压强。

MPX5100 是一种带有温度补偿功能的压力传感器，工作电压为 4.75～5.25V，工作压强范围 0～100kPa，输出电压为 0.2～4.5V。

2.6.7 应变式力传感器

应变式力传感器主要由弹性元件、电阻式应变片、支架及接线装置等组成。电阻式应变片粘贴在弹性元件表面上，当弹性元件受到力的作用发生应变时，电阻式应变片会感受到该变化并产生应变，从而引起应变片电阻的变化。

应变式力传感器常用的测量电路有单臂电桥、差动半桥和差动全桥，其中差动全桥可提高电桥的灵敏度，消除电桥的非线性误差，而且可以消除温度误差等共模干扰。差动全桥由 4 个应变片组成，从电桥的输出中可以直接得到应变量的大小，进而得到作用在弹性元件上的力的大小。

应变式力传感器主要用来测量荷重和力，在电子自动秤中应用广泛，如电子轨道衡、电子吊车衡、电子配料秤、商用电子秤及电子皮带秤等。

CL-YB-402 型力传感器和 CL-YB-405 型桥式力传感具有过载大、精度高的特点，可广泛应用于化工、矿山等部门的汽车衡、轨道衡和电子配料秤中。

2.6.8 化学传感器

化学传感器是利用电化学反应原理，把无机或有机化学的物质成分、浓度等转换为电信号的传感器。最常用的是离子敏传感器，即利用离子选择性电极，测量溶液的 pH 值或某些离子的活度，如 K^+，Na^+，Ca^{2+} 等。电极的测量对象不同，但其测量原理基本相同，主要是利用电极界面(固相)和被测溶液(液相)之间的电化学反应，即利用电极对溶液中离子的选择性响应而产生的电位差。所产生的电位差与被测离子活度对数成线性关系，故检测出其反应过程中的电位差或由其影响的电流值，即可给出被测离子的活度。化学传感器的核心部分是离子选择性敏感膜。膜可以分为固体膜和液体膜。玻璃膜、单晶膜和多晶膜属固体膜；而带正、负电荷的载体膜和中性载体膜则为液体膜。

化学传感器广泛应用于化学分析、化学工业的在线检测及环保检测中。

2.6.9　生物传感器

生物传感器是近年来发展很快的一类传感器。它是一种利用生物活性物质选择性来识别和测定生物化学物质的传感器。生物活性物质对某种物质具有选择性亲和力，也称其为功能识别能力。利用这种单一的识别能力来判定某种物质是否存在，其浓度是多少，进而利用电化学的方法进行电信号的转换。生物传感器主要由两大部分组成。其一是功能识别物质，其作用是对被测物质进行特定识别。这些功能识别物有酶、抗原、抗体、微生物及细胞等。用特殊方法把这些识别物固化在特制的有机膜上，从而形成具有对特定的从低分子到大分子化合物进行识别功能的功能膜。其二是电、光信号转换装置，此装置的作用是把在功能膜上进行的识别被测物所产生的化学反应转换成便于传输的电信号或光信号。其中最常应用的是电极，如氧电极和过氧化氢电极。近来有把功能膜固定在场效应晶体管上代替栅-漏极的生物传感器，使得传感器整个体积做得非常小。如果采用光学方法来识别在功能膜上的反应，则要靠光强的变化来测量被测物质，如荧光生物传感器等。变换装置直接关系着传感器的灵敏度及线性度。生物传感器的最大特点是能在分子水平上识别被测物质，不仅在化学工业的监测上，而且在医学诊断、环保监测等方面都有着广泛的应用前景。

2.6.10　传感器的特性

2.6.10.1　传感器的动态特性

动态特性是指传感器对随时间变化的输入量的响应特性。动态特性输入信号变化时，输出信号随时间变化而相应地变化，这个过程称为响应。传感器的动态特性是指传感器对随时间变化的输入量的响应特性。动态特性好的传感器，当输入信号是随时间变化的动态信号时，传感器能及时精确地跟踪输入信号，按照输入信号的变化规律输出信号。当传感器输入信号的变化缓慢时，是容易跟踪的，但随着输入信号的变化加快，传感器的及时跟踪性能会逐渐下降。通常要求传感器不仅能精确地显示被测量的大小，而且还能复现被测量随时间变化的规律，这也是传感器的重要特性之一。

2.6.10.2　传感器的线性度

通常情况下，传感器的实际静态特性输出是条曲线而非直线。在实际工作中，为使仪表具有均匀刻度的读数，常用一条拟合直线近似地代表实际的特性曲线，线性度(非线性误差)就是这个近似程度的一个性能指标。拟合直线的选取有多种方法，如将零输入和满量程输出点相连的理论直线作为拟合直线；或将与特性曲线上各点偏差的平方和为最小的理论直线作为拟合直线，此拟合直线称为最小二乘法拟合直线。

2.6.10.3　传感器的灵敏度

灵敏度是指传感器在稳态工作情况下输出量变化 Δy 对输入量变化 Δx 的比值。它是输出—输入特性曲线的斜率。如果传感器的输出和输入之间显线性关系，则灵敏度 S 是一个常数。否则，它将随输入量的变化而变化。灵敏度的量纲是输出、输入量的量纲之比。例如，某位移传感器，在位移变化 1mm 时，输出电压变化为 200mV，则其灵敏度应表示为 200mV/mm。当传感器的输出、输入量的量纲相同时，灵敏度可理解为放大倍数。

2.6.10.4　传感器的稳定性

稳定性是传感器在一个较长的时间内保持其性能参数的能力。理想的情况是不论什么时候，传感器的特性参数都不随时间变化。但实际上，随着时间的推移，大多数传感器的特性会发生改变。这是因为敏感器件或构成传感器的部件，其特性会随时间发生变化，从而影响传感器的稳定性。

2.6.10.5　传感器的分辨力

分辨力是指传感器可能感受到的被测量的最小变化的能力。也就是说，如果输入量从某一非零值缓慢地变化。当输入变化值未超过某一数值时，传感器的输出不会发生变化，即传感器对此输入量的变化是分辨不出来的。只有当输入量的变化超过分辨力时，其输出才会发生变化。通常传感器在满量程范围内各点的分辨力并不相同，因此常用满量程中能使输出量产生阶跃变化的输入量中的最大变化值作为衡量分辨力的指标。上述指标若用满量程的百分比表示，则称为分辨率。

2.6.10.6　传感器的迟滞性

迟滞特性表征传感器在正向(输入量增大)和反向(输入量减小)行程间输出—输入特性曲线不一致的程度，通常用这两条曲线之间的最大差值 $\Delta\mathrm{max}$ 与满量程输出 $F\cdot S$ 的百分比表示。迟滞可由传感器内部元件存在能量的吸收造成。

2.6.10.7　传感器的重复性

重复性是指传感器在输入量按同一方向作全量程连续多次变动时所得特性曲线不一致的程度。各条特性曲线越靠近，说明重复性越好，随机误差就越小。

第 3 章

常用电子仪器

随着电子产品的发展，电子仪器在电子电路测试、电子器件测量、自动化装置检修中发挥着巨大的作用。常用的电子仪器有万用表、函数信号发生器和示波器等。本章主要介绍在电工电子实验过程中经常用到的一些测量仪器仪表，主要包括数字万用表、直流稳压电源、示波器、函数信号发生器、示波器、交流毫伏表等。本章着重介绍其工作原理、使用规范、操作方法、注意事项等。在电工电子实验中能否正确安全地使用常见的仪器仪表关系到实验人员和仪器的安全以及实验数据的准确性，因此在进行相应的实验之前一定要认真阅读相关实验仪器的操作规范和使用指南。

3.1 万用表

万用表是一种多功能、多量程的电参量测量仪表，是目前电工电子领域应用最广泛的仪表之一。万用表主要包括指针式和数字式两大类。一般的万用表可以测量电流、电压和电阻等基本的参数。有些万用表还可测量电容、电感、功率、晶体管共射极直流放大系数等参数。

万用表的型号较多，不同型号的万用表所具有的结构、功能和特点各不相同。下面分别介绍指针式万用表和数字式万用表。

3.1.1 万用表的分类与比较

随着科学技术的发展，万用表的种类和型号越来越丰富，可用于满足不同的检测要求和测试环境。通常情况下，万用表按照其显示方式的不同可分为指针式万用表和数字式万用表。

指针万用表是一种平均值式仪表，它具有直观、形象的指示读数，指针摆动速度、幅度有时也能比较直观地反映被测量的大小，但是读取精度较低。数字万用表按照量程转换方式来分，又可分为手动量程切换式万用表和自动量程切换式万用表。

数字万用表是采用数字化测量技术，把连续的模拟量转化成不连续、离散的数字量并加以显示的仪表。与指针式万用表相比较，数字万用表具有高准确度和高分辨力，显示位数通常为3½~8½位。它测量速率快，自动判别极性，全部测量实现数字直读，能够自动调零。

但是，数字万用表是瞬时采样式仪表，测量时不像指针式仪表那样能清楚地观察到指针偏转的过程。因此，在观察充放电等过程时不够直观。如果用数字万用表对同一参数多次测量，每次的测量结果可能只是十分相近，并不完全相同，读取结果时不如指针式万用表方便。指针式万用表一般内部没有放大器，所以内阻较小，而数字式万用表由于内部采用了运放电路，内阻能够做得很大(兆欧级)，可以得到更高的测量灵敏度，并且对被测电路的影响更小，测量精度较高。一般数字万用表的 V/Ω 档共用一个表笔插孔，而电流档单独用一个插孔，使用时应注意根据被测量的类型选择表笔插孔，否则可能造成测量错误或仪表损坏。相对来说指针式万用表适用于大电流高电压的模拟电路参数的测量，比如电视机、音响功放等。数字式万用表适用于低电压小电流的数字电路参数的测量。

目前，由各种单片机芯片构成的数字万用表，已被广泛用于电子及电工测量、工业自动化仪表、自动测试系统等智能化测试领域，显示着强大的生命力。在实际应用中应根据具体情况选择万用表的类型。

3.1.2 万用表结构及原理简介

3.1.2.1 指针式万用表的组成

指针式万用表通常由表头、测量电路、转换装置(转换开关)等三部分组成。

(1)表头

表头是万用表的主要元件，它实际上是一块高灵敏度的磁电式微安表，它的满刻度偏转电流越小，表头的灵敏度越高，表头性能越好。

(2)测量电路

万用表的测量电路是将各种不同的被测量(如电流、电压、电阻等)，经过一系列的处理(如整流、分流、分压等)转换成适合表头测量的微小直流电流的电路。它一般由电阻、半导体元件及电池组成。

(3)转换装置

万用表各种被测量及量程选择是靠转换装置(转换开关)来实现的。万用表的转换装置是一个多档位的旋转开关，用来选择测量项目和量程(或倍率)。

3.1.2.2 指针式万用表的工作原理

万用表的多种测量功能是靠转换开关转换到不同的测量电路实现的。万用表转换开关通过固定接触点及活动接触点的闭合和断开测量电路。

(1) 直流电流测量

万用表的表头是满偏电流很小的电流表，为了扩大量程一般采用并联分流电阻的方法实现，以保证表头流过的电流在它的量程范围内，余下的电流从分流电阻中流过，分流回路始终是闭合的，通过转换开关转换到不同位置，以改变测试直流电流的量程。并联的电阻越小，可测量的电流值就越大。如图 3-1 所示为某型万用表电流档的原理图。

(2) 交流电流测量

交流电流的测量原理与直流电流相似。但是磁电式微安表不能直接测量交流信号，必须配以整流电路，把交流信号转换为直流信号，再进行测量。整流电路是由二极管等器件组成。

(3) 直流电压测量

万用表测量直流电压的电路是一个多量程的直流电压表，由于表头自身也有一定的电阻，因此万用表的表头可以看成一只测量范围很小的直流电压表。实际电路中，万用表是通过串联附加电阻分压来实现扩大量程的目的。当转换开关转换到电路中与表头串联的不同的附加电阻时，就改变了直流电压的测量量程。如图 3-2 所示，电路中所串联的附加电阻越大，可测量的电压值就越高。

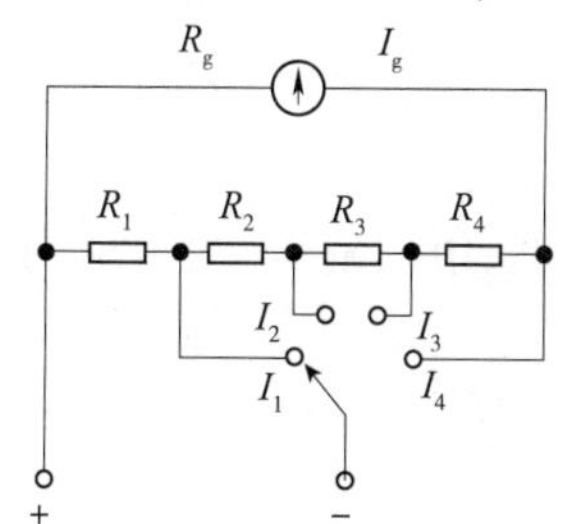

图 3-1　直流电流档原理图

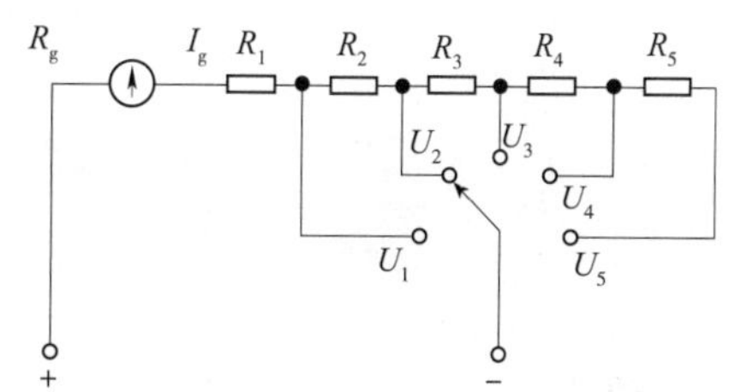

图 3-2　直流电压档原理图

(4) 交流电压测量

交流电压的测量电路与直流电压测量电路相似。磁电式微安表不能直接用来测量交流信号，必须配以整流电路，把交流信号转换为直流信号，才能加以测量，基本原理如图 3-3 所示。整流电流是脉动直流，电流流经表头形成的转矩大小是随时变化的，由于表头指针的惯性，它来不及随电流及其产生的转矩而变化，指针的偏转角将正比于转矩或整流电流在一个周期内的平均值。

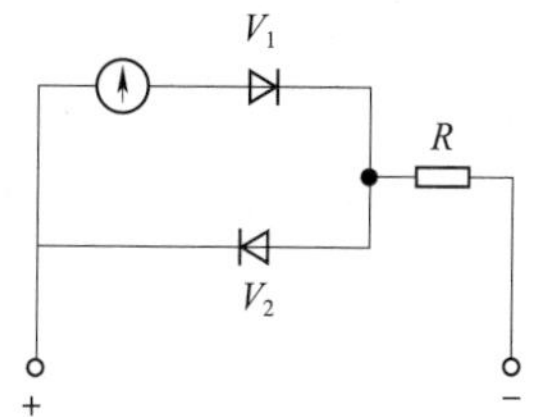

图 3-3　交流电压档原理图

(5) 电阻的测量

在电压不变的情况下，如果回路电阻增加一倍，则电流减为一半，根据这个原理，就可制作一只测量电阻的欧姆表。万用表的直流电阻测量电路就是一个多档位的欧姆表，其电路原理如图 3-4 所示。R_x 是被测电阻，R_g 是表头电阻，R_B 为分流电阻，R_C 是限流电阻，E 为电源电压。

欧姆档测量电路档位的变换，实际上就是 R_x 和满偏电流 I_g 的变换。在多档位欧姆测量电路中，当改变档位时，保持电源电压 E 不变，改变测量电路的分流电阻，虽然被测电阻 R_x 变大了，而通过表头的电流仍保持不变，同一指针位置所表示的电阻值相应变大。被测电阻的阻值应等于刻度尺上的读数，乘以所用电阻档位的倍率，即为被测电阻值，如图 3-5 所示。

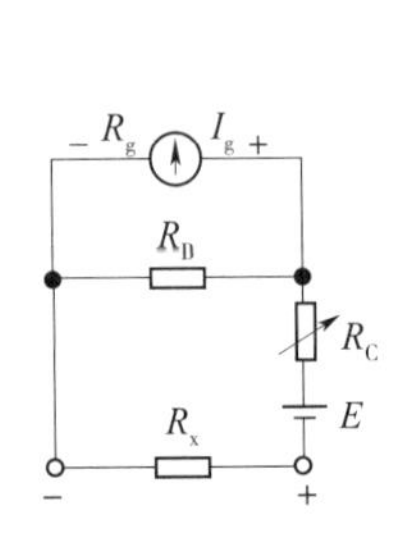

图 3-4 欧姆档原理图

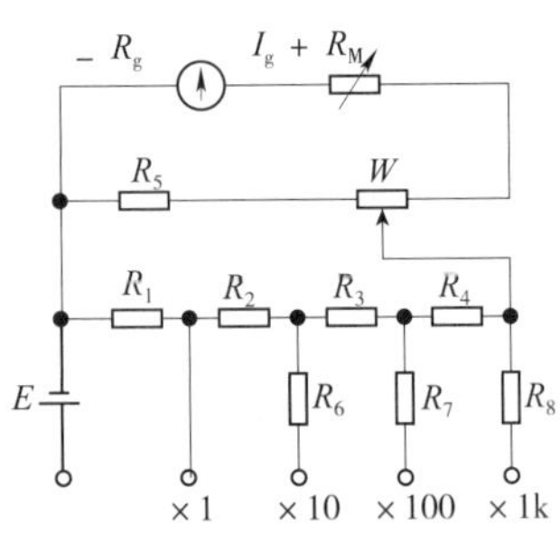

图 3-5 欧姆档测量电路

万用表中作为电源的干电池 E 在使用过程中，它的内阻和电压都会发生变化，并使 R_x 值和电流 I_g 改变，I_g 值与电源电压成正比。为弥补电源电压变化引起的测量误差，在电路中设置调节电位器 W。当使用欧姆量程时，应先将两只表笔短接，调节电位器 W，使指针处于满偏，此时指针指示在零值电阻上。即进行"调零"后，再测量电阻值。

测量电阻的过程如图 3-6 所示，把万用表的黑表笔连接万用表内电源的正极，红表笔连接万用表内电源的负极[图 3-6(a)]。测量电阻前，将两只表笔短接，进行欧姆调零[图 3-6(b)]。然后将被测电阻接在红黑表笔之间，可测量电阻阻值[图 3-6(c)]。

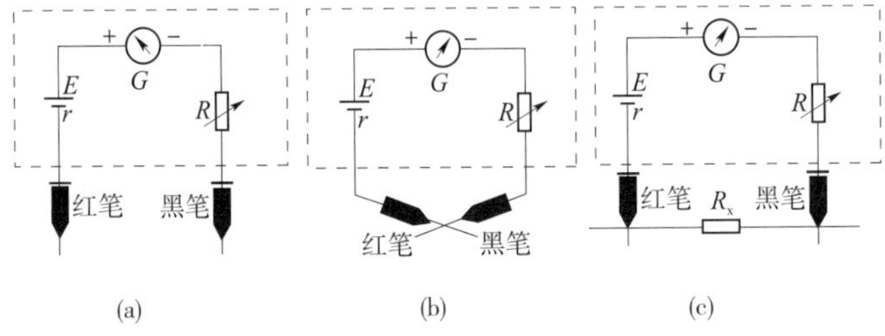

图 3-6 万用表测量电阻的接线图

【例 3-1】 如图 3-7 表示某种万用表测量直流电压部分的电路图，它有五个量程，分别是 $U_1=2.5\text{V}$，$U_2=10\text{V}$，$U_3=50\text{V}$，$U_4=250\text{V}$，$U_5=500\text{V}$，表头参数 $R_g=3\text{k}\Omega$，$I_g=50\mu\text{A}$，求各分压电阻的阻值。

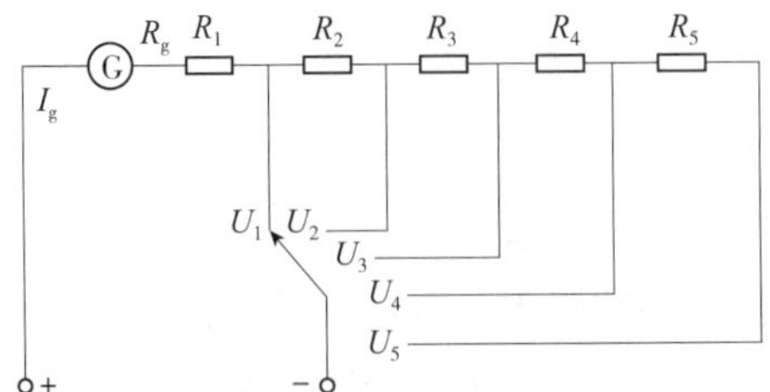

图 3-7 例 3-1 电路图

解：利用欧姆定律求各分压电阻为

$$R_1=\frac{U_1-R_gI_g}{I_g}=47\text{k}\Omega;\quad R_2=\frac{U_2-U_1}{I_g}=150\text{k}\Omega;$$

$$R_3=\frac{U_3-U_2}{I_g}=800\text{k}\Omega;\quad R_4=\frac{U_4-U_3}{I_g}=4\text{M}\Omega;$$

$$R_5=\frac{U_5-U_4}{I_g}=5\text{M}\Omega。$$

(6)电容的测量

电容器是一种能够储存电荷的元件，也是最常用的电子元件之一。利用指针型万用表可以检测电容，依据是万用表的欧姆档相当于有内阻的直流电源，测量过程则相当于电源对电容进行充电的过程。

电容器的等效电路如图 3-8(a)所示，R_c 为介质损耗电阻，L_0 为引线电感。该电路的自然谐振频率为

$$f_0=1/2\pi\sqrt{L_0C}$$

当工作频率 $f<f_0$ 时，等效电路呈电容性；当 $f>f_0$ 时，电路呈电感性，电容元件变成了感性元件；所以电容器的工作频率一定要符合 $f\ll f_0$ 的条件，则电容器的等效电路如图 3-8(b)所示，由于电容器存在介质损耗(绝缘电阻不是无穷大)，因此总电流 I 超前电容器两端电压小于 90°，超前角用 θ 表示，θ 的余角用 δ 表示，称为损耗角。取损耗角的正切 $\tan\delta$ 称为损耗因数，用 D 表示为

$$D=\tan\delta=1/\omega CR_c$$

通过上式分析可知，若 R_c 越大，D 越小，损耗越小，电容器的质量越好。

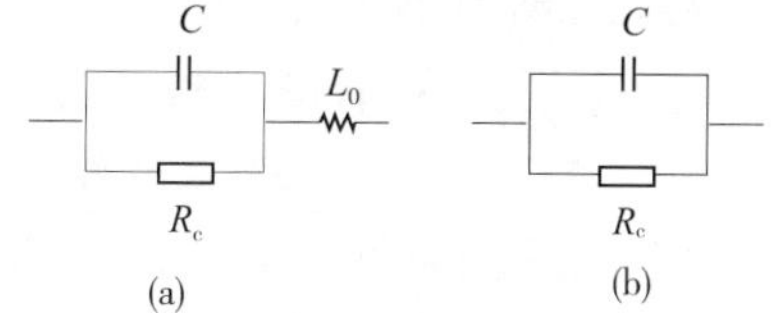

图 3-8 电容器等效电路

检测时，刚开始充电电流较大，万用表表针的摆动幅度最大，随着电容两端的电压不断升高，充电电流逐步下降，表针慢慢向∞位置退回，当电容两端电压等于电源电压时，电容充电停止，表针静止不动。电容器充电的时间长短和电容量有关。电容器的容量越大，充电电流越大，充电时间越长，万用表表针的摆动幅度越大；电容器的容量越小，充电电流越小，充电时间越短，万用表表针的摆动幅度越小。所以可以从电容的充电时间长短判断电容量的大小。

对有极性电容的绝缘电阻的测量不仅可以知道电容的质量还可以判别电容的极性。可根据电解电容正向连接时绝缘电阻大，反向连接时绝缘电阻小的特征判别。用万用表正负表笔交换来测量电容的绝缘电阻，测量绝缘电阻大的一次，黑表笔接的就是正极，另一极就是负极。通过这个办法可以判断从外观上无法识别电容正负极性的电容器。对于无极性的电容器的测量，测量时表笔不分极性，具体方法与有极性电容

器的测量方法相同。

(7)二极管的测量

二极管是最常用的电子元件之一，它是由一个 PN 结构成的半导体器件，具有单向导电特性。通过万用表检测其正、反向电阻值，能够判别出二极管的极性，还可以判断二极管是否损坏。将万用表的欧姆档置于 $R\times100\Omega$ 档或 $R\times1k\Omega$ 档，进行欧姆调零。然后两表笔分别接二极管的两个电极，若黑表笔接二极管的正极，红表笔接二极管的负极，二极管正向导通，此时二极管内部呈现较小的正向电阻。若红表笔接二极管的正极，黑表笔接二极管的负极，二极管反向截止，此时二极管内部呈现很大的反向电阻。二极管正向电阻越小越好，反向电阻越大越好。测试后的正、反向电阻值相差越大，说明二极管的单向导电特性越好。如果测得二极管的正、反向电阻阻值均接近零或阻值较小，则说明该二极管内部已击穿短路或漏电损坏。若测得二极管的正、反向电阻值均为无穷大，则说明该二极管已开路损坏。

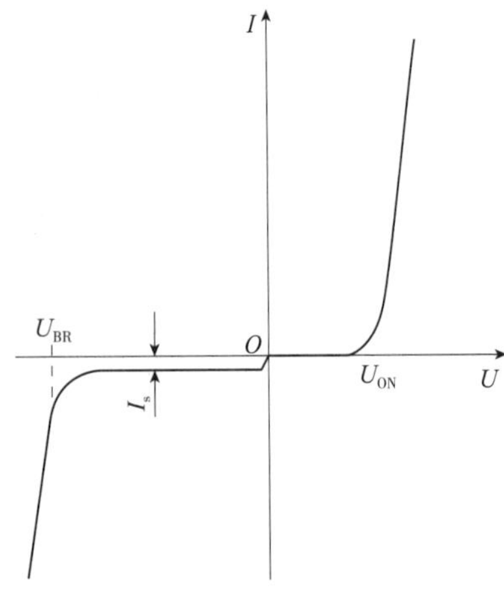

图 3-9　二极管伏安特性曲线

图 3-9 所示的特性曲线的右半部分称为正向特性，当二极管上加正向电压较小时，正向电流小，几乎为零。当二极管两端电压超过死区电压(U_{ON})时，正向电流明显增大，死区电压与二极管的材料有关。一般硅二极管的死区电压为 0.5V 左右，锗二极管的死区电压为 0.1V 左右。随着电压的升高，正向电压超过死区电压后，正向电流将迅速增大，电流与电压的关系基本上是一条指数曲线，流过二极管的电流有较大的变化，二极管两端的电压却基本保持不变。这个电压称为开启电压。开启电压与二极管的材料有关。一般二极管的开启电压为 0.7V 左右，锗二极管的开启电压为 0.3V 左右。图 3-9所示特性曲线的左半部分称为反向特性，当二极管加反向电压时，反向电流很小，反向电流不随反向电压的增加而增大，这个电流称为反向饱和电流(I_s)。如果反向电压继续升高，超过反向击穿电压(U_{BR})以后，反向电流急剧增大，发生击穿。二极管击穿后不再具有单向导电性。

(8)晶体管的测量

三极管是含有两个 PN 结的半导体器件，根据两个 PN 结连接方式不同，可将三极管分为 PNP 型和 NPN 型两种类型。采用指针式万用表的欧姆档可以测量放大倍数和判别三极管的类型等参数。两种类型的三极管放大倍数测试原理基本相同，下面以图 3-10所示的 NPN 型三极管为例来说明三极管放大倍数的测量原理。图中右侧线框内的部分是万用表测量三极管放大倍数时的等效电路，C、B、E 分别为三极管的集电极、基极和发射极插孔。

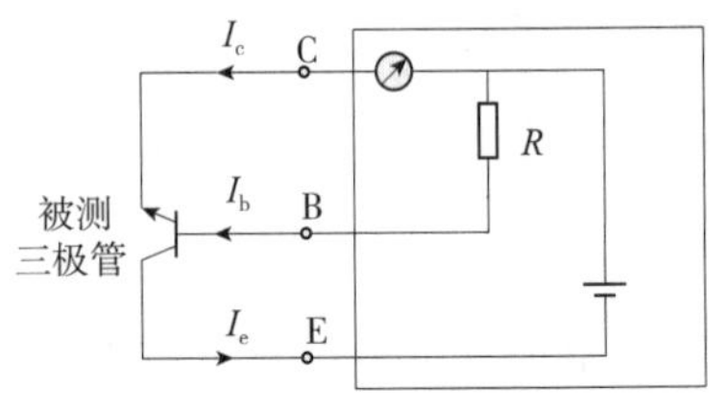

图 3-10　万用表测量三极管放大倍数的等效电路

当将 NPN 型三极管各极插入相应的插孔后，万用表内部的电池就会为三极管提供电源，三极管导通，有 I_b、I_c 和 I_e 电流流过三极管，电流表串接在三极管的集电极，故 I_c 电流会流过电流表。三极管基极接的电阻 R 的阻值是不变的，所以流过三极管的电流 I_b 是不变的，根据 $I_c=\beta I_b$ 可知，在 I_b 不变的情况下，放大倍数 β 越大，I_c 电流也越大，指针摆动的幅度也就越大。

在判别三极管类型时，首先将万用表置于 $R\times1\text{k}\Omega$ 档，黑表笔接假设的基极、红表笔接另外两个引脚，如果此时表针指示的阻值较大，说明假设的基极正确，被判别的三极管是 NPN 型。若红表笔接假设的基极、黑表笔接另外两个引脚时指示的数值较大，则说明红表笔接的引脚是基极，则被测的三极管是 PNP 型。

3.1.2.3　数字式万用表的组成

数字式万用表通常由表头、测量电路、转换装置、数据处理模块四部分组成。

①数字万用表的表头使用液晶显示屏显示，由表内专用的驱动芯片控制其显示内容。

②数字万用表的测量电路是将被测量转换成电压信号，再由 A/D 转换器将电压模拟量转换成数字量，然后通过电子计数器计数，最后把测量结果用数字直接显示在液晶显示屏上。

③数字万用表各种被测量及量程选择也是靠转换装置来实现的。

④数字处理模块一般以单片机为核心。其主要作用是把得到的电压数据经计算等方式处理后驱动液晶显示屏将测量结果显示出来。

3.1.2.4　数字式万用表的工作原理

数字万用表是在直流数字电压表的基础上扩展的，其基本组成如图 3-11 所示。它是由数字电压表配上相应的功能转换电路构成的，可对交流电压、直流电压、交流电流、直流电流、电阻、电容以及频率等多种参数进行直接测量。数字电压表通常使用一块集成电路芯片，它将 A/D 转换器与能够直接驱动显示器的数据处理器集成在一起，组成数字万用表的表头。表头只测量直流电压，其他参数必须转换成与被测量大小成一定比例关系的直流电压后才能被测量。数字万用表的整体性能主要由数字万用表表头的性能决定。功能转换电路是数字万用表实现多参数测量的电路。电压、电流的测量电路一般由无源的分压、分流电阻网络组成。交、直流转换电路与电阻、电容等参数测量的转换电路，一般采用有源器件组成的电路实现。功能选择可通过机械式开关的切换来实现，量程选择可通过转换开关切换，也可以通过自动量程切换电路来实现。

3.1.3　万用表的常见操作及使用

常用的万用表如图 3-12、图 3-13 所示，下面介绍万用表的使用方法。

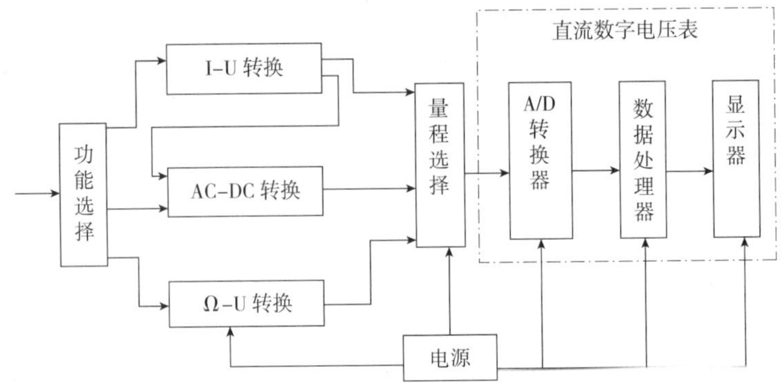

图 3-11 数字万用表的工作原理图

图 3-12 指针式万用表

图 3-13 数学式万用表

(1)万用表的表笔接线

数字万用表一般有红、黑两个表笔，黑色的表笔一般插在万用表的“COM”端，相当于接地端，红表笔根据不同的测量对象选择相应的插孔，主要有测电压插孔、测电流插孔和测电阻插孔等。测量时，用红黑表笔去接通被测对象的电路，在有正负之分的电路中应依据“红正黑负”的原则，即红表笔接正极，黑表笔接负极。在测量时还要注意通过万用表上的旋钮为测量对象选择不同的量程，保证万用表的安全和测量精度。

(2)手动量程及自动量程的选择

数字万用表一般有手动和自动量程两种选择。在选择自动量程模式时，万用表会自动为被测输入信号选择一个合适的量程以保证测量的精度。在变换测量对象时也不需要手动重置量程。数字万用表的默认值为自动量程模式，在切换到手动量程模式时，如果被测值超出所选量程的测量范围时，万用表会自动转入自动量程模式。当万用表在自动量程模式时，LCD 会显示“AUTO”符号。

(3)读数保持

按 HOLD 键可以保持当前读数，再按 HOLD 键可恢复正常操作。

(4)测量电压

按照图 3-14 所示，正确接线，选择合适的量程，可以比较容易地测量被测对象的电压值。若要最大程度地减少包含交流或交流与直流电压元件的未知电压产生的不正确读数，首先要选择仪表上的交流电压功能测量被测电路的交流电压，记下产生正确测量结果所需的交流电压量程，然后，手动选择直流电压功能，其直流电压量程应等于或高于先前记下的交流电压量程然后再测量直流电压。利用这一程序可以在精确测量直流电压时，将交流电压瞬变的影响减至最小。

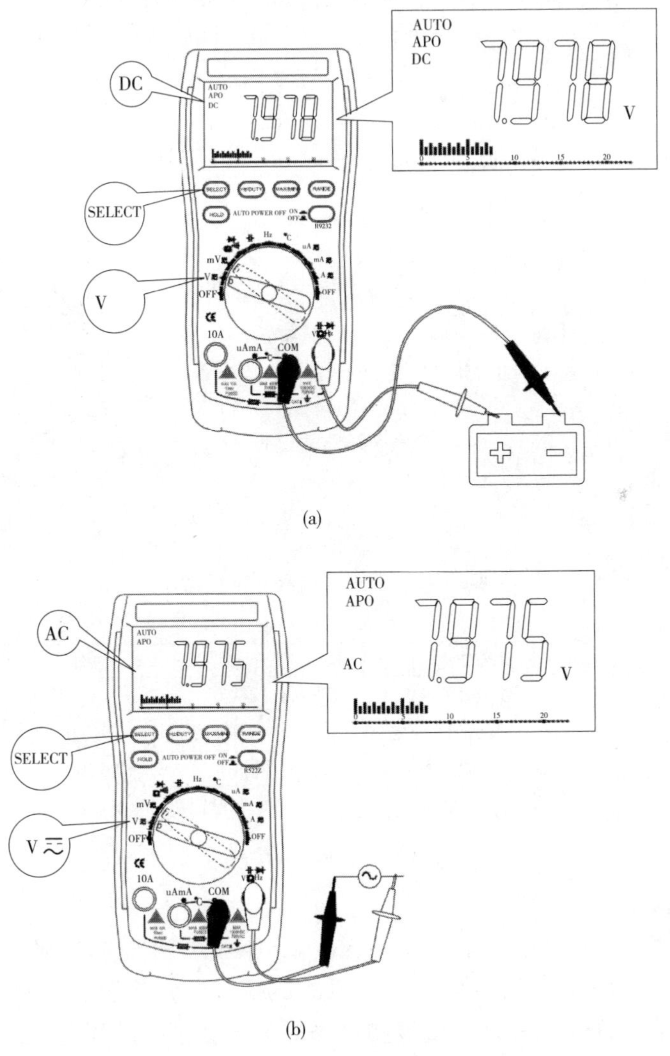

图 3-14　数字万用表测量电压

(a)直流电压测量　(b)交流电压测量

(5)测量电流

如图 3-15 所示，将功能旋转开关转到测量电流的功能档处，在交流或直流电流测量间切换。根据被测电流的大小，将红色表笔的测试插头插入 A 或 mA/μA 插口并将黑色表笔插头插入 COM 插口，断开被测电路的路径，然后将测试表笔衔两根探针接入端口并将被测电路加上电源。此时显示屏上的读数值就是被测电流值。国际电力符号的含义如图 3-16 所示。

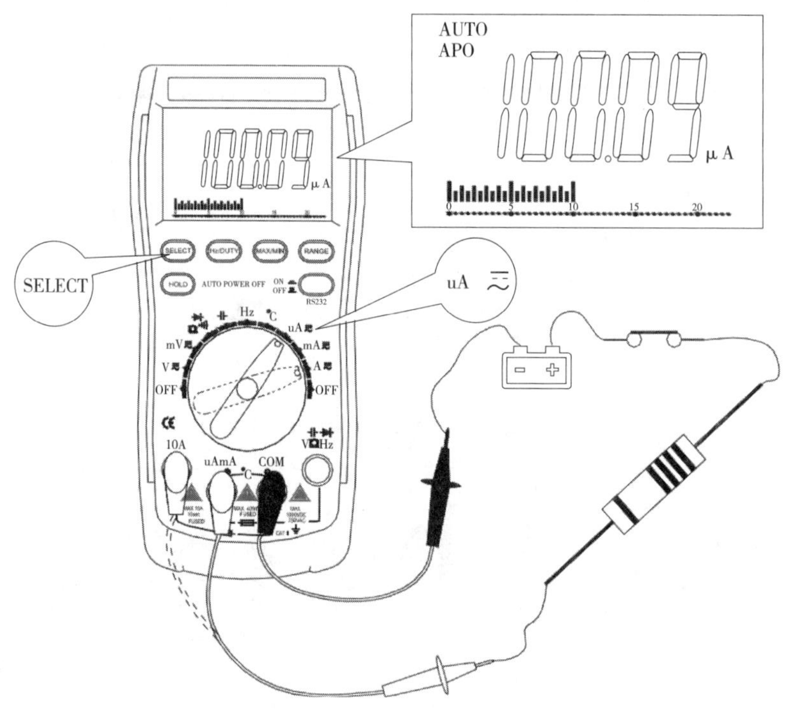

图 3-15　数字万用表测量电流

～	AC(交流电)	⏚	地线
—	DC(直流电)	保险管符号	保险管
≃	交流或直流电	回	双重绝缘
△	安全说明	闪电三角符号	电击危险
电池符号	电池	CE	符合欧盟相关法令

图 3-16　国际电力符号

(6)测量电阻

如图 3-17 所示，将功能旋转开关转至测试电阻的档位处，并确保已切断待测电路的电源。将红色测试表笔插头插入电阻测试插孔，并将黑色测试表笔插头插入 COM 插口，将测试表笔的探针接触被测电路的测试点，测量其电阻，此时显示屏上的读数值就是被测电阻值。

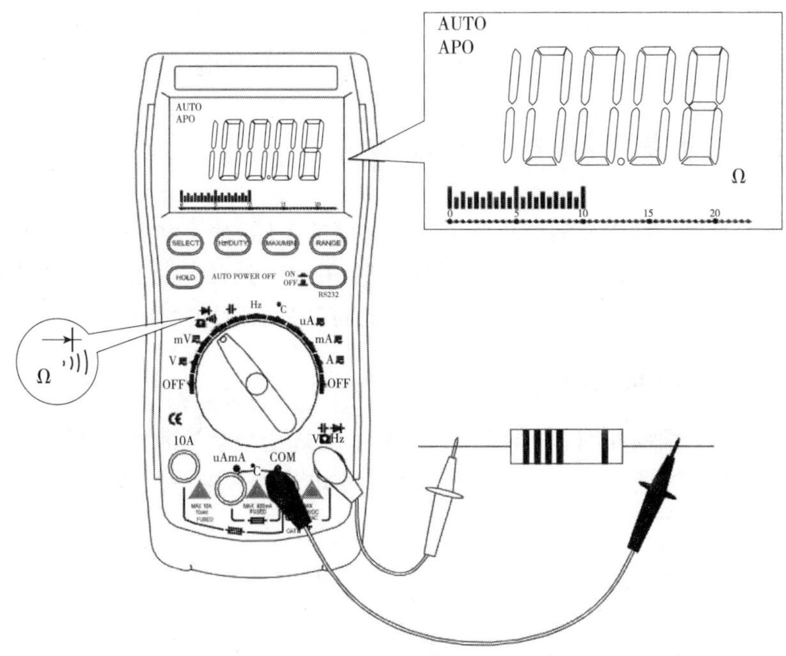

图 3-17　数字万用表测量电阻

3.1.4　万用表使用的注意事项

①在使用万用表前，请先检查机壳，切勿使用机壳损坏的万用表。应特别注意接头的绝缘层有无损伤，检查测试表笔的导线绝缘层是否有损坏或裸露的金属。

②用万用表测量已知的电压，确定万用表操作正常。若万用表工作异常，请勿使用，应把万用表送去维修。

③切勿在任何端子和地线间施加超出万用表上标明的额定电压。

④在超出 30V 交流电压均值，42V 交流电压峰值或 60V 直流电压时，使用万用表应请特别留意。该类电压会有电击的危险。

⑤在测量时，必须用正确的接线端、功能和量程档。

⑥使用测试表笔的探针时，手指应当保持在表笔保护盘的后面。

⑦测试电阻，通断性，二极管或电容以前，必须先切断电源，将所有的高压电容放电。

⑧对于所测直流电功能，包括手动量程，为避免由于可能的不正确读数而导致的电击危险，请先使用交流电功能来确认是否有任何交流电压存在。然后，选择一个等于或大于交流电量程的直流电压量程。

3.2　交流毫伏表

交流毫伏表由微型计算机控制、集成电路及晶体管组成的高稳定度的放大器电路组成的测量装置，一般是用来测量正弦电压有效值的电子仪表，具有开关手感好、结构紧凑、精度高和可靠性强等特点，可以对一般放大器和电子设备进行测量。

3.2.1 交流毫伏表的功能结构及原理简介

交流毫伏表是一种用来测量正弦电压有效值的电压表。在电子实验及仪器设备的检修和调试中，所要测量的典型的频率往往从 10^{-5} Hz 到几千赫兹，幅度达到毫微伏的电压，采用普通的电工仪表是不能有效测量的，必须借助交流毫伏表进行测量。

3.2.1.1 交流毫伏表的结构

交流毫伏表的结构如图 3-18 所示，主要由阻抗变换器、可变量程分压器、宽频带放大器、均值检波器、磁电系测量机构及调零电位器等部分组成。

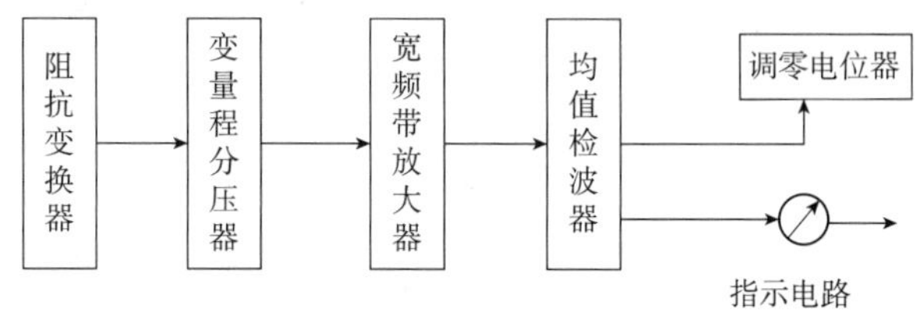

图 3-18 交流毫伏表的结构图

交流毫伏表的特点是由其结构所决定的。交流毫伏表是先将被测交流信号电压经放大器放大后加到检波器输入端，检波器再把放大后的被测交流信号转换成相应大小的平均电压，然后驱动指示电路(直流微安表)做出相应的偏转。

检波器采用全波整流电路，直流电路输出的直流电流或电压与输入电压的平均值成正比的检波器称为均值检波器。均值检波器有电路简单、灵敏度高和波形失真小等优点。

可变量程分压器用以扩展测量电压范围，阻抗变换器采用场效应管组成，从而获得高输入阻抗。当接入被测电路时，从被测电路取用的功率很小，因此对被测电路的工作状态影响小。

放大器一般采用多级宽频放大电路，故被测交流电压可测频率范围比普通仪表要大得多。

3.2.1.2 交流毫伏表的原理简介

交流毫伏表测量交流电压时，必须经过交流—直流变换器即检波器，将被测交流电压先转换成与之成比例的直流电压后，再进行直流电压的测量。模拟式电压表按照电路组成形式不同可分为放大—检波式、检波—放大式和外差式电压表三种类型。

检波—放大式交流毫伏表如图 3-19 所示，电路将被测电压 U_x 先变成直流电压，再经直流放大器放大，然后驱动直流微安表指针偏转。毫伏表的频带宽度主要取决于检波电路的频率响应。由于二极管导通时有一定的起始电压，表盘刻度非线性，如果采用普通直流放大器有零点漂移，所以其灵敏度不高，不适宜测量小信号。

图 3-19　检波—放大式交流毫伏表原理框图

放大—检波式交流毫伏表如图 3-20 所示，被测电压先经宽带放大器放大，然后再检波，变成直流电信号，驱动微安表指针偏转。这种形式电压表的灵敏度由于先行放大而提高，但受放大器内部噪声的限制。其频率范围主要受放大器带宽的限制。

图 3-20　放大—检波式交流毫伏表原理框图

前面两种形式的电压表频率响应与灵敏度互相矛盾，很难兼顾，这可以通过外差式测量来解决，其电路结构如图 3-21 所示。被测信号通过输入电路在混频器中与本机振荡器的震荡信号混频，输出的中频信号经中频放大器选频放大，然后通过检波器，驱动微安表指针偏转。外差测量方法的中频是固定不变的，中频放大器有良好的选择性和高的增益，解决了放大器的带宽与增益的矛盾，减少噪声的影响，提高了测量灵敏度，扩大了频率范围。

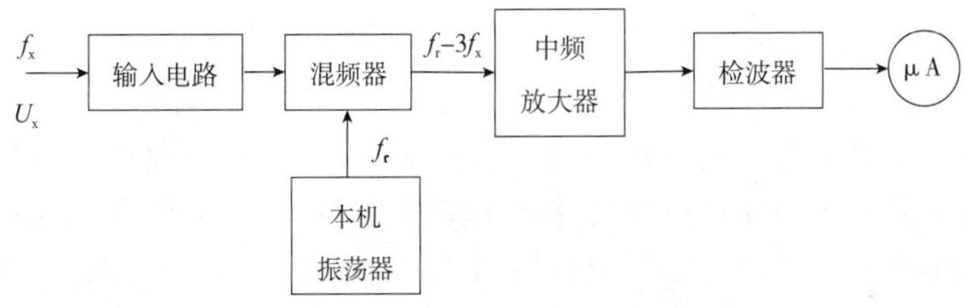

图 3-21　外差式电压表原理框图

3.2.2　交流毫伏表的操作和使用

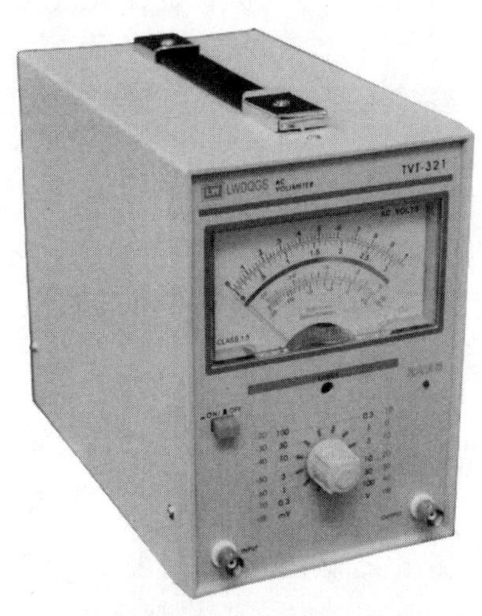

图 3-22　交流毫伏表

交流毫伏表(图 3-22)主要是用来测量交流信号幅度的有效值。下面介绍交流毫伏表的使用方法。

①接通 220V 电源，按下电源开关，电源指示灯亮，仪器开始工作。为了保证仪器稳定工作，需先预热仪器 10s 后使用，开机后 10s 内指针无规则摆动属正常。

②将输入测试探头上的红、黑鳄鱼夹断开后与被测电路并联(红鳄鱼夹接被测电路的正端，黑鳄鱼夹接地端)，观察表头指针在刻度盘上所指的位置，若指针在起始点位置基本没动，说明被测电路

中的电压较小，且毫伏表量程选得过高，此时用递减法由高量程向低量程变换，直到表头指针指到满刻度的2/3左右即可。

③准确读数。表头刻度盘上共刻有四条刻度。第一条刻度和第二条刻度为测量交流电压有效值的专用刻度，第三条和第四条为测量分贝值的刻度。当量程开关分别选1mV、10mV、100mV、1V、10V、100V档时，就从第一条刻度读数；当量程开关分别选3mV、30mV、300mV、3V、30V、300V时，应从第二条刻度读数（逢1就从第一条刻度读数，逢3从第二刻度读数）。例如：将量程开关置“1V”档，就从第一条刻度读数。若指针指的数字是在第一条刻度的0.7处，其实际测量值为0.7V；若量程开关置“3V”档，就从第二条刻度读数；若指针指在第二条刻度的“2”处，其实际测量值为2V。

3.2.3　交流毫伏表使用中注意事项

①交流毫伏表在通电使用之前，一定要将输入电缆的红黑鳄鱼夹相互短接。防止仪器在通电时因外界干扰信号通过输入电缆进入电路放大后，再进入表头将表针打弯。

②当不知道被测电路中电压值大小时，必须首先将毫伏表的量程开关置最高量程，然后根据表针所指的范围，采用递减法合理选档。

③若要测量高电压，输入端的黑色鳄鱼夹必须接在“地”端。

④测量前应短路调零。打开电源开关，将测试线（也称开路电缆）的红黑夹子夹在一起，将量程旋钮旋到1mV量程，指针应指在零位（有的毫伏表可通过面板上的调零电位器进行调零，凡面板无调零电位器的，内部设置的调零电位器已调好）。若指针不指在零位，应检查测试线是否断路或接触不良，如果有问题应更换测试线。

⑤交流毫伏表灵敏度较高，打开电源后，在较低量程时由于干扰信号（感应信号）的作用，指针会发生偏转，称为自起现象。所以在不测试信号时应将量程旋钮旋到较高量程档，以防指针被打弯。

⑥交流毫伏表接入被测电路时，其地端（黑夹子）应始终接在电路的地上（成为公共接地），以防干扰。

⑦交流毫伏表表盘刻度分为0~1和0~3两种刻度，量程旋钮切换量程分为逢一的量程（1mV、10mV、0.1V……）和逢三的量程（3mV、30mV、0.3V……），凡是逢一的量程直接在0~1刻度线上读取数据，凡是逢三的量程直接在0~3刻度线上读取数据，单位为该量程的单位，无需换算。

⑧使用前应先检查量程旋钮与量程标记是否一致，若错位会产生读数错误。

⑨交流毫伏表只能用来测量正弦交流信号的有效值，若测量非正弦交流信号要经过换算。

⑩不可以用万用表的交流电压档代替交流毫伏表测量交流电压（万用表内阻较低，用于测量50Hz左右的工频电压）。

3.3　函数信号发生器

函数信号发生器又称信号源或振荡器，在生产实践和科技领域中有着广泛的应用。各种波形曲线均可以由函数来描述。能够产生正弦波、三角波、方波等多种波形信号。函数信号发生器在电路实验和设备检测中应用十分广泛。

3.3.1　函数信号发生器的分类及性能参数简介

信号发生器应用广泛，种类繁多，可以根据不同的方式分类。按照其产生波形的频率范围可以分为多种类型，不同类型适用于不同的领域，见表 3-1 所列。按照信号发生器性能指标可以分为一般信号发生器和标准信号发生器。前者指对输出信号的频率、幅度的准确度和稳定度以及波形失真等要求不高的一类信号发生器。后者是指其输出信号的频率、幅度、调制系数等在一定范围内连续可调，并且读数准确、稳定、屏蔽良好的中、高档信号发生器。

表 3-1　信号发生器按输出信号频率划分表

名称	频率范围	主要应用领域
超低频信号发生器	30kHz 以下	电声学、声呐
低频信号发生器	30～300kHz	电报通讯
视频信号发生器	300～6MHz	无线电广播
高频信号发生器	6～30MHz	广播、电报
甚高频信号发生器	30～300MHz	电视、调频广播、导航
超高频信号发生器	300～3000MHz	雷达、导航、气象

函数信号发生器工作特性具体指标比较多，下面仅介绍几项最常见的性能参数。

①有效频率范围。各项指标均能得到保证的输出频率范围称为信号发生器的有效频率范围。

②频率准确度。信号源频率的实际值 f_x 与信号频率标称值 f_0 之间的偏差，可用频率的绝对误差即 $\Delta f=f_x-f_0$ 或用相对误差来表示，即 $a=\dfrac{f_x-f_0}{f_0}=\dfrac{\Delta f}{f_0}$。

③频率稳定度。是指在一定的时间间隔内频率的相对变化，即信号发生器输出频率相对于预调值变化的大小，它表征频率源维持恒定频率的能力。频率稳定度的表达式为 $\delta=\dfrac{f_{\max}-f_{\min}}{f_0}\times100\%$，信号发生器具有足够的频率稳定度，才能保证测量结果的准确度。

④输出电平范围。是指信号发生器输出信号幅度的有效范围，即所能提供的最小和最大输出电平的可调范围。

⑤输出电平的平坦度。是指在有效的频率范围内，输出电平随频率变化的程度。

⑥输出阻抗。输出阻抗高低随信号发生器的类型不同而有差异。信号发生器作为一个激励源应具有一定的内阻，当其接入被测电路的输入端时，被测电路将被看作是一个负载，因而存在着一个负载匹配的问题。低频信号源的输出阻抗一般有 50Ω、75Ω、150Ω、600Ω 几种不同的输出阻抗，高频信号源一般为 50Ω 或 75Ω 的输出阻抗。

⑦输出信号的频谱纯度。反映信号输出波形接近正弦波的程度，常用非线性失真度(谐波失真度)表示。一般信号源的非线性失真度应小于 1%。

对于高频信号发生器来说，一般还具有输出一种或多种调制信号的能力，通常为调幅和调频。调制特性包括调制的种类、频率、调幅系数或最大频偏以及调制线性等。

以上内容是信号发生器中最常用的一些基本的性能指标。由于各种仪器用途、精度等级要求不同，并非每种信号发生器都要用上述全部指标进行考核。另外，评价信号发生器性能的指标也不止上述几项，应根据各生产厂家具体的出厂检验标准及采用的术语为准。

3.3.2　函数信号发生器功能结构及原理简介

信号发生器的性能和用途虽各不相同，但其组成可由图 3-23 中的几部分表示。其中振荡器是信号发生器的核心部分，用来提供输出信号，由它产生各种频率、不同波形的信号，是信号发生器的核心；变换器用来完成对振荡器(主振)产生的频率信号幅度进行放大、整形及调制等工作；输出电路为被测量设备提供所需要的输出电平或信号源的输出阻抗。指示器用来检测输出信号的电平、频率及调制度；电源为仪器各部分提供所需的工作电压。

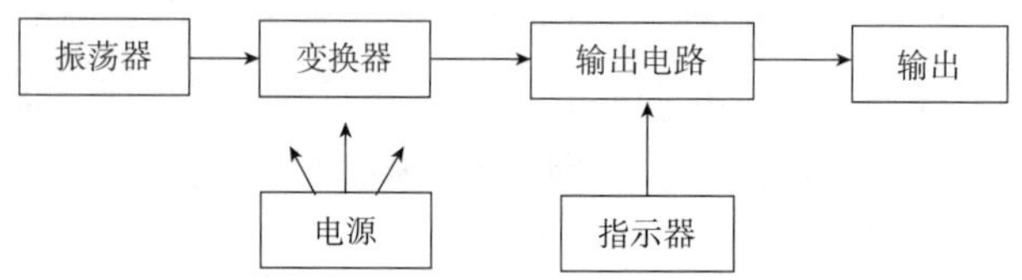

图 3-23　信号发生器基本结构框图

函数信号发生器按其构成分为：脉冲式，即在触发脉冲的作用下，触发器产生方波，然后经变换得到三角波和正弦波；正弦式，即先产生正弦波再得到方波和三角波；合成式，即利用数字合成技术(DDS)产生所需要的波形。下面简要介绍这几种信号发生器的基本原理。

(1)脉冲式函数信号发生器

脉冲式函数信号发生器的组成如图 3-24 所示。它包括脉冲发生器、施密特触发器、积分器和正弦波转换器等部分。函数信号发生器首先在触发脉冲的作用下，施密特触发器产生方波，积分器将方波积分处理形成三角波，正弦波转换器将三角波转换

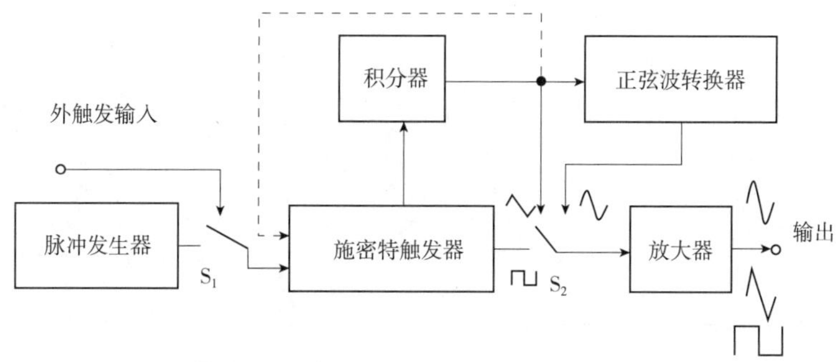

图 3-24　脉冲式函数信号发生器的组成框图

成正弦波，正弦波转换器通过正弦波整形电路将三角波整形为近似的正弦波输出，即用分段折线逼近的方法实现。

(2)正弦函数信号发生器

正弦信号发生器的组成如图 3-25 所示。它包括正弦振荡器、缓冲级、方波形成、积分器、放大级和输出级等部分。正弦振荡器输出正弦波，经缓冲级隔离后，分为两路信号，一路通过放大器输出正弦波，另一路作为方波形成电路的触发信号；方波形成电路通常是施密特触发器，它输出两路信号，一路通过放大器放大后输出方波，另一路作为积分器的输入信号；积分器通过积分变换将方波变换成三角波，经放大后输出；输出波形由放大级中的选择开关控制。

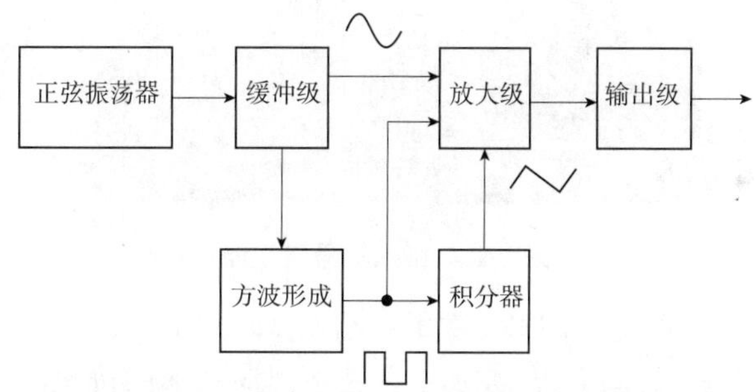

图 3-25　正弦函数信号发生器的组成框图

(3)合成式函数信号发生器

随着数字集成电路和微电子技术的发展，直接数字频率合成技术显现出它的优越性。直接数字频率合成(DDS)是采用数字化技术，通过控制频率直接产生所需的各种不同频率信号。DDS 信号源主要由相位累加器、ROM 波形存储器、DAC 数模转换器以及低通滤波器等组成。组成框图如图 3-26 所示。首先相位累加器根据输入的频率控制码输出相位序列，并作为波形存储器 RAM 的地址，RAM 里面可以是预先存放的固定波形的一个周期的幅值编码，也可以是用户在使用过程中存入的任意波形的幅度编码，这样 RAM 的数据线上就产生了一系列的幅度编码数字信号，然后把该编码经过 D/A 转换得到模拟的阶梯电压，最后经过低通滤波器使其平滑后即得到所需要的模拟波形。合成式函数信号发生器具有频率输出稳定度高、频率合成范围宽、信号频谱纯净度高、体积小等优点。

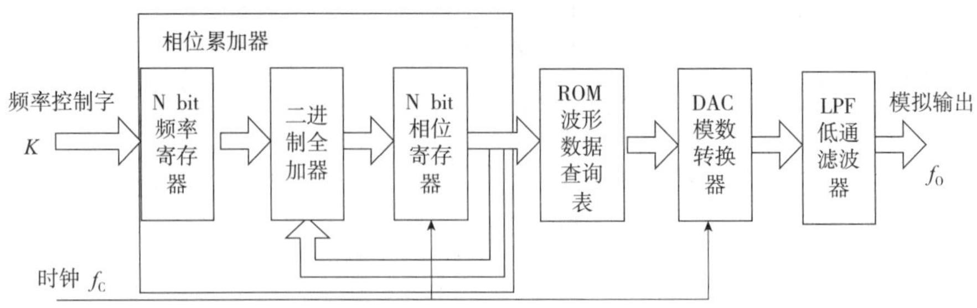

图 3-26 合成式函数信号发生器的组成框图

3.3.3 函数信号发生器的使用

函数信号发生器主要是用来产生各种波形信号的仪器，如图 3-27 所示。下面具体介绍其使用方法。

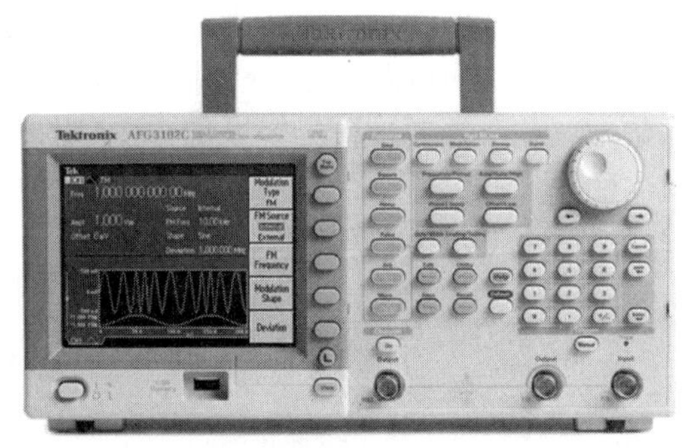

图 3-27 函数信号发生器

①将函数信号发生器接入 220V、50Hz 交流电源，按下电源开关，指示灯亮。

②根据自己的需要选择相应的波形，并按下对应波形的按钮。

③在选择输出脉冲波时，拉出占空比调节开关，调节占空比可获得稳定清晰波形。

④当需要比较小的信号时按下衰减器开关，函数信号衰减约 30dB。

⑤调节幅度旋钮来改变输出信号的幅度，根据自己的需求选择自己合适的信号幅值。

⑥当需要直流电平时拉出直流偏移调节旋钮，调节直流电平偏移至需要设置的电平值，其他状态时按入直流偏移调节旋钮，直流电平将为零。

3.3.4 函数信号发生器使用的注意事项

①函数信号发生器需预热 10min 后方可使用。

②在把函数信号发生器接入电源之前，应检查电源电压值和频率是否符合函数信

号发生器的要求。

③不得将大于 10V(DC 或 AC)的电压加至输出端。

3.4　直流稳压电源

许多电子线路、电子仪器和自动控制装置都需要稳定的直流电源供电。获得直流电的方法很多，如干电池、蓄电池等。电池在使用时灵活方便，但是电池本身成本高、存在使用时间短等缺点，从而限制了它的使用范围。目前大多数电子设备内部都装有直流稳压电源，因此比较经济实用的方法是通过直流稳压电源把交流电变为直流电使用。

3.4.1　直流稳压电源功能结构及原理简介

图 3-28 所示是直流稳压电源的基本原理，它表述了交流电变换为直流电的过程。

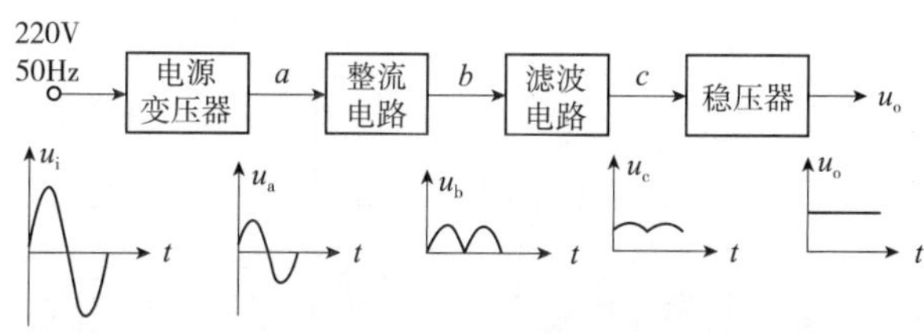

图 3-28　直流稳压电源组成框图

下面简述直流稳压电源各部分的功能。

①电源变压器。将电网电压(一般是 220V)变换为所需要的交流电压。由于大多数电子设备所需要的直流电压为几伏到几十伏，与电网的交流电压相差较大，因此常用电源变压器降压得到合适的交流电压后再进行转换。

②整流电路。利用二极管的单向导电性，将交流电压变换为单一方向的脉动电压。小功率整流电路中，常见的有单向半波整流电路、单向全波整流电路和桥式全波整流电路等形式。

③滤波电路。整流电路的输出电压不是纯粹的直流，与直流相差很大，波形中含有较大的脉动成分。为获得比较理想的直流电压，需要利用具有储能作用的电容、电感组成的滤波电路来滤除整流电路输出电压中的脉动成分，以获得满足负载需要的直流电压。

④稳压电路。在电网电压或负载电流发生变化时，保持输出稳定的直流电压。

3.4.1.1　整流电路

整流电路是直流稳压电源的重要部分，表 3-2 列出了几种常用的整流电路。

表 3-2　常用的几种整流电路

类型	电路	整流电压的波形	整流电压平均值	每管电流平均值	每管承受最高反压
单相半波	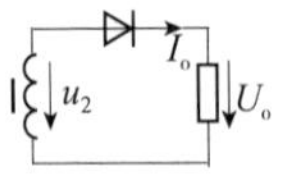	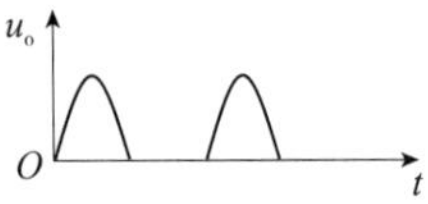	$0.45U_2$	I_o	$\sqrt{2}U_2$
单相全波	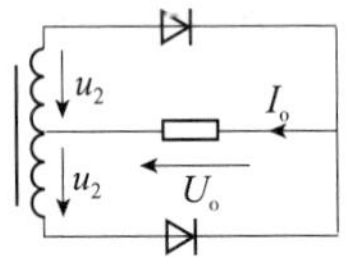	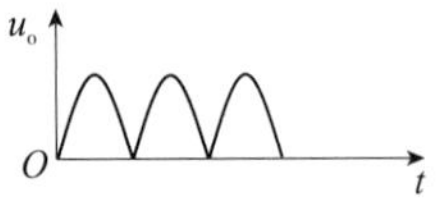	$0.9U_2$	$\frac{1}{2}I_o$	$2\sqrt{2}U_2$
单相桥式	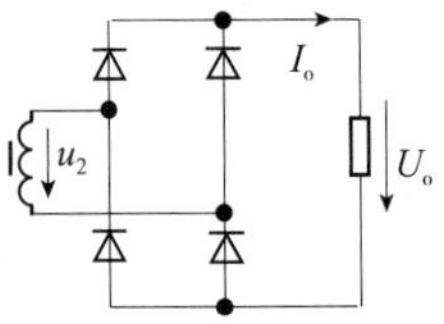	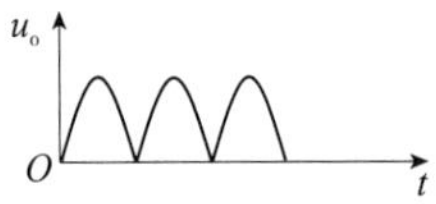	$0.9U_2$	$\frac{1}{2}I_o$	$\sqrt{2}U_2$
三相半波	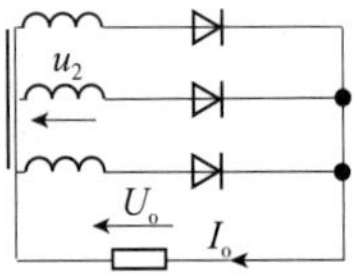	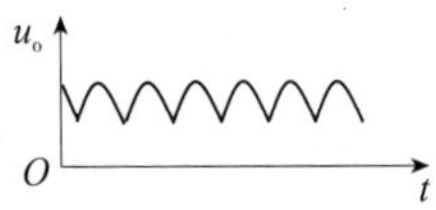	$1.17U_2$	$\frac{1}{3}I_o$	$\sqrt{3}\sqrt{2}U_2$
三相桥式	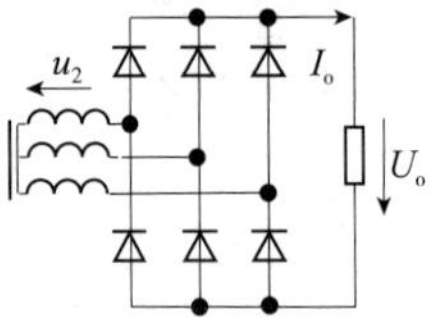	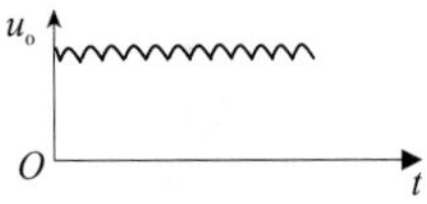	$2.34U_2$	$\frac{1}{3}I_o$	$\sqrt{3}\sqrt{2}U_2$

3.4.1.2　滤波电路

整流输出的电压是单方向脉动电压，虽然是直流，但脉动较大，为了获得平滑的直流电压，应在整流电路后再加入滤波电路，以滤去脉动成分。常用的滤波电路有电容滤波、电感滤波和复式滤波等形式。

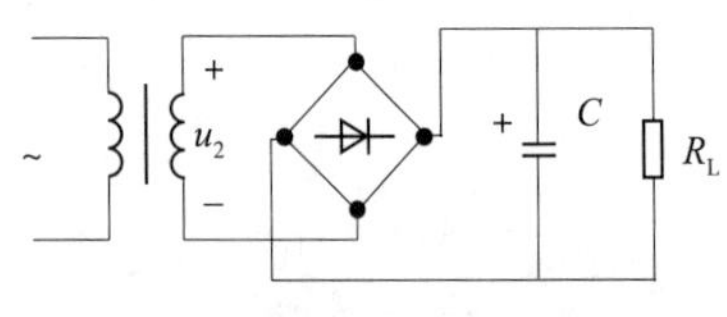

图 3-29　电容滤波电路

(1)电容滤波电路

电容滤波电路如图 3-29 所示，在桥式整流电路的输出端与负载并联一个较大的电容，构成电容滤波电路。电容两端的初始电压为零，当电路接通时，在 u_2 的正半周，从零开始上升，电容 C 开始充电，向负载电阻供电，电容充电常数近似为零，在 u_2 达到最大值时，电容两端的电压也达到最大值。然后 u_2 下降，此时电容 C 向负载电阻放电，根据放电时间常数的值，电容电压按指数规律缓慢放电，在 u_2 后半周时，电容 C 再次被充电，输出电压增大，以后重复上述过程。输出电压近似为锯齿波形的直流电压。

整流电路接入滤波电路后，输出波形变得平滑，而且输出电压的平均值增大，其值的大小与滤波电容及负载电阻大小有关，R_LC 值越大，放电速度越慢，输出电压就越大、越平滑。

电容滤波电路简单，输出电压平均值较高，脉动较小，但是大容量的电容会使二极管中流过较大的冲击电流。因此，电容滤波电路一般适用于输出电压较高、负载电流较小且负载变动不大的场合。

(2)电感滤波电路

电感滤波电路如图 3-30 所示，电感 L 起到阻止负载电流变化使之趋于平直的作用，从整流电路输出的电压中，直流分量由于电感的近似短路全部加到负载两端，交流分量由于电感的感抗远大于负载电阻而大部分降落在电感上，负载只有很小的交流分量，从而达到滤波的作用。一般电感滤波电路适用于低电压大电流的场合。

(3)复式滤波电路

为了进一步改善滤波特性，可以用电容和电感组成各种形式的复式滤波电路。从而构成 LC 型或 RC–Π 型、LC–Π 型滤波电路。

①LC 型滤波电路。为了进一步改善滤波效果，在电感滤波电路的基础上，在 R_L 上并联一个电容，即构成 LC 型滤波电路，如图 3-31 所示。整流电路输出电压中的交流成分绝大部分降落在电感上，电容 C 对于交流接近于短路，故输出电压中交流成分很少，几乎是一个平滑的直流电压。

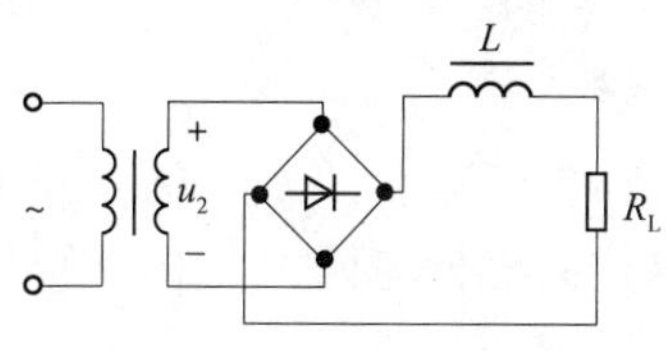

图 3-30　电感滤波电路

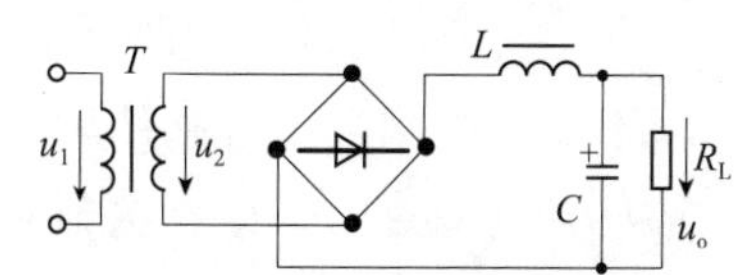

图 3-31　LC 型滤波电路

②RC–Π 型滤波电路。RC–Π 型滤波电路如图 3-32 所示。其滤波效果比 LC 滤波电路更好，但整流二极管中的冲击电流较大。主要适用于负载电流较小及要求输出电压脉动很小的场合。

③LC–Π 型滤波电路。LC–Π 型滤波电路如图 3-33 所示。其滤波效果比 LC 滤波器更好，但整流二极管中的冲击电流较大。并且电感线圈体积大而笨重、成本高。

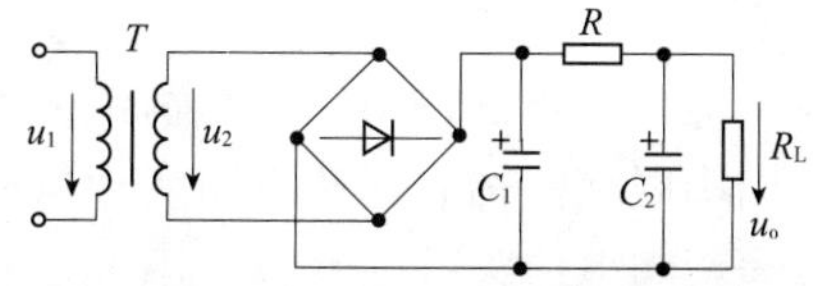

图 3-32　RC–Π 型滤波电路

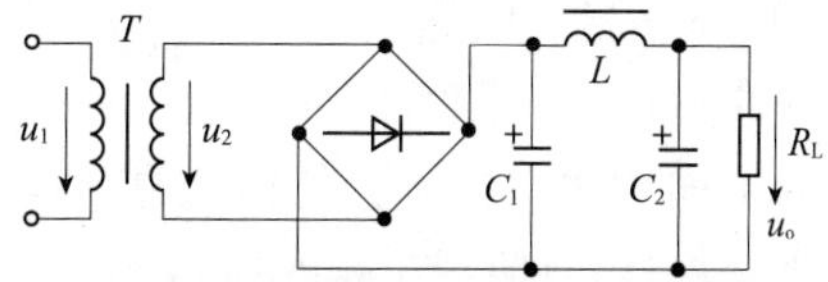

图 3-33　LC–Π 型滤波电路

3.4.1.3 稳压电路

通过整流滤波电路所获得的直流电源电压是比较稳定的，当电网电压波动或负载电流变化时，输出电压会随之改变。电子设备一般都需要稳定的电源电压。如果电源电压不稳定，将会引起直流放大器的零点漂移，交流噪声增大，测量仪表的测量精度降低等问题。因此，稳压电路是决定直流稳压电源质量的关键电路。

稳压电路的分类方法较多，按稳压电路中调节元件与负载的连接方式分类，有并联稳压电路和串联稳压电路；按稳压电路中调节元件的工作状态分类，有线性稳压电路和开关稳压电路等。现仅对其中的并联稳压电路和串联稳压电路做简要介绍。

(1)并联稳压电路

硅稳压管组成的并联稳压电路如图 3-34 所示，将整流滤波后得到的直流电压作为稳压电路的输入电压 U_i，限流电阻 R 和稳压管 V 组成稳压电路，输出电压 $U_o=U_Z$。在此电路中，不论是电网电压波动还是负载电阻 R_L 的变化，稳压管稳压电路都能起到稳压作用，因为 U_Z 基本恒定，而 $U_o=U_Z$。下面从两个方面来分析其稳压原理。

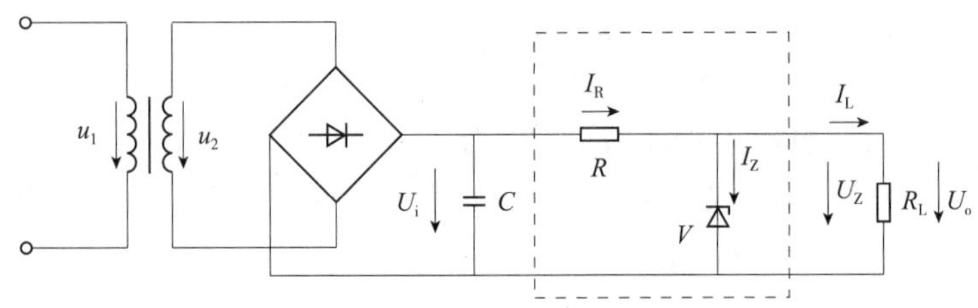

图 3-34 并联稳压电路

①设 R_L 不变，电网电压升高使 U_i 升高，导致 U_o 升高，而 $U_o=U_Z$。根据稳压管的特性，当 U_Z 升高一点时，I_Z 将会显著增加，这样必然使电阻 R 上的压降增大，吸收了 U_i 的增加部分，从而保持 U_o 不变。反之亦然。

②设电网电压不变，当负载电阻 R_L 阻值增大时，I_L 减小，限流电阻 R 上压降 U_R 将会减小。由于 $U_o=U_Z=U_i-U_R$，所以导致 U_o 升高，即 U_Z 升高，这样必然使 I_Z 显著增加。由于流过限流电阻 R 的电流为 $I_R=I_Z+I_L$，这样可以使流过 R 上的电流基本不变，导致压降 U_R 基本不变，则 U_o 也就保持不变。反之亦然。

在实际使用中，这两个过程是同时存在的，而两种调整也同样存在。因此无论电网电压波动或负载变化，都能起到稳压作用。

(2)串联稳压电路

并联型稳压电路可以使输出电压稳定，但稳压值不能随意调节，而且输出电流很小，为了加大输出电流，使输出电压可调节，常用串联型晶体管稳压电路实现这些功能，串联稳压电路如图 3-35 所示。

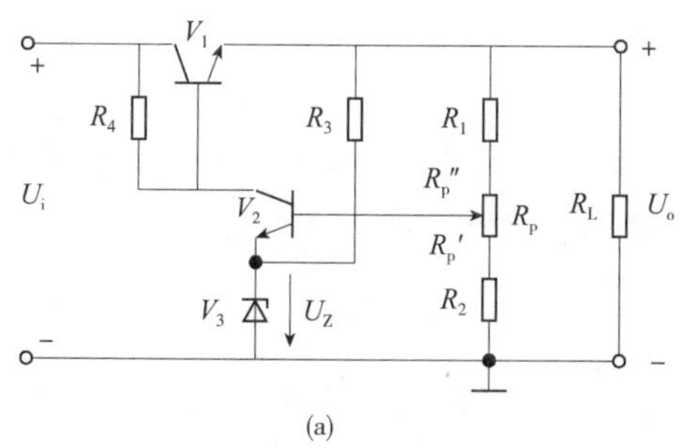

(a)

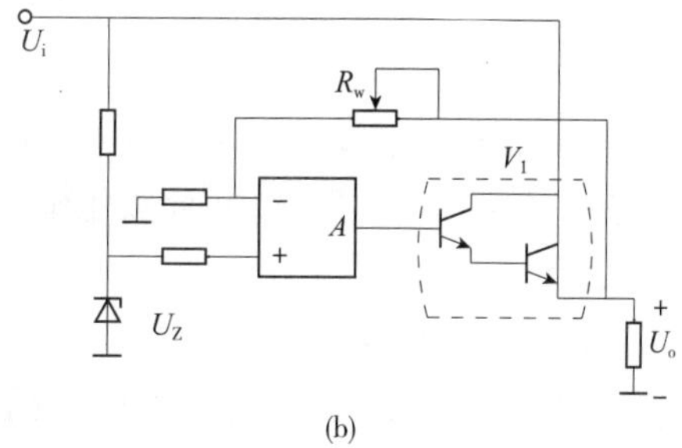

(b)

图 3-35　串联型稳压电路

(a)分立元件的串联型稳压电路　(b)运算放大器的串联型稳压电路

3.4.2　直流稳压电源的基本性能及参数介绍

直流稳压电源的技术指标可分为特性指标和质量指标。特性指标是反映直流稳压电源的固有特性；另一类是质量指标，反映直流稳压电源的优劣。

3.4.2.1　特性指标

(1)输出电压范围

在直流稳压电源正常工作条件情况下，能够正常工作的输出电压范围。该指标的上限是由最大输入电压和最小输入—输出电压差所规定，而其下限由直流稳压电源内部的基准电压值决定。

(2)最大输入—输出电压差

在正常工作条件下，所允许的最大输入—输出之间的电压差值，其值主要取决于直流稳压电源内部调整晶体管的耐压指标。

(3)最小输入—输出电压差

在正常工作条件下，所需的最小输入—输出之间的电压差值。

(4)输出负载电流范围(输出电流范围)

在这一范围内，直流稳压电源应能保证符合指标规范所给出的指标。

3.4.2.2　质量指标

(1)电压调整率

表征直流稳压电源稳压性能优劣的重要指标，又称为稳压系数或稳定系数，它表征当输入电压变化时直流稳压电源输出电压稳定的程度，通常以单位输出电压下的输入和输出电压的相对变化的百分比表示。

(2)电流调整率

反映直流稳压电源负载能力的一项主要指标，又称为电流稳定系数。它表征当输入电压不变时，直流稳压电源对由于负载电流(输出电流)变化而引起的输出电压波动的抑制能力，在规定的负载电流变化的条件下，通常以单位输出电压下的输出电压变化值的百分比来表示直流稳压电源的电流调整率。

(3)纹波抑制比

反映直流稳压电源对输入端引入的市电电压的抑制能力，当直流稳压电源输入和输出条件保持不变时，纹波抑制比常以输入纹波电压峰-峰值与输出纹波电压峰-峰值之比表示。

(4)温度稳定性

集成直流稳压电源的温度稳定性是以所在规定的直流稳压电源工作温度最大变化范围内，直流稳压电源输出电压的相对变化的百分比值。即 $K=\left(\frac{\Delta U_o}{U_o}\times 100\%\right)/\Delta T$。

3.4.3 直流稳压电源的使用

直流稳压电源(图 3-36)的使用比较简单，主要操作是对电源进行对应的设定。

图 3-36 直流稳压电源

①电源连接。将稳压电源连接电源。

②开启电源。在不接负载的情况下，按下电源总开关(power)，然后开启电源直流输出开关(output)，使电源正常输出工作(一些简单的可调稳压电源只有总电源开关，没有独立的直流输出开关)。此时，电源数字指示表头上即显示出当前工作电压和输出电流。

③设置输出电压。通过调节电压设定旋钮，使数字电压表显示出目标电压，完成电压设定。对于有可调限流功能的电源，有两套调节系统分别调节电压和电流。调节时要分清楚，一般调节电压的电位器有“VOLTAGE”字样，调节电流的电位器有“CURRENT”字样。很多入门级产品使用低成本的粗调/细调双旋钮设定，遇到双调节旋钮，我们先将细调旋钮旋到中间位置，然后通过粗调旋钮设定大致电压，再用细调旋钮精确修正。

④设置电流。按下电源面板上“Limit”键不放，此时电流表会显示电流数值，调节电流旋钮，使电流数值达到预定水平。一般限流可设定在常用最高电流的 120%。有的电源没有限流专用调节键，用户需要按照说明书要求短路输出端，然后根据短路电流配合限流旋钮设定限流水平。简易型的可调稳压电源没有电流设定功能，也没有

对应的旋钮。

⑤设定过压保护 OVP。过压保护设定是指在电源自身可调电压范围内进一步限定一个上限电压，以免误操作时电源输出过高电压。一般过压可以设置为平时最高工作电压的 120%。过压设定需要用到一字螺丝刀，调节面板内凹的电位器，这也是一种防止误动作的设计。设定 OVP 电压时，先将电源工作电压调节到目标过压点上，然后慢慢调节 OVP 电位器，使电源保护恰好动作，此时 OVP 即告设定完成。然后，关闭电源，调低工作电压，就能正常工作了。

3.4.4 使用直流稳压电源的注意事项

①根据所需要的电压，先调整“粗调”旋钮，再逐渐调整“细调”旋钮，要做到正确配合。例如需要输出 12V 电压时，需将“粗调”旋钮置在 15V 档，再调整“细调”旋钮调整到 12V，而“粗调”旋钮不应置在 10V 档。否则，最大输出电压达不到 12V。

②调整到所需要的电压后，再接入负载。

③在使用过程中，如果需要变换“粗调”档时，应先断开负载，待输出电压调到所需要的值后，再接入负载。

④在使用过程中，因负载短路或过载引起保护时，应首先断开负载，然后按动“复原”按钮，也可重新开启电源，电压即可恢复正常工作，待排除故障后再接入负载。

⑤将额定电流不等的各路电源串联使用时，输出电流为其中额定值最小一路的额定值。

⑥每路电源有一个表头，在 A/V 不同状态时，分别指示本路的输出电流或者输出电压。通常放在电压指示状态。

⑦每路都有红、黑两个输出端子，红端子表示“+”，黑端子表示“-”，面板中间带有接“大地”符号的黑端子，表示该端子接机壳，与每一路输出没有电气联系，仅作为安全线使用。

⑧两路电压可以串联使用，绝对不允许并联使用。电源是一种供给量仪器，因此不允许将输出端长期短路。

3.5 示波器

示波器是常用的电学仪器之一，应用范围广泛，一切能转换为电压信号的电学量和非电学量随时间的瞬变过程都可以用示波器进行观察和测量分析。

3.5.1 示波器的分类及性能简介

根据示波器对信号的处理方式的不同可分为模拟示波器和数字示波器两大类。模拟示波器采用模拟方式对时间信号进行处理和显示，模拟示波器又可分为通用示波器、多束示波器、取样示波器、记忆示波器和专用示波器等类型。数字示波器是对信号进行数字化处理后再显示。它将输入信号数字化(时域取样和幅度量化)后，经由D/A转换器再重建波形，具有记忆、存贮被观察信号的功能。根据取样方式不同，数字示波器又可分为实时取样、随机取样和顺序取样三大类。

示波器的技术性能指标较多，下面列出几项主要的性能指标。

①频率响应。加至示波器输入端(包括Y轴和X轴，不加说明时指Y轴)的信号在屏幕上所显示的图像幅度对应中频段频率显示幅度下降3dB的范围，即上限频率与下限频率之差，称为频率响应(也称频带宽度)。一般情况下，上限频率远远大于下限频率，所以频率响应可用上限频率来表示，此值越大越好。

②时域响应。也称瞬态响应，表示放大电路在方波脉冲输入信号作用下的过渡特性。一般用上升时间、下降时间、上冲、下冲、预冲及下垂等参数表示。

③偏转灵敏度。指输入信号在无衰减的情况下，亮点在屏幕上偏转1cm(或1格)所需信号电压的峰值。它反映了示波器观察微弱信号的能力，其值越小偏转灵敏度越高。

④输入阻抗。输入阻抗用示波器输入端测得的直流电阻值和并联电容值分别给出。在理想情况下，电阻值大，电容值小。

⑤扫描速度。在无扩展情况下，亮点在屏幕X轴方向移动单位长度1cm(或1格)所需要的时间称为扫描速度，简写为“t/cm或t/div(格)”。扫描速度越高，表明示波器能够展开高频信号或窄脉冲信号波形的能力越强。

两大类示波器性能参数各有不同，表3-3对比了它们的优缺点。

表3-3 模拟示波器与数字示波器性能比较

示波器种类	优点	缺点
模拟示波器	分辨率高；响应速度快；显示亮度高；仪器电路简单，维修方便	观察低频信号时有闪烁现象，稳定性不强；体积大，操作复杂
数字示波器	体积小，重量轻，便于携带；测量信号的频率较高，可达到GHz；具有多种触发方式；能够贮存波形，自动测量许多参数；通过相应接口实现打印、存档、分析文件等操作	分辨率有限；测试复杂信号能力较差；测量反应速度相对较慢

3.5.2 示波器的功能结构及原理简介

3.5.2.1 模拟示波器的组成

示波器由示波管及与其配合的电子线路组成。一般来说，模拟示波器由示波管、电源、触发器、扫描发生器、X轴放大器、Y轴放大器、衰减器等部分组成，其结构如图3-37所示。其中示波管是示波器的核心，示波管的结构如图3-38所示。它用来

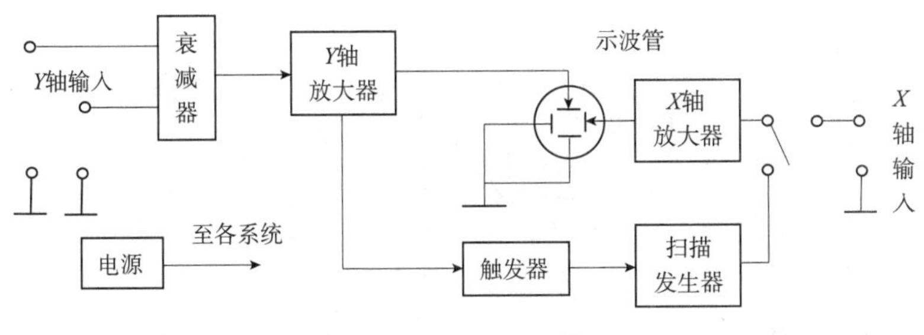

图 3-37　示波器示意图

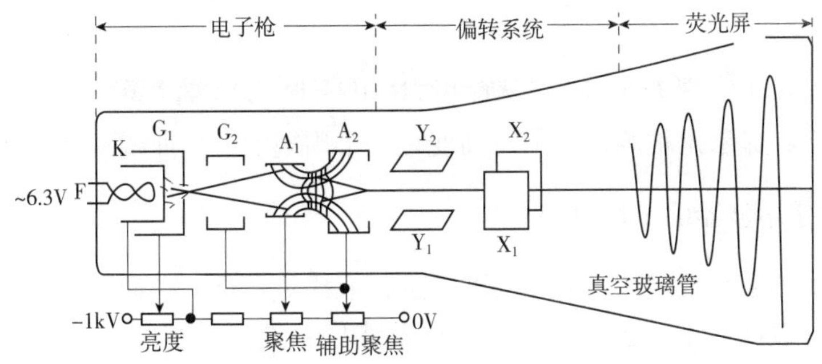

图 3-38　示波管的结构

显示被观察信号的波形，将其呈现在荧光屏上，示波管主要由电子枪、偏转系统和荧光屏三部分组成。

(1)电子枪

它的作用是发射电子并形成很细的高速电子束，它由灯丝 F、阴极 K、第一栅极 G_1、第二栅极 G_2 和阳极 A_1、A_2 组成。通过调节 G_1 对 K 的负电位可控制电子束的强弱，从而调节光点的亮度，即进行“辉度”调节。改变 A_2 相对 A_1 的电位，可以改变电子透镜的焦距，使其聚焦在荧光屏上，调节 A_2 的电位称为“聚焦”调节。

(2)偏转系统

示波管的偏转系统由两对相互垂直的平行金属板组成，分别称为垂直偏转板和水平偏转板。当有外加电压作用时，偏转板之间形成电场，在偏转电场作用下，电子束打向由 X、Y 偏转板共同决定在荧光屏上的某个坐标位置。示波器为了有较高的测量灵敏度，将 Y 偏转板置于靠近电子枪的部位，而 X 偏转板在 Y 的右边。

(3)荧光屏

荧光屏将电信号变为光信号，是示波管的波形显示部分。在使用示波器时，应避免电子束长时间的停留在荧光屏的一个位置，否则将使荧光屏受损。因此在示波器开启后不使用的时间内，可将“辉度”调暗。

3.5.2.2　模拟示波器的工作原理

在示波管的偏转板上加不同的电压，产生的电场可以控制电子束的偏转方向，从而改变荧光屏上亮点的位置。当 X、Y 偏转板同时加电压，假设 X 轴、Y 轴所加信号的周期相等，则电子束在两个电压同时作用下，在水平方向和垂直方向同时产生位

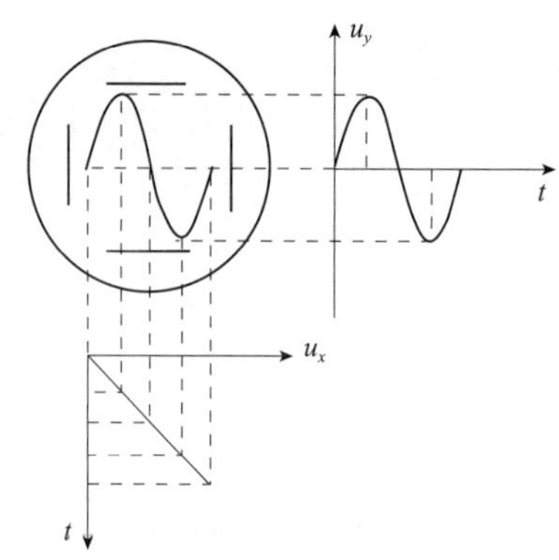

图 3-39 X、Y 偏转板同时加信号时光点的轨迹图

移，荧光屏上将显示出被测信号随时间变化一个周期的波形曲线，如图 3-39 所示。

3.5.2.3 数字示波器的工作原理

数字示波器采用数字技术对输入波形进行取样、量化、存储、处理和显示。其具备屏幕截图、数据显示、数学运算、数据及波形存储等功能，还可以外接网络、优盘、打印机、计算机等，目前在科研及教学中占有重要地位。

数字示波器的原理如图 3-40 所示。输入示波器的被测信号先经过一个电压放大与衰减电路，将待测信号放大(或衰减)到后续电路可以处理的范围内，接着由采样电路按一定的采样频率对连续变化的模拟波形进行采样，然后由模数转换器 A/D 将采样得到的模拟量转换成数字量，并存放在存储器中。这样，可以随时通过 CPU 和逻辑控制电路把存放在存储器中的数字波形显示在显示屏上。

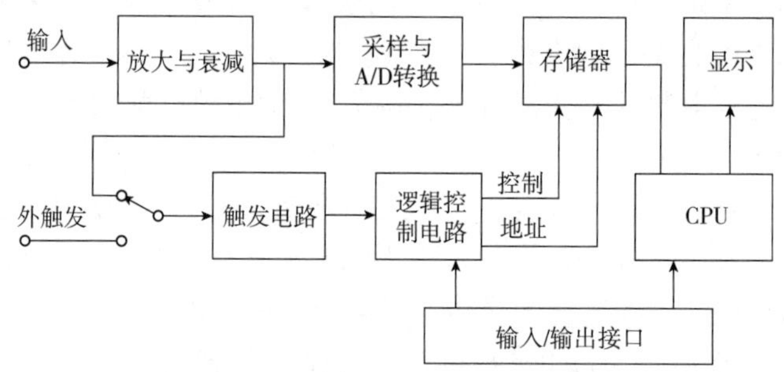

图 3-40 数字示波器的原理框图

由于已将模拟信号转换成数字量存放在存储器中，利用数字示波器可对其进行各种数学运算以及自动测量等操作，也可以通过输入/输出接口与计算机或其他外设进行数据通信。

3.5.3 示波器的使用

示波器种类、型号很多，功能也不同。示波器如图 3-41、图 3-42 所示。这些示波器用法大同小异，本文针对 V-252 型双踪示波器介绍其常用功能。

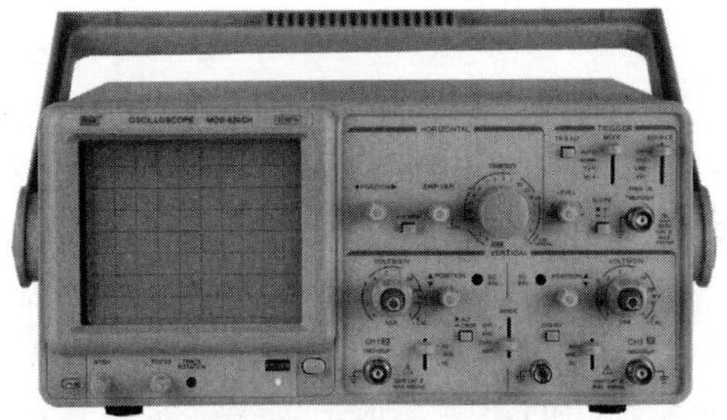

图 3-41　模拟示波器

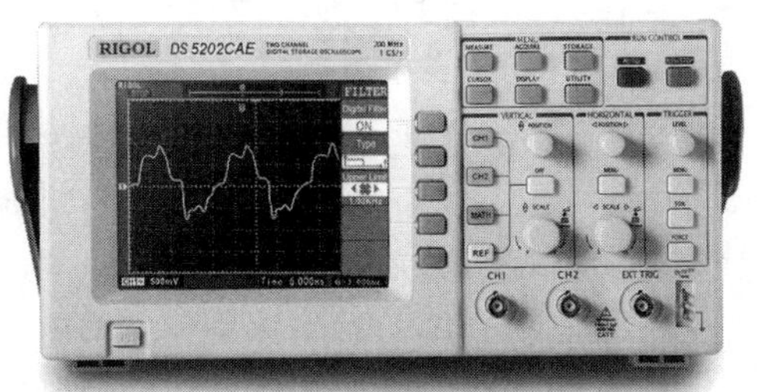

图 3-42　数字示波器

3.5.3.1　示波器功能面板介绍

图 3-43 是 V-252 型双踪示波器面板图，下面详细介绍面板中各部件的功能。

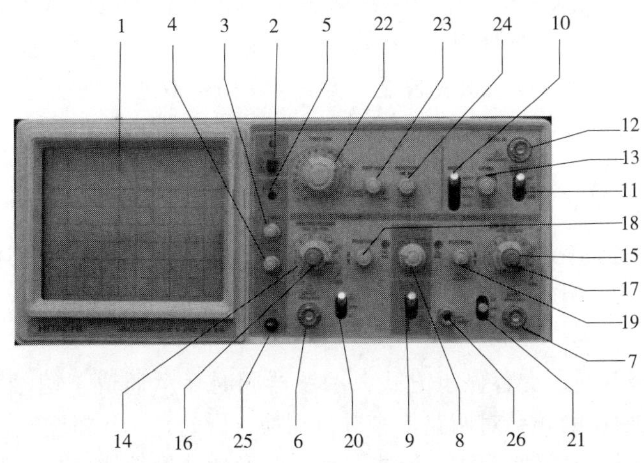

图 3-43　V-252 型双踪示波器面板图

1-荧光屏；2-电源；3-辉度；4-聚焦；5-辉线旋转旋钮；6-通道 1；7-通道 2；8-垂直轴工作方式选择开关；9-内部触发信号源选择开关；10-扫描方式选择开关；11-触发信号源选择开关；12-外触发信号输入端子；13-触发电平/和触发极性选择开关；14-通道 1 的垂直轴电压灵敏度开关；15-通道 2 的垂直轴电压灵敏度开关；16-通道 1 的可变衰减旋钮/增益×5 开关；17-通道 2 的可变衰减旋钮/增益×5 开关；18-通道 1 的垂直位置调整旋钮/直流偏移开关；19-通道 2 的垂直位置调整旋钮/反相开关；20，21-通道 1 垂直放大器输入耦合方式切换开关；22-扫描速度切换开关；23-扫描速度可变旋钮；24-水平位置旋钮/扫描扩展开关；25-探头校正信号的输出端子；26-接地端子

(1) 电源、示波管部分

①荧光屏。荧光屏是示波管的显示部分。屏上水平方向和垂直方向各有多条刻度线，指示出信号波形的电压和时间之间的关系。水平方向指示时间，垂直方向指示电压。水平方向分为 10 格，垂直方向分为 8 格，每格又分为 5 份。垂直方向标有 0%、10%、90%、100%等标志，水平方向标有 10%、90%标志，供测试直流电平、交流信号幅度、延迟时间等参数使用。根据被测信号在屏幕上占的格数乘以适当的比例常数(V/DIV，TIME/DIV)能得出电压值与时间值。

②电源(POWER)。示波器主电源开关位于荧光屏的右上角。当此开关按下时，电源指示灯亮，表示电源接通。

③辉度(INTENSITY)。旋转此旋钮能改变光点和扫描线的亮度。顺时针旋转，亮度增大。观察低频信号时可小些，高频信号时大些。以适合自己的亮度为准，一般不应太亮，以保护荧光屏。

④聚焦(FOCUS)。聚焦旋钮调节电子束截面大小，将扫描线聚焦成最清晰状态。

⑤辉线旋转旋钮(TRACE ROTATION)。受地磁场的影响，水平辉线可能会与水平刻度线形成夹角，用此旋钮可使辉线旋转，进行校准。

⑥通道1(CH1)的垂直放大器信号输入插座(CH1 INPUT)。通道1垂直放大器信号输入BNC插座。当示波器工作于X-Y模式时作为X信号的输入端。

⑦通道2(CH2)的垂直放大器信号输入插座(CH2 INPUT)。通道2垂直放大器信号输入BNC插座。当示波器工作于X-Y模式时作为Y信号的输入端。

⑧垂直轴工作方式选择开关(MODE)。输入通道有五种选择方式：通道1(CH1)、通道2(CH2)、双通道交替显示方式(ALT)、双通道切换显示方式(CHOP)、叠加显示方式(ADD)。

CH1：选择通道1，示波器仅显示通道1的信号。

CH2：选择通道2，示波器仅显示通道2的信号。

ALT：选择双通道交替显示方式，示波器同时显示通道1信号和通道2信号。两路信号交替地显示。用较高的扫描速度观测CH1和CH2两路信号时，使用这种显示方式。

CHOP：选择双通道交替显示方式，示波器同时显示通道1信号和通道2信号。两路信号以约250Hz的频率对两路信号进行切换，同时显示于屏幕。

ADD：选择两通道叠加方式，示波器显示两通道波形叠加后的波形。

⑨内部触发信号源选择开关(INT TRIG)。当SOURCE开关置于INT时，用此开关具体选择触发信号源。

CH1：以CH1的输入信号作为触发信号源。

CH2：以CH2的输入信号作为触发信号源。

VERT MODE：交替地分别以CH1和CH2两路信号作为触发信号源。观测两个通道的波形时，进行交替扫描的同时，触发信号源也交替地切换到相应的通道上。

⑩扫描方式选择开关(MODE)。扫描有自动(AUTO)、常态(NORM)、视频-行(TV-H)和视频-场(TV-V)四种扫描方式。

自动(AUTO)：自动方式，任何情况下都有扫描线。有触发信号时，正常进行同步扫描，波形静止。当无触发信号输入，或者触发信号频率低于50Hz时，扫描为自激方式。

常态(NORM)：仅在有触发信号时进行扫描。当无触发信号输入时，扫描处于准备状态，没有扫描线。触发信号到来后，触发扫描。观测超低频信号(25Hz)调整触发电平时，使用这种触发方式。

视频-行(TV-H)：用于观测视频-行信号。

视频-场(TV-V)：用于观测视频-场信号。

注：视频-行(TV-H)和视频-场(TV-V)两种触发方式仅在视频信号的同步极性为负时才起作用。

⑪触发信号源选择开关(SOURCE)。要使屏幕上显示稳定的波形，则需将被测信号本身或者与被测信号有一定时间关系的触发信号加到触发电路。触发源选择确定触发信号由何处供给。通常有三种触发源：内触发(INT)、电源触发(LINE)、外触发(EXT)。

内触发(INT)：内触发使用被测信号作为触发信号，是经常使用的一种触发方式。由于触发信号本身是被测信号的一部分，在屏幕上可以显示出非常稳定的波形。以通道 1(CH1)或通道 2(CH2)的输入信号作为触发信号源。

电源触发(LINE)：电源触发使用交流电源频率信号作为触发信号。这种方法在测量与交流电源频率有关的信号时是有效的。特别在测量音频电路、闸流管的低电平交流噪音时更为有效。

外触发(EXT)：TRIG INPUT 的输入信号作为触发信号源。外加信号从外触发输入端输入。外触发信号与被测信号间应具有周期性的关系。由于被测信号没有用作触发信号，所以何时开始扫描与被测信号无关。

⑫外触发信号输入端子(TRIG INPUT)。外触发信号的输入端子。

⑬触发电平/和触发极性选择开关(LEVEL)。触发电平调节又称为同步调节，它使得扫描与被测信号同步。电平调节旋钮调节触发信号的触发电平。一旦触发信号超过由旋钮设定的触发电平时，扫描即被触发。顺时针旋转旋钮，触发电平上升；逆时针旋转旋钮，触发电平下降。当电平旋钮调到电平锁定位置时，触发电平自动保持在触发信号的幅度之内，不需要电平调节就能产生一个稳定的触发。当信号波形复杂，用电平旋钮不能稳定触发时，用释抑(Hold Off)旋钮调节波形的释抑时间(扫描暂停时间)，能使扫描与波形稳定同步。

极性开关用来选择触发信号的极性。拨在“+”位置上时，在信号增加的方向上，当触发信号超过触发电平时就产生触发。拨在“-”位置上时，在信号减少的方向上，当触发信号超过触发电平时就产生触发。触发极性和触发电平共同决定触发信号的触发点。

(2)垂直偏转系统

①通道 1(CH1)的垂直轴电压灵敏度开关(VOLTS/DIV)。

②通道 2(CH2)的垂直轴电压灵敏度开关(VOLTS/DIV)。双踪示波器中每个通道各有一个垂直偏转因数选择波段开关。

在单位输入信号作用下，光点在屏幕上偏移的距离称为偏移灵敏度，这一定义对 X 轴和 Y 轴都适用。灵敏度的倒数称为偏转因数。

垂直灵敏度的单位是为 cm/V、cm/mV 或者 DIV/mV、DIV/V，垂直偏转因数的单位是 V/cm、mV/cm 或者 V/DIV、mV/DIV。实际上因习惯用法和测量电压读数的方便，有时也把偏转因数当灵敏度。一般按 1、2、5 方式从 5mV/DIV 到 5V/DIV 分为 10 档。波段开关指示的值代表荧光屏上垂直方向一格(1cm)的电压值。例如，波段开关置于1V/DIV档时，如果屏幕上信号光点移动一格，则代表输入信号电压变化1V。使用10∶1探头时，请将测量结果进行×10的换算。

③通道1(CH1)的可变衰减旋钮/增益×5开关(VAR，PULL×5GAIN)。

④通道2(CH2)的可变衰减旋钮/增益×5开关(VAR，PULL×5GAIN)。每一个电压灵敏度开关上方还有一个小旋钮，微调每档垂直偏转因数。将它沿顺时针方向旋转到底，处于“校准”位置，此时垂直偏转因数值与波段开关所指示的值一致。逆时针旋转此旋钮，能够微调垂直偏转因数。垂直偏转因数微调后，会造成与波段开关的指示值不一致，这点应引起注意。许多示波器具有垂直扩展功能，当微调旋钮被拉出时，垂直灵敏度扩大5倍(偏转因数缩小5倍)。例如，如果波段开关指示的偏转因数是1V/DIV，采用×5扩展状态时，垂直偏转因数是0.2V/DIV。

⑤通道1(CH1)的垂直位置调整旋钮/直流偏移开关(POSITION)。顺时针旋转辉线上升，逆时针旋转辉线下降。观测大振幅的信号时，拉出此旋钮可对被放大的波形进行观测。通常情况下，应将次旋钮按入。

⑥通道2(CH2)的垂直位置调整旋钮/反相开关(POSITION)。顺时针旋转辉线上升，逆时针旋转辉线下降。拉出此旋钮时，CH2的信号将被反相。便于比较两个极性相反的信号和利用ADD叠加功能观测CH1与CH2的差信号。通常情况下，应将次旋钮按入。

⑦通道1(CH1)垂直放大器输入耦合方式切换开关(AC-GND-DC)。

AC：经电容器耦合，输入信号的直流分量被抑制，只显示其交流分量。

GND：垂直放大器的输入端被接地。

DC：直接耦合，输入信号的直流分量和交流分量同时显示。

(3)水平偏转系统

①扫描速度切换开关(TIME/DIV)。扫描速度切换开关通过一个波段开关实现，按1、2、5方式把时基分为若干档。波段开关的指示值代表光点在水平方向移动一个格(1cm)的时间值。例如在1μs/DIV档，光点在屏上移动一格代表时间值1μs。

②扫描速度可变旋钮(SWP VAR)。扫描速度可变旋钮为扫描速度微调，“微调”旋钮用于时基校准和微调。沿顺时针方向旋转到底处于校准位置时，屏幕上显示的时基值与波段开关所示的标称值一致。逆时针旋转旋钮，则对时基微调。旋钮拔出后处于扫描扩展状态。通常为×10扩展，即水平灵敏度扩大10倍，时基缩小到1/10。例如在2μs/DIV档，扫描扩展状态下荧光屏上水平一格(1cm)代表的时间值等于2μs×(1/10)=0.2μs。

③水平位置旋钮/扫描扩展开关(POSITION)。位移(Position)旋钮调节信号波形在荧光屏上的位置。旋转水平位移旋钮(标有水平双向箭头)左右移动信号波形，旋转垂直位移旋钮(标有垂直双向箭头)上下移动信号波形。

④探头校正信号的输出端子(CAL)。示波器内部标准信号，输出0.5V/1Hz的方波信号。

⑤接地端子(GND)。示波器接地端。

3.5.3.2　示波器基本功能的使用方法

(1)寻找扫描光迹点

在开机 20s 后，如仍找不到光点，可调节亮度旋钮，从中判断光点位置，然后适当调节面板上垂直和水平旋钮，将光点移至荧光屏的中心位置。

(2)显示稳定的波形

为显示稳定的波形，注意下列几个控制旋钮的位置。扫描速率(TIME/DIV)：它的位置应根据被观察信号的周期来确定。触发信号源选择：通常选为内触发 INT。触发信号的耦合：通常置于 AC。触发方式：通常可先置于“AUTO”位置，以便找到扫描线或波形。

(3)测量波形的幅值

在测量波形的幅值时，应注意 Y 轴灵敏度“微调”旋钮置于“校准”位置(顺时针旋转到底)。

测量波形的周期时，应将扫描速率“微调”旋钮置于“校准”位置(顺时针旋转到底)，扫描速率“扩展”旋扭置于“推进”位置。

(4)示波器的自检

将示波器 CH1(或 CH2)通道的信号通过电缆校准信号 CAL 端相接；调节示波器有关旋扭，将触发方式开关置“AUTO”，触发源选择开关置“INT”，触发信号的耦合开关置 “AC”，对校准信号的频率和幅值正确选择(TIME/DIV)及(VOLTS/DIV)位置，则在 CRT 上可显示出一个或数个周期的方波。

3.5.3.3　使用示波器的注意事项

①示波器的供电电压应该在 220V±10%的范围内，不能有太大的波动，否则会影响示波器的使用及主板的正常工作。因此，对于电网电压波动太大的场合应该使用“无级调压自动稳压器”来稳定供电电压。

②示波器配置的普通探头最大衰减比为 10∶1，它允许的输入交流信号最大峰值是 600Vp-p，因此对于电路中有高压脉冲的信号是不允许直接通过普通探头接入示波器的。

③若将示波器用于 ATX 电源、显示器电源或打印机电源等开关电源电路的“热地”回路中检测相关信号时，必须使用 1∶1 的隔离变压器，否则，这些电路的“热地”将通过探头地线使示波器外壳带电，造成触电事故并且损坏示波器。

第 4 章

电路基础实验

4.1 基尔霍夫定律的验证

4.1.1 实验目的

①验证基尔霍夫定律的正确性，加深对基尔霍夫定律的理解。

②学会用电流插头和插座测量各支路电流。

4.1.2 原理说明

基尔霍夫定律是电路的基本定律。测量某电路的各支路电流及每个元件两端的电压，应能分别满足基尔霍夫电流定律(KCL)和电压定律(KVL)。即对电路中的任意一个节点而言，应有$\sum I=0$；对任何一个闭合回路而言，应有$\sum U=0$。

运用上述定律时必须注意各支路或闭合回路中电流的正方向，此方向可预先任意设定。

4.1.3 实验设备

实验设备见表 4-1 所列。

表 4-1　实验设备列表

序号	名　称	型号与规格	数　量	备　注
1	直流可调稳压电源	0~30V	2	

（续）

序号	名　称	型号与规格	数　量	备　注
2	万　用　表		1	
3	直流数字电压表	0~200V	1	
4	电位、电压测定实验电路板		1	

4.1.4　实验内容

实验线路如图 4-1 所示，用 DG05 挂箱的“基尔霍夫定律/叠加原理”线路。

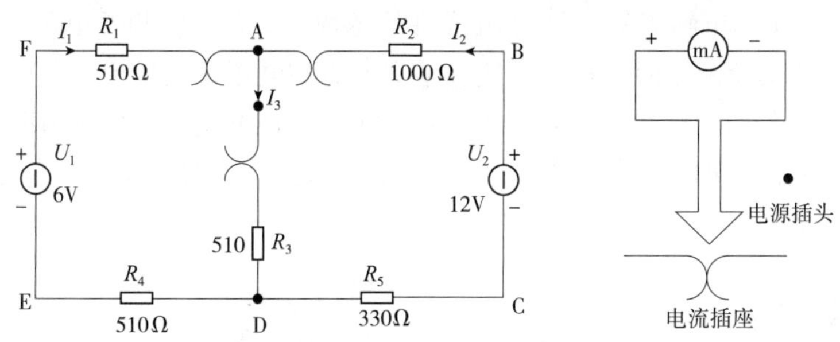

图 4-1　基尔霍夫定律验证电路图

①实验前先任意设定三条支路和三个闭合回路的电流正方向。图 4-1 中的 I_1、I_2、I_3 的方向已设定。三个闭合回路的电流正方向可设为 ADEFA、BADCB 和 FBCEF。

②分别将两路直流稳压源接入电路，令 $U_1=6\text{V}$、$U_2=12\text{V}$。

③熟悉电流插头的结构，将电流插头的两端接至数字毫安表的“+、−”两端。

④将电流插头分别插入三条支路的三个电流插座中，读出并记录电流值。

⑤用直流数字电压表分别测量两路电源及电阻元件上的电压值，并记录于表 4-2。

表 4-2　验证基尔霍夫定理实验结果记录表

被测量	I_1(mA)	I_2(mA)	I_3(mA)	U_1(V)	U_2(V)	U_{FA}(V)	U_{AB}(V)	U_{AD}(V)	U_{CD}(V)	U_{DE}(V)
计算值										
测量值										
相对误差										

4.1.5　实验注意事项

①本实验线路板系多个实验通用，本次实验中需要使用电流插头。DG05 上的 K_3 应拨向 330Ω 侧，三个故障按键均不得按下。

②所有需要测量的电压值，均以电压表测量的读数为准。U_1、U_2 也需测量，不应取电源本身的显示值。

③防止稳压电源两个输出端碰线短路。

④用指针式电压表或电流表测量电压或电流时，如果仪表指针反偏，则必须调换仪表极性，重新测量。此时指针正偏，可读得电压或电流值。若用数显电压表或电流表测量，则可直接读出电压或电流值。但应注意：所读得的电压或电流值的正确，正、负号应根据设定的电流参考方向来判断。

4.1.6 预习思考题

①根据图 4-1 的电路参数，计算出待测的电流 I_1、I_2、I_3 和各电阻上的电压值，记入表中，以便实验测量时，可正确地选定毫安表和电压表的量程。

②实验中，若用指针式万用表直流毫安档测各支路电流，在什么情况下可能出现指针反偏，应如何处理？在记录数据时应注意什么？若用直流数字毫安表进行测量时，则会有什么显示呢？

4.1.7 实验报告

①根据实验数据，选定节点 A，验证 KCL 的正确性。

②根据实验数据，选定实验电路中的任一个闭合回路，验证 KVL 的正确性。

③误差原因分析。

④心得体会及其他。

4.2 叠加定理的验证

4.2.1 实验目的

验证线性电路叠加原理的正确性，加深对线性电路的叠加性和齐次性的认识和理解。

4.2.2 原理说明

叠加原理指出：在有几个独立源共同作用下的线性电路中，通过每一个元件的电流或其两端的电压，可以看作由每一个独立源单独作用在该元件上所产生的电流或电压的代数和。

线性电路的齐次性是指当激励信号(某独立源的值)增加或减小 K 倍时，电路的响应(即在电路其他各电阻元件上所建立的电流和电压值)也将增加或减小 K 倍。

4.2.3　实验设备

实验设备见表 4-3 所列。

表 4-3　实验设备列表

序号	名　称	型号与规格	数　量	备　注
1	直流稳压电源	0~30V 可调	二路	
2	万用表		1	
3	直流数字电压表	0~200V	1	
4	直流数字毫安表	0~200mA	1	
5	叠加原理实验电路板		1	

4.2.4　实验内容

实验电路如图 4-2 所示。

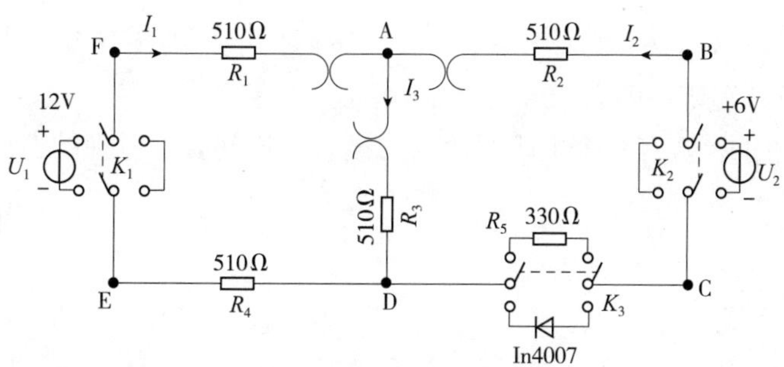

图 4-2　叠加原理验证电路图

①将两路稳压源的输出分别调节为 12V 和 6V，接入 U_1 和 U_2 处。

②令 U_1 电源单独作用(将开关 K_1 投向 U_1 侧，开关 K_2 投向短路侧)。用直流数字电压表和毫安表(接电流插头)测量各支路电流及各电阻元件两端的电压，数据记入表 4-4。

③令 U_2 电源单独作用(将开关 K_1 投向短路侧，开关 K_2 投向 U_2 侧)，重复实验步骤②的测量和记录，数据记入表 4-4。

④令 U_1 和 U_2 共同作用(开关 K_1 和 K_2 分别投向 U_1 和 U_2 侧)，重复上述的测量和记录，数据记入表 4-4。

⑤将 U_2 的数值调至+12V，重复上述第③项的测量并记录，数据记入表 4-4。

表 4-4　电路叠加原理实验记录表

实验内容	E_1 (V)	E_2 (V)	I_1 (mA)	I_2 (mA)	I_3 (mA)	U_{AB} (V)	U_{BC} (V)	U_{CD} (V)	U_{DA} (V)	U_{BD} (V)
E_1 单独作用										
E_2 单独作用										
E_1、E_2 共同作用										
$2E_2$ 单独作用										

4.2.5　实验注意事项

①测量各支路电流时，应注意仪表的极性，即数据表格中“+、-”号的记录。

②注意仪表量程的及时更换。

4.2.6　预习思考题

①叠加原理中 E_1、E_2 分别单独作用，在实验中应如何操作？可否直接将不作用的电源(E_1 或 E_2)置零(短接)？

②实验电路中，若有一个电阻器改为二极管，试问叠加原理的迭加性与齐次性还成立吗？为什么？

4.2.7　实验报告

①根据实验数据验证线性电路的叠加性与齐次性。

②各电阻器所消耗的功率能否用叠加原理计算得出？试用上述实验数据，进行计算并作结论。

③心得体会及其他。

4.3　戴维南定理的验证

4.3.1　实验目的

①验证戴维南定理的正确性。

②掌握测量有源二端网络等效参数的一般方法。

4.3.2　原理说明

任何一个线性含源网络，如果仅研究其中一条支路的电压和电流，则可将电路的其余部分看作是一个有源二端网络(或称为含源端口网络)。

戴维南定理指出：任何一个线性有源网络，总可以用一个等效电压源来代替，此电压源的电动势 E_S 等于这个有源二端网络的开路电压 U_{OC}，其等效内阻 R_0 等于该网络中所有独立源均置零(理想电压源视为短接，理想电流源视为开路)时的等效电阻。U_{OC} 和 R_0 称为有源二端网络的等效参数。

(1)开路电压、短路电流法测 R_0

在有源二端网络输出端开路时，用电压表直接测其输出端的开路电压 U_{OC}，然后再将其输出端短路，用电流表测其短路电流 I_{SC}，则内阻为

$$R_0=\frac{U_{OC}}{I_{SC}}$$

(2)伏安法测 R_0

用电压表、电流表测出有源二端网络的外特性如图 4-3 所示。根据外特性曲线求出斜率 $\tan\varphi$，则内阻

$$R_0=\tan\varphi=\frac{\Delta U}{\Delta I}=\frac{U_{OC}}{I_{SC}}$$

也可以先测量开路电压 U_{OC}，再测量电流为额定值 I_N 时的输出端电压值 U_N，则内阻为

$$R_0=\frac{U_{OC}-U_N}{I_N}$$

若二端网络的内阻值很低时，则不宜测其短路电流。

(3)半电压法测 R_0

如图 4-4 所示，当负载电压为被测网络开路电压一半时，负载电阻(由电阻箱的读数确定)即为被测有源二端网络的等效内阻值。

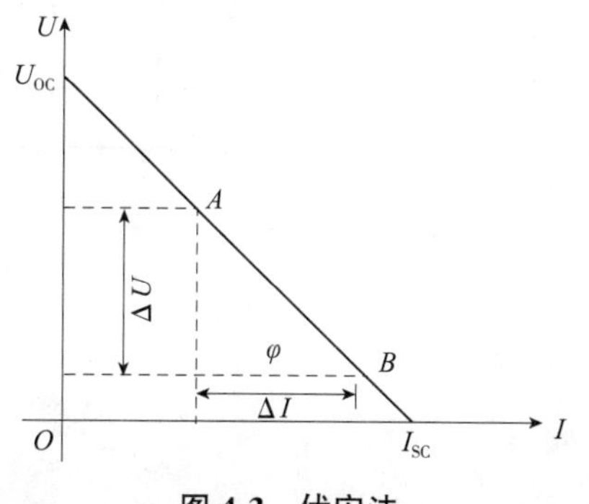

图 4-3　伏安法

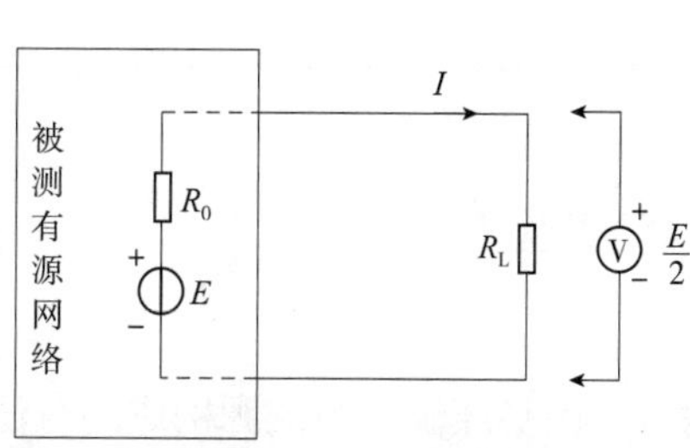

图 4-4　半电压法

(4)零示法测 U_{OC}

在测量具有高内阻有源二端网络的开路电压时，用电压表进行直接测量会造成较大的误差，为了消除电压表内阻的影响，往往采用零示测量法，如图 4-5 所示。

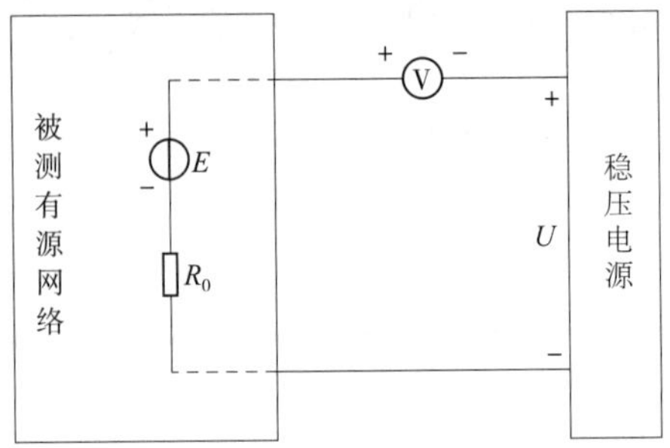

图 4-5 零示法

零示法测量原理是用一低内阻的稳压电源与被测有源二端网络进行比较，当稳压电源的输出电压与有源二端网络的开路电压相等时，电压表的读数将为“0”，然后将电路断开，测量此时稳压电源的输出电压，即为被测有源二端网络的开路电压。

4.3.3 实验设备

实验设备见表 4-5 所列。

表 4-5 实验设备列表

序号	名 称	型号与规格	数 量	备 注
1	可调直流稳压电源	0~30V	1	
2	可调直流恒流源	0~500mA	1	
3	直流数字电压表	0~200V	1	
4	直流数字毫安表	0~200mA	1	
5	万用表		1	
6	可调电阻箱	0~99999.9Ω	1	
7	电位器	1k/2W	1	
8	戴维南定理实验电路板		1	

4.3.4 实验内容

4.3.4.1 由稳压源、恒流源构成的有源二端网络

被测有源二端网络如图 4-6 所示，图(a)和图(b)可选其一。

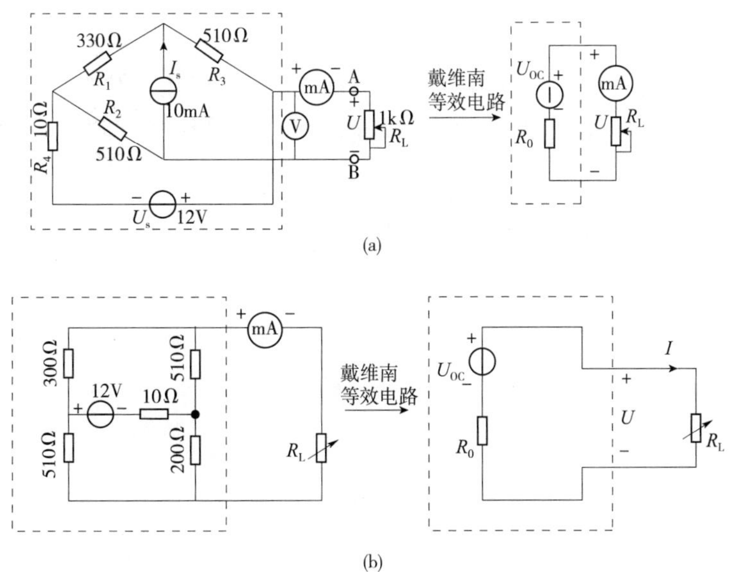

图 4-6　稳压源、恒流源戴维南定理验证电路

(1)开路电压、短路电流法测定戴维南等效电路的 U_{OC}、R_0 和诺顿等效电路的 I_{SC}、R_0

按图 4-6(a)接入稳压电源 $U_s=12V$ 和恒流源 $I_s=10mA$，不接入 R_L。测出 U_{OC} 和 I_{SC}，并计算出 R_0(测 U_{OC} 时，不接入毫安表)。

表 4-6　等效电路测试表

U_{OC}(V)	I_{SC}(mA)	$R_0=U_{OC}/I_{SC}$(Ω)

(2)负载实验

按图 4-6(a)或(b)接入 R_L。改变 R_L 阻值，测量有源二端网络的外特性曲线。

表 4-7　有源二端网络表

U(V)									
I(mA)									

(3)验证戴维南定理

从电阻箱上取得按步骤“(1)”所得的等效电阻 R_0 之值，然后令其与直流稳压电源(调到步骤“(1)”时所测得的开路电压 U_{OC} 之值)相串联，如图 4-6(右图)所示，仿照步骤“(2)”测其外特性，对戴氏定理进行验证。

表 4-8　验证戴维南定理

U(V)									
I(mA)									

(4)有源二端网络等效电阻(又称入端电阻)的直接测量法

见图 4-6，将被测有源网络内的所有独立源置零(去掉电流源 I_s 和电压源 U_s，并在原电压源所接的两点用一根短路导线相连)，然后用伏安法或者直接用万用表的欧姆档去测定负载 R_L 开路时 A、B 两点间的电阻，此即为被测网络的等效内阻 R_0。

4.3.4.2　由双稳压源构成的有源二端网络

①将双路稳压电源的电压调节旋钮置于合适档位，使得一路输出电压为 9V，另一路输出电压为 5V，用万用表直流电压档检测合格后，关闭稳压电源待用。

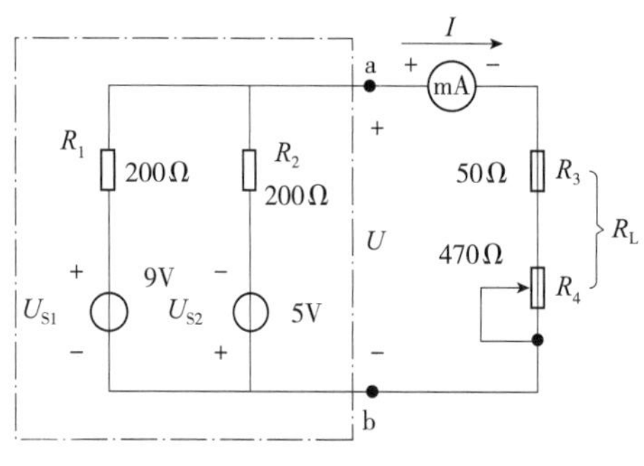

图 4-7　双稳压源戴维南定理验证电路

②按图 4-7 连接电路。

③用以下实验方法测量有源二端网络的开路电压 U_{OC} 和等效内阻 R_0。

方法一(万用表测定法)。开路电压 U_{OC} 的测定：将图 4-7 中的负载 R_L 支路断开，得到一个有源二端网络，用万用表直流电压档测得电压 U_{ab}，即为开路电压 U_{OC}。

等效内阻 R_0 的测定：若有源二端网络各电源是理想电压源，可将电源取下，并用短路线代替，使得二端网络变为无源二端网络，再用万用表电阻档测量该网络a、b两端的电阻 R_{ab}，即为等效内阻 R_0。将测得的开路电压 U_{OC} 和等效内阻 R_0 填入表 4-9 中。

表 4-9　等效电路测量值

开路电压 U_{OC}(V)	
等效内阻 R_0(Ω)	

方法二(外特性曲线测定法)。通过测量有源二端网络的外特性曲线 $U=f(I)$，找到开路电压 U_{OC} 和等效内阻 R_0。具体步骤：

在图 4-7 实验电路中，调节负载 R_L 的电位器(R_4)，用万用表的直流电压档和直流毫安表读取 3~4 组电压 U 和电流 I 的数据，填入表 4-10 中。

表 4-10　外特性测量值

测量值						由外特性求出值			计算值		
U(V)			I(mA)								
U_1	U_2	U_3	I_1	I_2	I_3	U_{OC}(V)	I(mA)	R_0(Ω)	U_{OC}(V)	I_{SC}(mA)	R_0(Ω)

按一定比例尺，在坐标系中画出有源二端网络的外特性曲线 $U=f(I)$，如图 4-8 所示，曲线与两坐标轴的交点为开路电压 U_{OC} 和短路电源 I_{SC}，由此可得到有源二端网络的等效内阻为：

$$R_0=\frac{U_{OC}}{I_{SC}}$$

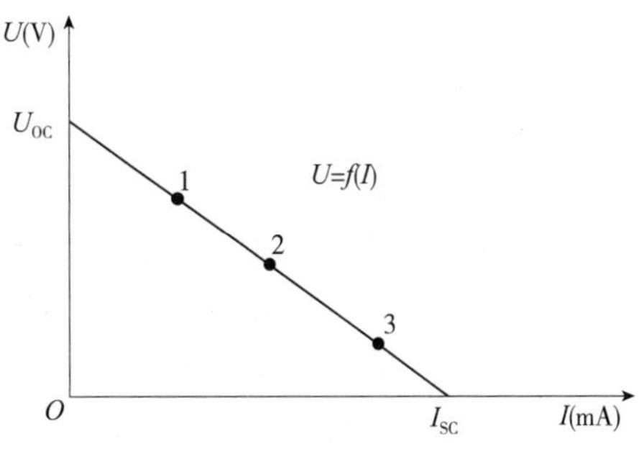

图 4-8　外特性曲线

④测定戴维南等效电源的外特性曲线。

由表 4-10 求出有源二端网络的开路电压 U_{OC} 和等效内阻 R_0 值。

将双路稳压电源任何一路的输出电压调至 U_{OC}，关闭电源待用。

按图 4-9(a) 所示电路接线。用万用表测 a－a′ 两端电阻值，调节电位器 R_6，使 $R_5+R_6=R_0$。

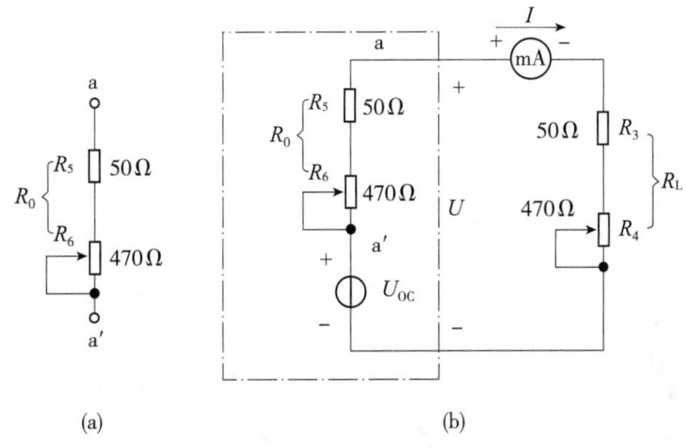

图 4-9　戴维南等效电路

按图 4-9(b)所示电路接线。由 U_{OC} 和 R_0 组成一新的电压源，该电压源即为图 4-7 电路中有源二端网络的戴维南等效电源。

由实验数据按一定比例做出戴维南等效电源的外特性曲线，求出 U_{OC}、I_{SC} 及 R_0，填入表 4-11 中。

调节负载 R_L 的电位器(R_4)，测 3～4 组电压 U 和电流 I 的数据，填入表 4-11中。

表 4-11　等效电源外特性

测量值						由外特性求出值		
U(V)			I(mA)					
U_1	U_2	U_3	I_1	I_2	I_3	U_{OC}(V)	I_{SC}(mA)	R_0(Ω)

4.3.5 实验注意事项

①实验所用电路参数可根据实际设备情况进行适当调整。

②注意测量时，电流表量程的更换。

③用万用电表直接测 R_0 时，网络内的独立源必须先置零，以免损坏万用电表，其次欧姆档必须经调零后再进行测量。

④实验测得的 U_{OC}、R_0 与计算值之间有一定偏差，注意判定是误差还是错误，同时分析误差产生原因。

4.3.6 预习思考题

①在求戴维南等效电路时，作短路实验，测 I_{SC} 的条件是什么？在本实验中可否直接作负载短路实验？

②说明测有源二端网络开路电压及等效内阻的几种方法，并比较其优缺点。

4.3.7 实验报告

①根据实验步骤，分别绘出曲线，验证戴维南定理的正确性，并分析产生误差的原因。

②归纳、总结实验结果。

③心得体会及其他。

4.4 常用仪器的使用及线性与非线性元件伏安特性的测定

4.4.1 实验目的

①掌握电工技术中常用仪器的使用方法。

②学习直读式仪表和晶体管直流稳压电源等设备的使用方法。

③掌握线性电阻、非线性电阻元件伏安特性的逐点测试法。

④加深对线性电阻元件，非线性电阻元件伏安特性的理解。

⑤掌握实验装置上直流电工仪表和设备的使用方法。

4.4.2 原理说明

任何一个二端元件的特性可用该元件上的端电压 U 与通过该元件的电流 I 之间的函数关系 $I=f(U)$ 来表示，即用 $I-U$ 平面上的一条曲线来表征，这条曲线称为该元件的伏安特性曲线。

①线性电阻器的伏安特性曲线是一条通过坐标原点的直线，如图 4-10 中 a 曲线所示，该直线的斜率等于该电阻器的电阻值。

②一般的白炽灯在工作时灯丝处于高温状态，其灯丝电阻随着温度的升高而增大，通过白炽灯的电流越大，其温度越高，阻值也越大，一般灯泡的“冷电阻”与“热电阻”的阻值可相差几倍至十几倍，所以它的伏安特性如图 4-10中 b 曲线所示。

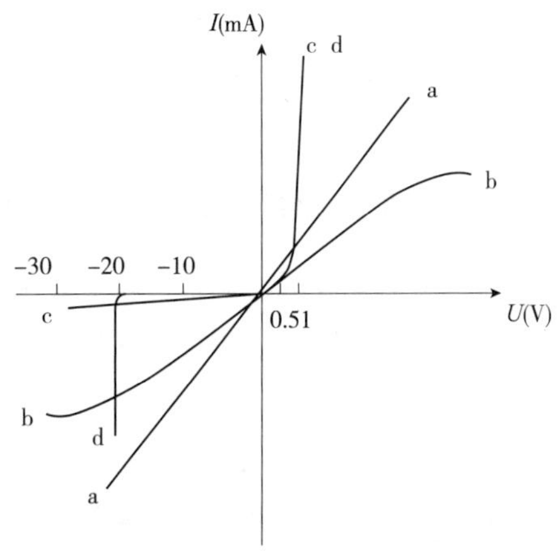

图 4-10　电阻的伏安特性

③一般的半导体二极管是一个非线性电阻元件，其特性如图 4-10 中 c 曲线。正向压降很小(一般的锗管约为 0.2～0.3V，硅管约为 0.5～0.7V)，正向电流随正向压降的升高而急骤上升，而反向电压从零一直增加到十至几十伏时，其反向电流增加很小，粗略地可视为零。可见，二极管具有单向导电性，但反向电压加得过高，超过管子的极限值，则会导致管子击穿损坏。

④稳压二极管是一种特殊的半导体二极管，其正向特性与普通二极管类似，但其反向特性较特别，如图 4-10 中 d 曲线。在反向电压开始增加时，其反向电流几乎为零，但当反向电压增加到某一数值时(称为管子的稳压值，有各种不同稳压值的稳压管)电流将突然增加，以后它的端电压将维持恒定，不再随外加的反向电压升高而增大。

4.4.3　实验设备

实验设备见表 4-12 所列。

表 4-12　实验设备列表

序　号	名　称	型号与规格	数　量	备　注
1	可调直流稳压电源	0～10V	1	
2	直流数字毫安表		1	
3	直流数字电压表		1	
4	二　极　管	2AP9	1	
5	稳　压　管	2CW51	1	
6	线性电阻器	100Ω，510Ω	1	
7	滑线变阻器	1000Ω	1	
8	数字万用电表		1	

4.4.4 实验内容

4.4.4.1 测定线性电阻器的伏安特性

按图 4-11 接线，调节直流稳压电源的输出电压 U，从 0V 开始缓慢地增加，一直到 10V，记下相应的电压表和电流表的读数，填入表 4-13，画出线性电阻元件的伏安特性曲线。

表 4-13 线性电阻伏安特性

U(V)	0	2	4	6	8	10
I(mA)						

4.4.4.2 测定半导体二极管的伏安特性

按图 4-12 接线，R 为限流电阻，测二极管 D 的正向特性时，其正向电流不得超过 25mA，正向压降可在 0~0.75V 之间取值。特别是在 0.5~0.75V 之间更应多取几个测量点。作反向特性实验时，只需将图 4-12 中的二极管 D 反接，且其反向电压可加到 30V 左右。画出二极管的伏安特性曲线。

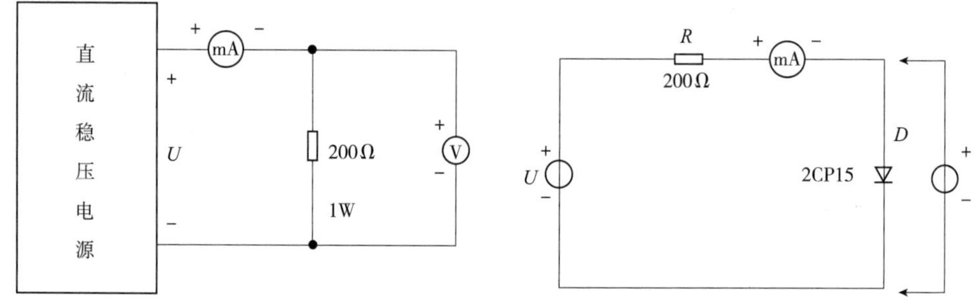

图 4-11 电阻伏安特性测试电路　　图 4-12 二极管伏安特性测试电路

表 4-14 二极管正向特性实验数据

U(V)	0	0.2	0.4	0.5	0.55	……	0.75
I(mA)							

表 4-15 二极管反向特性实验数据

U(V)	0	-5	-10	-15	-20	-25	-30
I(mA)							

4.4.4.3 测定稳压二极管的伏安特性

(1)正向特性

按图 4-13(a)连线，先将稳压电源的输出电压由 0V 调至 6V，观察电流表上电流值的变化，然后用万用表测量稳压二极管两端电压，选取 8 组数据填入表 4-16中，所选数据既要满足正向特性曲线的整体要求，又能反应曲线变化的细节。

表 4-16　稳压管正向特性实验数据

U(V)	
I(mA)	

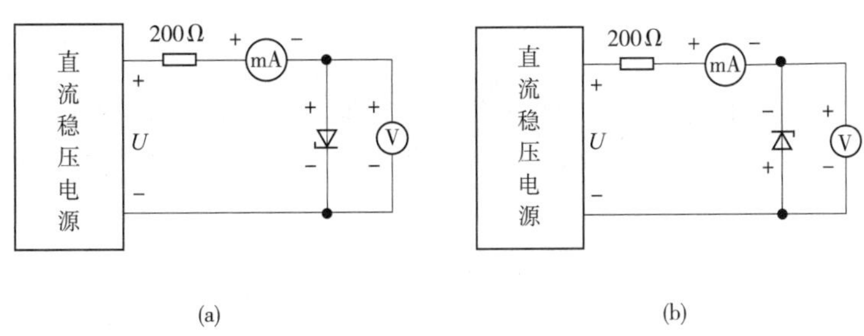

图 4-13　稳压二极管伏安特性测试电路

(a)正向特性　(b)反向特性

(2)反向特性

按图 4-13(b)接线，先将稳压电源的输出电压由 0V 调至 9V，观察电流表上电流的变化，然后用万用表测量稳压二极管两端电压，选取 8 组数据填入表 4-17 中，所选数据即要满足正向特性曲线的整体要求，又能反应曲线变化的细节。

表 4-17　稳压管反向特性实验数据

U(V)	
I(mA)	

(3)画出稳压二极管伏安特性曲线。

4.4.5　实验注意事项

①各种测量仪表使用前首先进行校零操作。

②实验过程中，严禁带电换接电路，如有故障发生，首先关闭电源。

③进行不同实验时，应先估算电压和电流值，合理选择仪表的量程，勿使仪表超量程，仪表的极性亦不可接错。

④测二极管正向特性时，稳压电源输出应由小至大逐渐增加，应时刻注意电流表读数不得超过 25mA，稳压源输出端切勿碰线短路。

⑤实验结束后将实验电路拆卸，并将所用设备、仪表整理整齐。

4.4.6 思考题

①线性电阻与非线性电阻的概念是什么？电阻器与二极管的伏安特性有何区别？

②设某器件伏安特性曲线的函数式为 $I=f(U)$，试问在逐点绘制曲线时，其坐标变量应如何放置？

③稳压二极管与普通二极管有何区别，其用途如何？

4.4.7 实验报告

①根据各实验结果数据，分别在方格纸上绘制出光滑的伏安特性曲线(其中二极管和稳压管的正、反向特性均要求画在同一张图中，正、反向电压可取为不同的比例尺)。

②根据实验结果，总结、归纳被测各元件的特性。

③必要的误差分析。

④心得体会及其他。

4.5 *R*、*L*、*C* 元件阻抗特性的测定

4.5.1 实验目的

①验证电阻、感抗、容抗与频率的关系，测定 $R\sim f$、$X_L\sim f$ 及 $X_C\sim f$ 特性曲线。

②加深理解 R、L、C 元件端电压与电流间的相位关系。

③进一步熟练示波器使用方法。

4.5.2 实验原理

(1)在正弦交变信号作用下，R、L、C 电路元件在电路中的抗流作用与信号的频率有关，它们的阻抗频率特性 $R\sim f$，$X_L\sim f$，$X_C\sim f$ 曲线如图 4-14 所示。

(2)元件阻抗频率特性的测量电路如图 4-15 所示。

图中的 r 是提供测量回路电流用的标准小电阻，由于 r 的阻值远小于被测元件的阻抗值，因此可以认为 AB 之间的电压就是被测元件 R、L 或 C 两端的电压，流过被测元件的电流则可由 r 两端的电压除以 r 所得。

若用双踪示波器同时观察 r 与被测元件两端的电压，亦就展现出被测元件两端的电压和流过该元件电流的波形，从而可在荧光屏上测出电压与电流的幅值及它们之间的相位差。

①将元件 R、L、C 串联或并联相接，亦可用同样的方法测得 $Z_{串}$ 与 $Z_{并}$ 的阻抗频率特性 $Z\sim f$，根据电压、电流的相位差可判断 $Z_{串}$ 或 $Z_{并}$ 是感性还是容性负载。

②元件的阻抗角(即相位差 φ)随输入信号的频率变化而改变，将各个不同频率下的相位差画在以频率 f 为横坐标、阻抗角 φ 为纵坐标的坐标纸上，并用光滑的曲线连接这些点，即得到阻抗角的频率特性曲线。

用双踪示波器测量阻抗角的方法如图4-16所示。采用示波器光标功能分别测出一个周期所占格数 n，相位差 m，则实际的相位差 φ(阻抗角)为

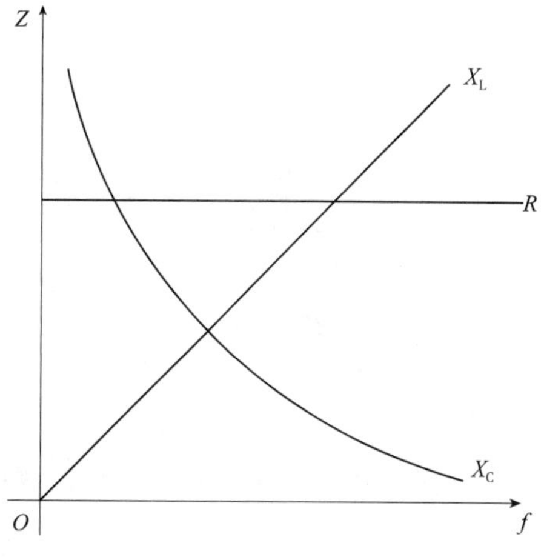

图 4-14　阻抗频率特性

$$\varphi = m \times \frac{360°}{n} \quad (°)$$

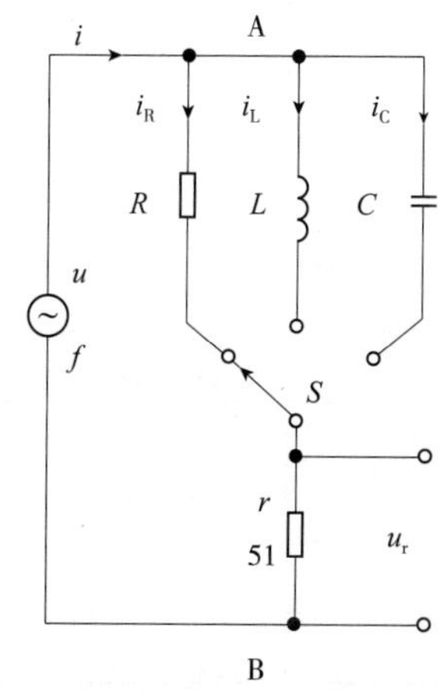

图 4-15　阻抗频率特性的测量电路

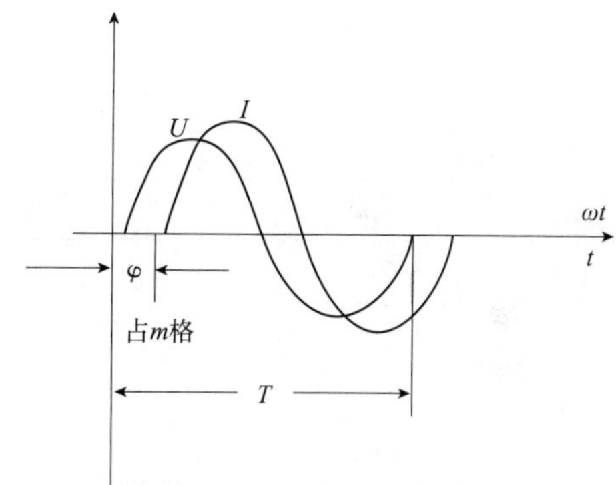

图 4-16　阻抗角测量

4.5.3　实验设备

实验设备见表 4-18 所列。

表 4-18　实验设备列表

序号	名　称	型号与规格	数量	备　注
1	函数信号发生器		1	
2	交流毫伏表	0~600V	1	
3	双踪示波器		1	自备
4	频率计		1	
5	实验线路元件	$R=1\text{k}\Omega$，$r=51\Omega$，$C=0.47\mu\text{F}$，L 约 10mH	1	DGJ-05

4.5.4 实验步骤

(1)测量 R、L、C 元件的阻抗频率特性

通过电缆线将函数信号发生器输出的正弦信号接至如图 4-15 的电路，作为激励源 u，并用交流毫伏表测量，使激励电压的有效值为 $U=3\text{V}$，并保持不变。

使信号源的输出频率从 200Hz 逐渐增至 5kHz(用频率计测量)，并使开关 S 分别接通 R、L、C 三个元件，用交流毫伏表测量 U_r，并计算各频率点时的 I_R、I_L 和 I_C(即 U_r/r)以及 $R=U_R/I_R$、$X_L=U_U/I_U$ 及 $X_C=U_C/I_C$ 之值。将数据记录在表 4-19中。

注意：在接通 C 测试时，信号源的频率应控制在 200~2500Hz 之间。

表 4-19 阻抗频率特性

频率 $f(H_Z)$		200	500	1000	1500	2000	3000	4000
R	$U_R(\text{V})$							
	$U_r(\text{V})$							
	$I_R=U_r/r(\text{mA})$							
	$R=U_R/I_R(\text{k}\Omega)$							
L	$U_L(\text{V})$							
	$U_r(\text{V})$							
	$I_L=U_r/r(\text{mA})$							
	$X_L=U_L/I_L(\text{k}\Omega)$							
C	$U_C(\text{V})$							
	$U_r(\text{V})$							
	$I_C=U_r/\text{r}(\text{mA})$							
	$X_C=U_C/I_C(\text{k}\Omega)$							

(2)用双踪示波器观察 RL 串联电路、RC 串联电路在不同频率下阻抗角的变化情况按图 4-16 记录 n 和 m，算出 φ。将数据记录在表 4-20 中。

表 4-20 不同频率下阻抗角的变化

类型	频率 $f(\text{kHz})$	0.5	1.0	1.5	2.0	2.5	3.0	4.0
RL	n(格)							
	m(格)							
	φ(度)							
RC	n(格)							
	m(格)							
	φ(度)							

4.5.5　实验注意事项

①交流毫伏表属于高阻抗电表，测量前必须先调零。

②测 φ 时，示波"V/div"和"t/div"的微调旋钮应旋置"校准位置"。

4.5.6　预习思考题

测量 R、L、C 各个元件的阻抗角时串联一个标准小电阻是用于测量回路电流的，不能用一个小电感或大电容代替，为什么？

4.5.7　实验报告

①根据实验观测结果，在方格纸上绘出 R、C、L 三个元件的阻抗频率特性曲线，并与分析电子元件的值与信号源频率的关系。

②根据实验观测结果，在方格纸上绘出 RL 串联电路、RC 串联电路的阻抗角频率特征曲线并分析阻抗角与信号源频率的关系。

③心得体会及其他。

4.6　RC 一阶电路的响应测试

4.6.1　实验目的

①测定 RC 一阶电路的零输入响应，零状态响应及全响应。

②学习电路时间常数的测定方法。

③掌握有关微分电路和积分电路的概念。

④进一步学会用示波器测绘图形。

4.6.2　原理说明

①动态网络的过渡过程是十分短暂的单次变化过程，对时间常数 τ 较大的电路，可用慢扫描长余辉示波器观察光点移动的轨迹。然而如果一般的双踪示波器观察过渡过程和测量有关的参数，必须使这种单次变化的过程重复出现。为此，我们利用信号发生器输出的方波来模拟阶跃激励信号，即令方波输出的上升沿作为零状态响应的正阶跃激励信号；方波下降沿作为零输入响应的负阶跃激励信号，只要选择方波的重复周期远大于电路的时间常数 τ，电路在这样的方波序列脉冲信号的激励下，它的影响和直流电源接通与断开的过渡过程是基本相同的。

②RC 一阶电路的零输入响应和零状态响应分别按指数规律衰减和增长，其变化的快慢决定于电路的时间常数 τ。

③时间常数 τ 的测定方法。图 4-17(a)所示电路，用示波器测得零输入响应的波形如图 4-17(b)所示。根据一阶微分方程的求解得知

$$U_C = Ee^{-\frac{t}{RC}} = Ee^{-\frac{t}{\tau}}$$

当 $t=\tau$ 时，$U_C(\tau)=0.368E$，此时所对应的时间就等于 τ。亦可用零状态响应波形增长到 $0.632E$ 所对应的时间测得，如图 4-17(c)所示。

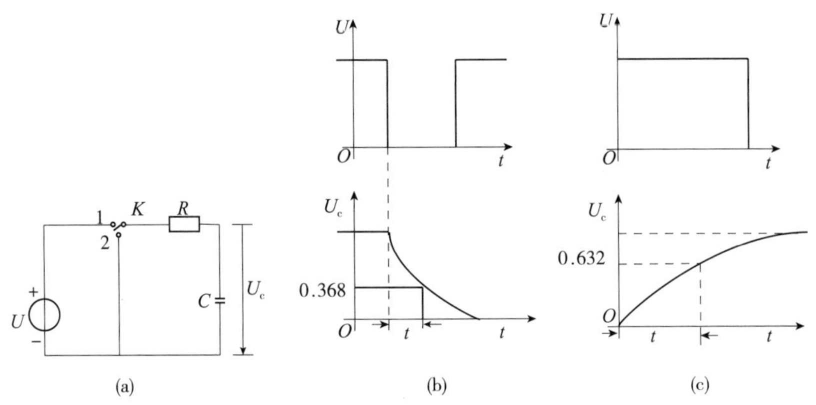

图 4-17　时间常数 t 测定方法

(a)RC 一阶电路　(b)零输入响应　(c)零状态响应

④微分电路和积分电路是 RC 一阶电路中较典型的电路，它对电路元件参数和输入信号的周期有着特定的要求。一个简单的 RC 串联电路，在方波序列脉冲的重复激励下，当满足 $\tau=RC\ll T/2$ 时(T 为方波脉冲的重复周期)，且由 R 端作为响应输出，如图 4-18(a)所示。这就构成了一个微分电路，因为此时电路的输出信号电压与输入信号电压的微分成正比。

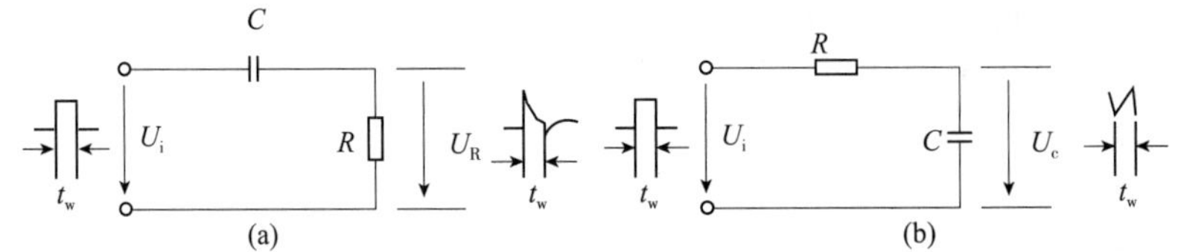

图 4-18　RC 典型电路

(a)微分电路　(b)积分电路

若将图 4-18(a)中的 R 与 C 位置调换一下，即由 C 端作为响应输出，且当电路参数的选择满足 $\tau=RC\gg T/2$ 条件时，如图 4-18(b)所示即构成积分电路，因为此时电路的输出信号电压与输入信号电压的积分成正比。

从输出波形来看，上述两个电路均起着波形变换的作用，请在实验过程中仔细观察与记录。

4.6.3　实验设备

实验设备见表 4-21 所列。

表 4-21　实验设备列表

序号	名称	型号与规格	数量	备注
1	函数信号发生器		1	
2	双踪示波器		1	

4.6.4　实验内容

(1)选择动态线路板上 R、C 元件。

①令 $R=10\text{k}\Omega$，$C=1000\text{pF}$，组成如图 4-17(a)所示的 RC 充放电电路，E 为函数信号发生器输出的 $U_m=3\text{V}$，$f=1\text{kHz}$ 的方波电压信号，并通过两根同轴电缆线，将激励源 u 和响应 u_c 的信号分别连至示波器的两个输入口 Y_A 和 Y_B，这时可在示波器的屏幕上观察到激励与响应的变化规律，求测时间常数 τ，并描绘 u 及 u_c 波形。少量改变电容值或电阻值，定性观察对响应的影响，记录观察到的现象。

②令 $R=10\ \text{k}\Omega$，$C=3300\text{pF}$，观察并描绘响应波形，继续增大 C 值，定性观察对响应的影响。

(2)选择动态板上 R、C 元件，组成如图 4-18(a)所示微分电路，令 $C=3300\text{pF}$，$R=30\text{k}\Omega$。在同样的方波激励信号($U_m=3\text{V}$，$f=1\text{kHz}$)作用下，观测并描绘激励与响应的波形。

增减 R 之值，定性观察对响应的影响，并作记录。当 R 增至 ∞ 时，输入输出波形有何本质上的区别?

4.6.5　实验注意事项

①示波器的辉度不要过亮。

②调节仪器旋钮时，动作不要过猛。

③调节示波器时，要注意触发开关和电平调节旋钮的配合使用，以使显示的波形稳定。

④作定量测定时，“t/div”和“v/div”的微调旋钮应旋至“校准”位置。

⑤为防止外界干扰，函数信号发生器的接地端与示波器的接地端要连接在一起(称共地)。

4.6.6 预习思考题

①什么样的电信号可作为 RC 一阶电路零输入响应、零状态响应和全响应的激励信号？

②已知 RC 一阶电路 $R=10\text{k}\Omega$，$C=0.1\mu\text{F}$，试计算时间常数 τ，并根据 τ 值的物理意义，拟定测定 τ 的方案。

③何谓积分电路和微分电路，它们必须具备什么条件？它们在方波序列脉冲的激励下，其输出信号波形的变化规律如何？这两种电路有何功用？

4.6.7 实验报告

①根据实验观测结果，在方格纸上绘出 RC 一阶电路充放电时 u_c 的变化曲线，由曲线测得 τ 值，并与参数值的计算结果作比较，分析误差原因。

②根据实验观测结果，归纳、总结积分电路和微分电路的形成条件，阐明波形变换的特征。

③心得体会及其他。

4.7 正弦稳态交流电路相量的研究

4.7.1 实验目的

①研究正弦稳态交流电路中电压、电流相量之间的关系。

②掌握日光灯线路的接线。

③理解改善电路功率因数的意义并掌握其方法。

4.7.2 原理说明

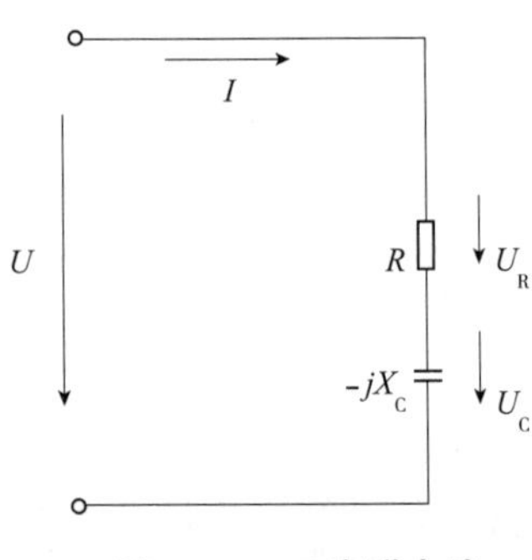

图 4-19 *RC* 串联电路

①在单相正弦交流电路中，用交流电流表测得各支路的电流值，用交流电压表测得回路各元件两端的电压值，它们之间的关系满足相量形式的基尔霍夫定律，即

$$\sum I=0 \text{ 和 } \sum U=0$$

②图 4-19 所示的 RC 串联电路，在正弦稳态信号 U 的激励下，U_R 与 U_C 保持有 90°的相位差，即当 R 阻值改变时，U_R 的相量轨迹是一个半圆。U、U_C 与 U_R 三者形成一个直角形的电压三角形，如图 4-20 所示。R 值改变时，可改变 φ 角的大小，从而达到移相的目的。

③日光灯线路如图 4-21 所示，图中 A 是日光灯管，L 是镇流器，S 是启辉器，C 是补偿器，用以改善电路的功率因数($\cos\varphi$ 值)。有关日光灯的工作原理请自行翻阅有关资料。

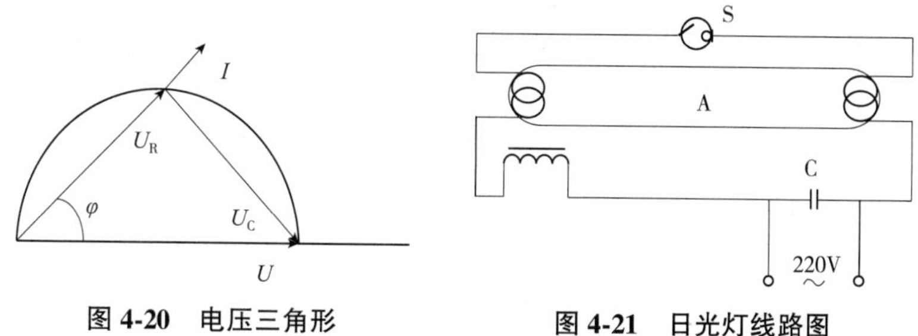

图 4-20　电压三角形　　图 4-21　日光灯线路图

4.7.3　实验设备

实验设备见表 4-22 所列。

表 4-22　实验设备列表

序　号	名　称	型号与规格	数　量	备　注
1	交流电压表	0~450V	1	
2	交流电流表	0~5A	1	
3	功率表		1	
4	自耦调压器		1	
5	镇流器、启辉器	与 40W 灯管配用	各 1	
6	日光灯灯管	40W	1	
7	电容器	1μF，2.2/2μF，4.7/3.7μF/450V	各 1	
8	白炽灯及灯座	220V，15W	1~3	
9	电流插座		3	

4.7.4　实验内容

①按图 4-19 接线。R 为 220V、15W 的白炽灯泡，电容器为 4.7μF/450V。经指导教师检查后，接通实验台电源，将自耦调压器输出(即 U)调至 220V。记录 U、U_R、U_C 值，验证电压三角形关系。

表 4-23　验证电压三角关系

测　量　值			计　算　值		
U(V)	U_R(V)	U_C(V)	U'(与 U_R，U_C 组成直角三角形) ($U'=\sqrt{U_R^2+U_C^2}$)	$\Delta U=U'-U$(V)	$\Delta U/U$(%)

②日光灯线路接线与测量。

按图 4-22 接线。经指导教师检查后接通实验台电源，调节自耦调压器的输出，使其输出电压缓慢增大，直到日光灯刚启辉点亮为止，记下三表的指示值。然后将电压调至 220V，测量功率 P、电流 I、电压 U、U_L、U_A 等值，验证电压、电流相量关系。

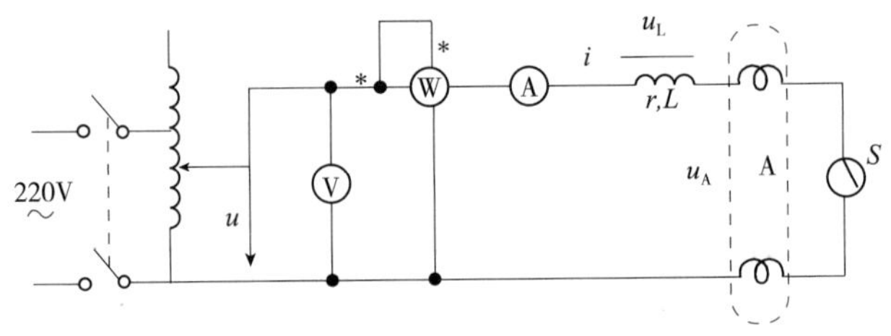

图 4-22　日光灯实验线路图

表 4-24　日光灯线路测量数据表

	测量数值							计算值
	P(W)	cosφ	I(A)	U(V)	U_L(V)	U_A(V)	r(Ω)	cosφ
启辉值								
正常工作值								

③并联电容—电路功率因数的改善，按图 4-23 组成实验线路。

经指导老师检查后，接通实验台电源，将自耦调压器的输出调至 220V，记录功率表、电压表读数。通过一只电流表和三个电流插座分别测得三条支路的电流，改变电容值，进行三次重复测量。数据记入表 4-25 中。

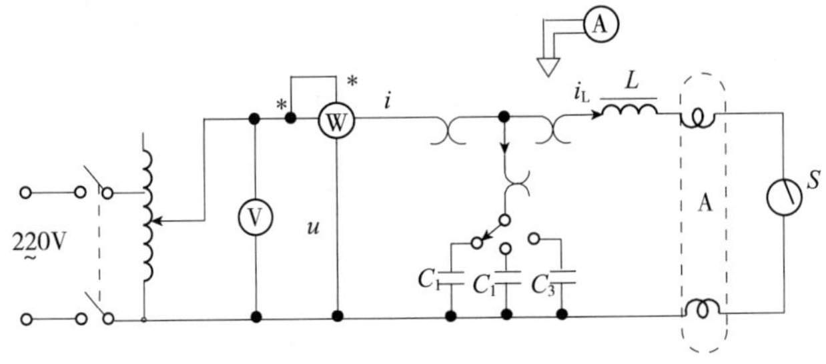

图 4-23　改善功率因素电路

表 4-25　并联电容电路

电容值(μF)	测量数值							计算值
	P(W)	cosφ	U(V)	I(A)	I_L(A)	I_C(A)	I'(A)	cosφ
0								
1								
2. 2/2								
4. 7/3. 7								

4.7.5　实验注意事项

①本实验用交流电220V，务必注意用电和人身安全。

②功率表要正确接入电路。

③线路接线正确，日光灯不能启辉时，应检查启辉器及其接触是否良好。

4.7.6　预习思考题

①参阅课外资料，了解日光灯的启辉原理。

②在日常生活中，当日光灯上缺少了启辉器时，人们常用一根导线将启辉器的两端短接一下，然后迅速断开，使日光灯点亮（DG09实验挂箱上有短接按钮，可用它代替启辉器做试验）或用一只启辉器去点亮多只同类型的日光灯，这是为什么？

③为了改善电路的功率因数，常在感性负载上并联电容器，此时增加了一条电流支路，试问电路的总电流是增大还是减小，此时感性元件上的电流和功率是否改变？

④提高线路功率因数为什么只采用并联电容器法，而不用串联法？所并联的电容器是否越大越好？

4.7.7　实验报告

①完成数据表格中的计算，进行必要的误差分析。

②根据实验数据，分别绘出电压、电流相量图，验证相量形式的基尔霍夫定律。

③讨论改善电路功率因数的意义和方法。

④装接日光灯线路的心得体会及其他。

4.8　*RC*选频网络特性测试

4.8.1　实验目的

①熟悉文氏电桥电路的结构特点及其应用。

②学会用交流毫伏表和示波器测定文氏电桥电路的幅频特性和相频特性。

4.8.2 原理说明

文氏电桥电路是一个 RC 串、并联电路，如图 4-24 所示，该电路结构简单，被广泛用于低频振荡电路中作为选频环节，可以获得很高纯度的正弦波电压。

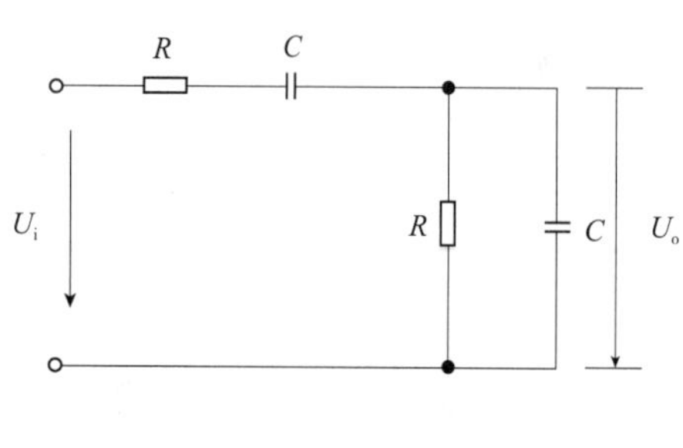

图 4-24 文氏电桥

①用函数信号发生器的正弦输出信号作为图 4-24 的激励信号 U_i，并保持 U_i 值不变的情况下，改变输入信号的频率 f，用交流毫伏表或示波器测出输出端相应于各个频率点下的输出电压 U_o 值，将这些数据画在以频率 f 为横轴，U_o 为纵轴的坐标纸上，用一条光滑的曲线连接这些点，该曲线就是上述电路的幅频特性曲线。

文氏桥路的一个特点是其输出电压幅度不仅会随输入信号的频率而变，而且还会出现一个与输入电压同相位的最大值，如图 4-25 所示。

由电路分析得知，该网络的传递函数为

$$\beta=\frac{1}{3+j(\omega RC-1/\omega RC)}$$

当角频率 $\omega=\omega_0=\frac{1}{RC}$，即 $f=f_0=\frac{1}{2\pi RC}$时，$|\beta|=\frac{U_o}{U_i}=\frac{1}{3}$，且此时 U_o 与 U_i 同相位。f_0 称电路固有频率。由图 4-25 可见 RC 串并联电路具有带通特性。

②将上述电路的输入和输出分别接到双踪示波器的 Y_A 和 Y_B 两个输入端，改变输入正弦信号的频率，观测相应的输入和输出波形间的时延 τ 及信号的周期 T，则两波形间的相位差为：

$$\varphi=\frac{\tau}{T}\times 360^\circ=\varphi_0-\varphi_i \quad \text{（输出相位与输入相位之差）}$$

将各个不同频率下的相位差 φ 测出，即可绘出被测电路的相频特性曲线，如图 4-26所示。

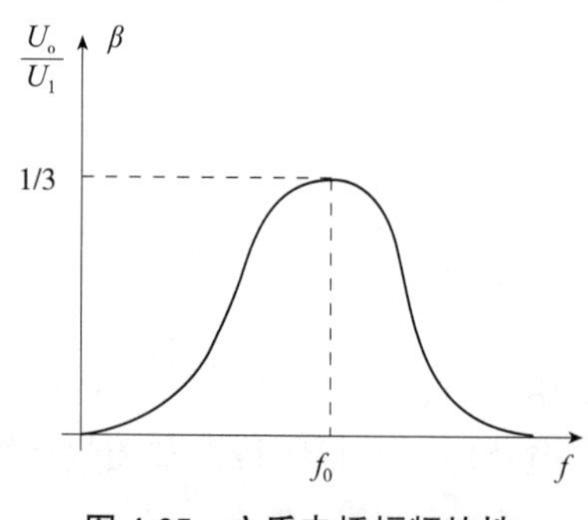

图 4-25 文氏电桥幅频特性

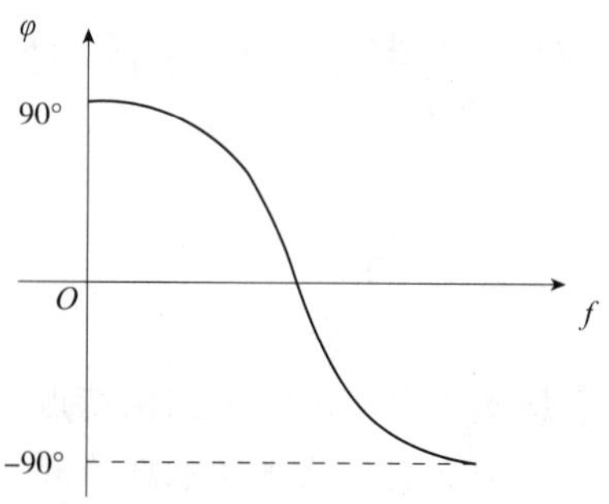

图 4-26 文氏电桥相频特性

4.8.3　实验设备

实验设备见表 4-26 所列。

表 4-26　实验设备列表

序号	名　称	型号与规格	数　量	备　注
1	函数信号发生器		1	
2	双踪示波器		1	
3	交流毫伏表		1	

4.8.4　实验内容

4.8.4.1　测量 *RC* 串并联电路的幅频特性

①在实验板上按图 4-24 电路选取一组参数(如 $R=1\text{k}\Omega$，$C=0.1\mu\text{F}$)。

②调节信号源输出电压为 3V 的正弦信号，接入图 4-24 的输入端。

③改变信号源的频率 f(由频率计读得)，并保持 $U_i=3\text{V}$ 不变，测量输出电压 U_o(可先测量 $\beta=\frac{1}{3}$时的频率 f_0，然后再在 f_0 左右设置其他频率点测量 U_o)。

④另选一组参数(如令 $R=200\Omega$，$C=2\mu\text{F}$)，重复测量一组数据。

表 4-27　幅频特性

f(Hz)	
U_o(V)	
$R=1\text{k}\Omega$，$C=0.1\mu\text{F}$	
U_o(V)	
$R=200\Omega$，$C=2\mu\text{F}$	

4.8.4.2　测量 *RC* 串并联电路的相频特性

按实验原理说明 2 的内容、方法步骤进行，选定两组电路参数进行测量。

表 4-28　相频特性

f(Hz)	
T(ms)	
τ(ms)	

（续）

f(Hz)	
φ	
$R=1\text{k}\Omega$，$C=0.1\mu\text{F}$	
τ(ms)	
φ	
$R=200\Omega$，$C=2\mu\text{F}$	

4.8.5 实验注意事项

由于信号源内阻的影响，注意在调节输出频率时，应同时调节输出幅度，使实验电路的输入电压保持不变。

4.8.6 预习思考题

①根据电路参数，估算电路两组参数时的固有频率 f_0。

②推导 *RC* 串并联电路的幅频、相频特性的数学表达式。

4.8.7 实验报告

①根据实验数据，绘制幅频特性和相频特性曲线。找出最大值，并与理论计算值比较。

②讨论实验结果。

③心得体会及其他。

4.9 *RLC* 串联谐振

4.9.1 实验目的

①学习用实验方法测试 *R*、*L*、*C* 串联谐振电路的幅频特性曲线。

②加深理解电路发生谐振的条件、特点、掌握电路品质因数的物理意义及其测定方法。

4.9.2 原理说明

①在图 4-27 所示的 *R*、*L*、*C* 串联电路中，当正弦交流信号源的频率 f 改变时，

电路中的感抗、容抗随之而变，电路中的电流也随 f 而变。取电路电流 I 作为响应，当输入电压 U_i 维持不变时，在不同信号频率的激励下，测出电阻 R 两端电压 U_o 之值，则 $I=U_0/R$，然后以 f 为横坐标，以 I 为纵坐标，绘出光滑的曲线，此即为幅频特性，亦称电流谐振曲线，如图 4-28 所示。

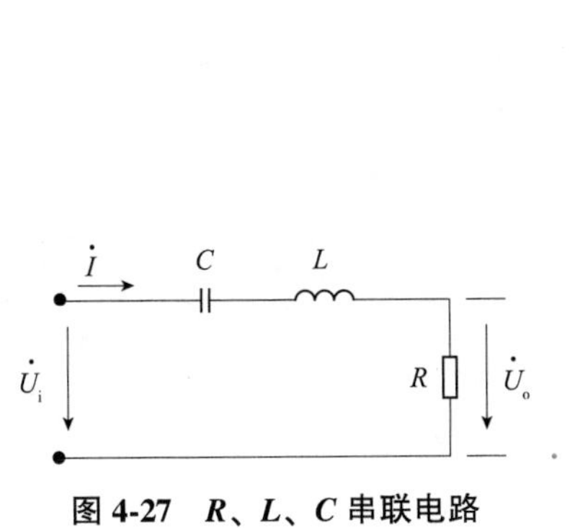

图 4-27　R、L、C 串联电路

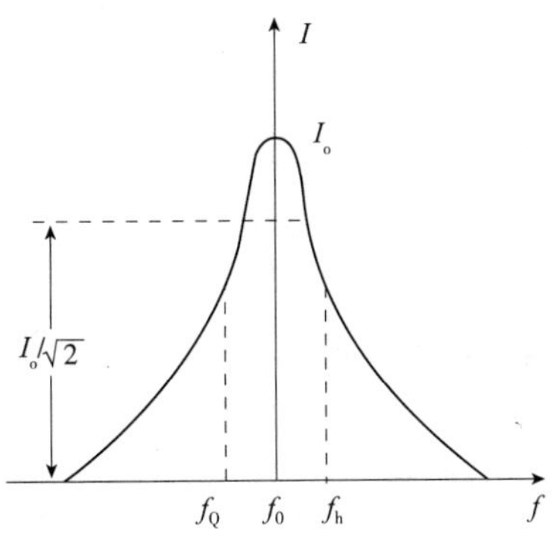

图 4-28　R、L、C 串联电路幅频特性

②在 $f=f_0=\dfrac{1}{2\pi\sqrt{LC}}$ 处（$X_L=X_C$），即幅频特性曲线尖峰所在的频率点，该频率称为谐振频率，此时电路呈纯阻性，电路阻抗的模为最小，在输入电压 U_i 为定值时，电路中的电流 I_o 达到最大值，且与输入电压 U_i 同相位，从理论上讲，此时 $U_i=U_R=U_o$，$U_L=U_C=QU_i$，式中的 Q 称为电路的品质因数。

③电路品质因数 Q 值的两种测量方法。

一是根据公式

$$Q=\frac{U_L}{U_i}=\frac{U_C}{U_i}$$

测定，U_C 与 U_L 分别为谐振时电容器 C 和电感线圈 L 上的电压；另一方法是通过测量谐振曲线的通频带宽度

$$\Delta f=f_h-f_l$$

再根据

$$Q=\frac{f_0}{f_h-f_l}$$

求出 Q 值，式中，f_0 为谐振频率，f_h 和 f_l 是失谐时，幅度下降到最大值的 $\dfrac{1}{\sqrt{2}}$（即 0.707）倍时的上、下频率点。

Q 值越大，曲线越尖锐，通频带越窄，电路的选择性越好，在恒压源供电时，电路的品质因数、选择性与通频带只决定于电路本身的参数，而与信号源无关。

4.9.3 实验设备

实验设备见表 4-29 所列。

表 4-29 实验设备列表

序号	名 称	型号与规格	数量	备注
1	函数信号发生器		1	
2	交流毫伏表		1	
3	双踪示波器		1	
4	频率计		1	

注：本实验的 $L \approx 30\text{mH}$。

4.9.4 实验内容

①按图 4-29 电路接线，取 $C=2200\text{pF}$，$R=510\Omega$，调节信号源输出电压为 1V 正弦信号，并在整个实验过程中保持不变。

②找出电路的谐振频率 f_0，其方法是将交流毫伏表跨接在电阻 R 两端，令信号源的频率由小逐渐变大(注意要维持信号源的输出幅度不变)，当 U_o 的读数为最大时，读得频率计上的频率值即为电路的谐振频率 f_0，并测量 U_o、U_L、U_C 之值(注意及时更换毫伏表的量限)，记入表 4-30 中。

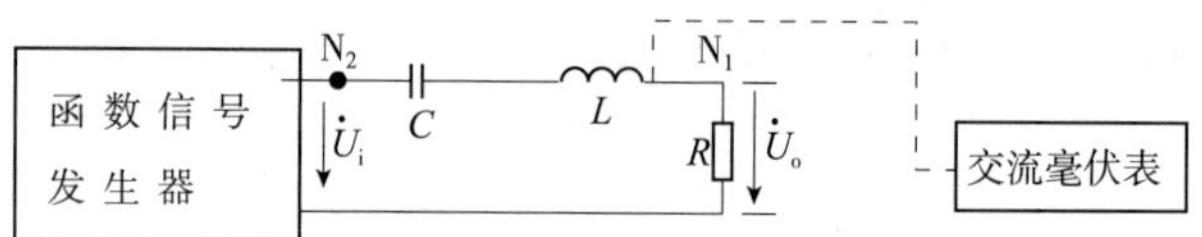

图 4-29 R、L、C 实验电路

表 4-30 串联谐振

$R(\text{k}\Omega)$	$f_0(\text{kHz})$	$U_R(\text{V})$	$U_L(\text{V})$	$U_C(\text{V})$	$I_0(\text{mA})$	Q
0.5						
1.5						

③在谐振点两侧，应先测出下限频率 f_l 和上限频率 f_h 及相对应的 U_R 值，然后再逐点测出不同频率下 U_R 值，记入表 4-31 中。

表 4-31 测试频率点

$R(\text{k}\Omega)$		f_0
0.51	$f(\text{kHz})$	
	$U_R(\text{V})$	
	$I(\text{mA})$	

（续）

R(kΩ)		f_0
1.5	f(kHz)	
	U_R(V)	
	I(mA)	

④取 $C=6800$pF，$R=2.2$kΩ，重复步骤②③的测量过程。

4.9.5　实验注意事项

①测试频率点的选择应在靠近谐振频率附近多取几点，在变换频率测试时，应调整信号输出幅度，使其维持在 1V 输出不变。

②在测量 U_C 和 U_L 数值前，应及时改换毫伏表的量限，而且在测量 U_C 与 U_L 时毫伏表的“+”端接 C 与 L 的公共点，其接地端分别触及 L 和 C 的近地端 N_1 和 N_2。

③实验过程中交流毫伏表电源线采用两线插头。

4.9.6　预习思考题

①根据实验电路板给出的元件参数值，估算电路的谐振频率。

②改变电路的哪些参数可以使电路发生谐振，电路中 R 的数值是否影响谐振频率值？

③如何判别电路是否发生谐振？测试谐振点的方案有哪些？

④电路发生串联谐振时，为什么输入电压不能太大，如果信号源给出 1V 的电压，电路谐振时，用交流毫伏表测 U_L 和 U_C，应该选择多大的量限？

⑤要提高 R、L、C 串联电路的品质因数，电路参数应如何改变？

⑥谐振时，比较输出电压 U_o 与输入电压 U_i 是否相等？试分析原因。

⑦谐振时，对应的 U_C 与 U_L 是否相等？如有差异，原因何在？

4.9.7　实验报告

①根据测量数据，绘出不同 Q 值时两条幅频特性曲线。

②计算出通频带与 Q 值，说明不同 R 值时对电路通频带与品质因数的影响。

③对两种不同的测 Q 值的方法进行比较，分析误差原因。

④通过本次实验，总结、归纳串联谐振电路的特性。

4.10 三相电路电流、电压的测量

4.10.1 实验目的

①掌握三相负载作星形连接、三角形连接的方法，验证这两种接法下线、相电压及线、相电流之间的关系。

②充分理解三相四线供电系统中中线的作用。

4.10.2 原理说明

①三相负载可接成星形(又称“Y”接)或三角形(又称“△”接)。当三相对称负载作Y形连接时，线电压 U_L 是相电压 U_p 的$\sqrt{3}$倍。线电流 I_L 等于相电流 I_p，即 $U_L=\sqrt{3}U_p$，$I_L=I_p$。在这种情况下，流过中线的电流 $I_o=0$，所以可以省去中线。当对称三相负载作△形连接时，有 $I_L=\sqrt{3}I_p$，$U_L=U_p$。

②不对称三相负载作Y连接时，必须采用三相四线制接法，即 Y_o 接法。而且中线必须牢固连接，以保证三相不对称负载的每相电压维持对称不变。

倘若中线断开，会导致三相负载电压的不对称，致使负载轻的那一相的相电压过高，使负载遭受损坏；负载重的一相相电压又过低，使负载不能正常工作。尤其是对于三相照明负载，无条件地一律采用 Y_o 接法。

③当不对称负载作△接时，$I_L \neq \sqrt{3}I_p$，但只要电源的线电压 U_L 对称，加在三相负载上的电压仍是对称的，对各相负载工作没有影响。

4.10.3 实验设备

实验设备见表4-32所列。

表4-32 实验设备列表

序号	名 称	型号与规格	数 量	备 注
1	交流电压表	0~500V	1	
2	交流电流表	0~5A	1	
3	万用表		1	
4	三相自耦调压器		1	
5	三相灯组负载	220V，15W白炽灯	9	
6	电门插座		3	

4.10.4　实验内容

(1)三相负载星形连接(三相四线制供电)

按图 4-30 线路组接实验电路，即三相灯组负载经三相自耦调压器接通三相对称电源。将三相调压器的旋柄置于输出为 0V 的位置(即逆时针旋到底)。经指导教师检查合格后，方可开启实验台电源，然后调节调压器的输出，使输出的三相线电压为 220V，并按下述内容完成各项实验，分别测量三相负载的线电压、相电压、线电流、相电流、中线电流、电源与负载中点间的电压。将所测得的数据记入表 4-33 中，并观察各相灯组亮暗的变化程度，特别要注意观察中线的作用。

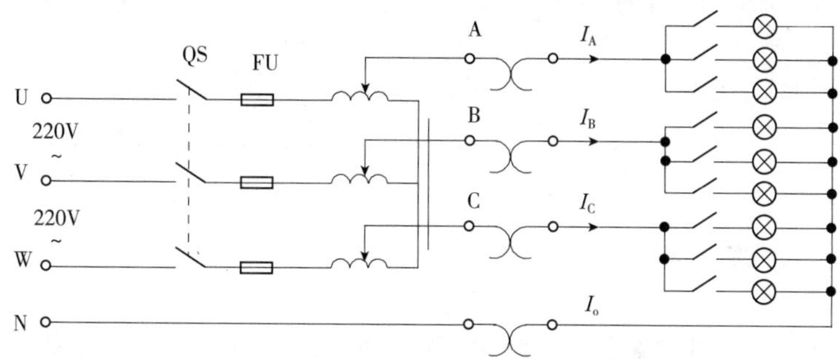

图 4-30　三相负载星形连接

表 4-33　三相负载星形连接实验数据表

实验内容(负载情况)	开灯盏数			线电流(A)			线电压(V)			相电压(V)			中线电流	中点电压
	A相	B相	C相	I_A	I_B	I_C	U_{AB}	U_{BC}	U_{CA}	U_{A0}	U_{B0}	U_{C0}	I_o(A)	U_{N0}(V)
Y_o 接平衡负载	3	3	3											
Y 接平衡负载	3	3	3											
Y_o 接不平衡负载	1	2	3											
Y 接不平衡负载	1	2	3											
Y_o 接 B 相断开	1		3											
Y 接 B 相断开	1		3											
Y 接 B 相短路	1		3											

(2)负载三角形连接(三相三线制供电)

按图 4-31 改接线路，经指导教师检查合格后接通三相电源，并调节调压器，使其输出线电压为 220V，并按表 4-34 的内容进行测试。

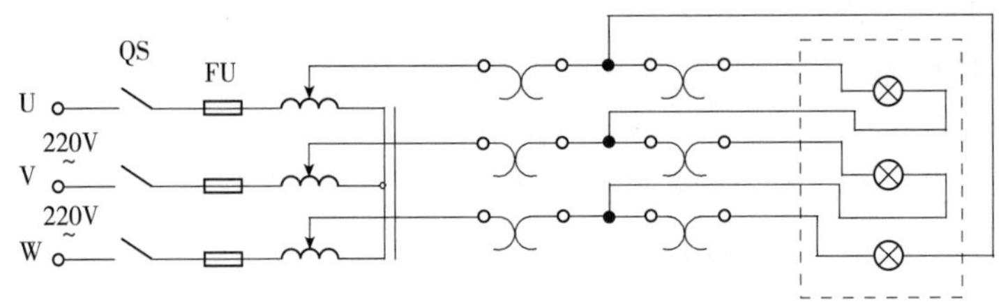

图 4-31　三相负载三角形连接

表 4-34　负载三角形连接实验数据表

负载情况	开灯盏数			电压=相电压(V)			线电流(A)			相电流(A)		
	A-B 相	B-C 相	C-A 相	U_{AB}	U_{BC}	U_{CA}	I_A	I_B	I_C	I_{AB}	I_{BC}	I_{CA}
三相平衡	3	3	3									
三相不平衡	1	2	3									

4.10.5　实验注意事项

①本实验采用三相交流电压，线电压为 220V，应穿绝缘鞋进实验室。实验时要注意人身安全，不可触及导电部件，防止意外事故发生。

②每次接线完毕，同组同学应自查一遍，然后由指导教师检查后，方可接通电源，必须严格遵守先断电、再接线、后通电；先断电、后拆线的实验操作原则。

③星形负载作短路实验时，必须首先断开中线，以免发生短路事故。

④为避免烧坏灯泡，DG08 实验挂箱内设有过压保护装置。当任一相电压大于 245~250V 时，即声光报警并跳闸。因此，在做 Y 接不平衡负载或缺相实验时，所加线电压应以最高相电压小于 240V 为宜。

4.10.6　预习思考题

①三相负载根据什么条件作星形或三角形连接？

②复习三相交流电路有关内容，试分析三相星形连接不对称负载在无中线情况下，当某相负载开路或短路时会出现什么情况？如果接上中线，情况又如何？

③本次实验中为什么要通过三相调压器将 380V 的市电线电压降为 220V 的线电压使用？

4.10.7　实验报告

①用实验测得的数据验证对称三相电路中的$\sqrt{3}$倍关系。

②用实验数据和观察到的现象，总结三相四线供电系统中中线的作用。

③不对称三角形连接的负载，能否正常工作？实验是否能证明这一点？

④根据不对称负载三角形连接时的相电流值作相量图，并求出线电流值，然后与实验测得的线电流作比较，进行分析。

⑤心得体会及其他。

4.11　三相鼠笼式异步电动机点动和自锁控制

4.11.1　实验目的

①通过对三相鼠笼式异步电动机点动控制和自锁控制线路的实际安装接线，掌握由电气原理图变换成安装接线图的知识。

②通过实验进一步加深理解点动控制和自锁控制的特点。

4.11.2　原理说明

继电—接触控制在各类生产机械中获得广泛地应用，凡是需要进行前后、上下、左右、进退等运动的生产机械，均采用传统的典型的正、反转继电—接触控制。

交流电动机继电—接触控制电路的主要设备是交流接触器，其主要构造为：

①电磁系统。铁心、吸引线圈和短路环。

②触头系统。主触头和辅助触头，还可按吸引线圈得电前后触头的动作状态，分动合(常开)、动断(常闭)两类。

③消弧系统。在切断大电流的触头上装有灭弧罩，以迅速切断电弧。

④接线端子，反作用弹簧等。

在控制回路中常采用接触器的辅助触头来实现自锁和互锁控制。要求接触器线圈得电后能自动保持动作后的状态，这就是自锁，通常用接触器自身的动合触头与起动按钮相并联来实现，以达到电动机的长期运行，这一动合触头称为“自锁触头”。使两个电器不能同时得电动作的控制，称为互锁控制，如为了避免正、反转两个接触器同时得电而造成三相电源短路事故，必须增设互锁控制环节。为操作的方便，也为防止因接触器主触头长期大电流的烧蚀而偶发触头粘连后造成的三相电源短路事故，通常在具有正、反转控制的线路中采用既有接触器的动断辅助触头的电气互锁，又有复合按钮机械互锁的双重互锁的控制环节。

控制按钮通常用以短时通、断小电流的控制回路，以实现近、远距离控制电动机等执行部件的起、停或正、反转控制。按钮是专供人工操作使用。对于复合按钮，其触点的动作规律是：当按下时，其动断触头先断，动合触头后合；当松手时，则动合触头先断，动断触头后合。

在电动机运行过程中，应对可能出现的故障进行保护。

采用熔断器作短路保护，当电动机或电器发生短路时，及时熔断熔体，达到保护线路、保护电源的目的。熔体熔断时间与流过的电流关系称为熔断器的保护特性，这是选择熔体的主要依据。

采用热继电器实现过载保护，使电动机免受长期过载之危害。其主要的技术指标是整定电流值，即电流超过此值的20%时，其动断触头应能在一定时间内断开，切断控制回路，动作后只能由人工进行复位。

在电气控制线路中，最常见的故障发生在接触器上。接触器线圈的电压等级通常有220V和380V等，使用时必须认清，切勿疏忽，否则，电压过高易烧坏线圈，电压过低，吸力不够，不易吸合或吸合频繁，这不但会产生很大的噪声，也因磁路气隙增大，致使电流过大，也易烧坏线圈。此外，在接触器铁心的部分端面嵌装有短路铜环，其作用是为了使铁心吸合牢靠，消除颤动与噪声，若发现短路环脱落或断裂现象，接触器将会产生很大的震动与噪声。

4.11.3 实验设备

实验设备见表4-35所列。

表4-35 实验设备列表

序号	名 称	型号与规格	数 量	备 注
1	三相交流电源	220V		
2	三相鼠笼式异步电动机	DJ24	1	
3	交流接触器		1	
4	按钮		2	
5	热继电器	D9305d	1	
6	交流电压表	0~500V		
7	万用电表		1	

4.11.4 实验内容

认识各电器的结构、图形符号、接线方法；抄录电动机及各电器铭牌数据；并用万用电表欧姆档检查各电器线圈、触头是否完好。

鼠笼机接成△接法；实验线路电源端接三相自耦调压器输出端 U、V、W，供电线电压为220V。

(1)点动控制

按图4-32点动控制线路进行安装接线，接线时，先接主电路，即从220V三相交流电源的输出端 U、V、W 开始，经接触器KM的主触头，热继电器FR的热元件到电动机M的三个线端A、B、C，用导线按顺序串联起来。主电路连接完整无误后，再连接控制电路，即从 220V 三相交流电源某输出端(如 V)开始，经过常开按钮 SB1、接触器 KM 的线圈、热继电器 FR 的常闭触头到三相交流电源另一输出端(如 W)。显然这是对接触器 KM 线圈供电的电路。

接好线路，经指导教师检查后，方可进行通电操作。

①开启控制屏电源总开关，按启动按钮，调节调压器输出，使输出线电压为 220V。

②按起动按钮 SB1，对电动机 M 进行点动操作，比较按下 SB1 与松开 SB1 电动机和接触器的运行情况。

③实验完毕，按控制屏停止按钮，切断实验线路三相交流电源。

(2) 自锁控制电路

按图 4-33 所示自锁线路进行接线，它与图 4-32 的不同点在于控制电路中多串联一只常闭按钮 SB2，同时在 SB1 上并联 1 只接触器 KM 的常开触头，它起自锁作用。

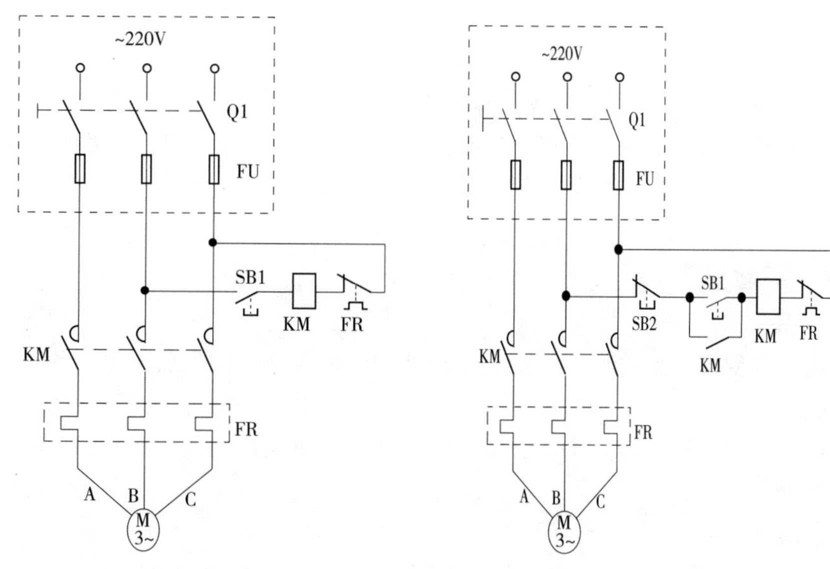

图 4-32 电动机电动控制　　图 4-33 电动机自锁控制

接好线路经指导教师检查后，方可进行通电操作。

①按控制屏启动按钮，接通 220V 三相交流电源。

②按起动按钮 SB1，松手后观察电动机 M 是否继续运转。

③按停止按钮 SB2，松手后观察电动机 M 是否停止运转。

④按控制屏停止按钮，切断实验线路三相电源，拆除控制回路中自锁触头 KM，再接通三相电源，启动电动机，观察电动机及接触器的运转情况。从而验证自锁触头的作用。

实验完毕，将自耦调压器调回零位，按控制屏停止按钮，切断实验线路的三相交流电源。

4.11.5 实验注意事项

①接线时合理安排挂箱位置，接线要求牢靠、整齐、清楚、安全可靠。

②操作时要胆大、心细、谨慎，不许用手触及各电器元件的导电部分及电动机的转动部分，以免触电及意外损伤。

③通电观察继电器动作情况时，要注意安全，防止碰触带电部位。

4.11.6 预习思考题

①试比较点动控制线路与自锁控制线路从结构上看主要区别是什么？从功能上看主要区别是什么？

②自锁控制线路在长期工作后可能出现失去自锁作用。试分析产生的原因是什么？

③交流接触器线圈的额定电压为220V，若误接到380V电源上会产生什么后果？反之，若接触器线圈电压为380V，而电源线电压为220V，其结果又如何？

④在主回路中，熔断器和热继电器热元件可否少用一只或两只？熔断器和热继电器两者可否只采用其中一种就可起到短路和过载保护作用？为什么？

4.11.7 实验报告

①观察电动机启动过程中，交流接触器和电动机动作的先后次序，并写出电动机的启动过程。

②观察电动机停止过程中，交流接触器和电动机动作的先后次序，并写出电动机的停止过程。

③自锁开关的作用。

4.12 三相鼠笼式异步电动机正反转控制

4.12.1 实验目的

①通过对三相鼠笼式异步电动机正反转控制线路的安装接线，掌握由电气原理图接成实际操作电路的方法。

②加深对电气控制系统各种保护、自锁、互锁等环节的理解。

③学会分析、排除继电—接触控制线路故障的方法。

4.12.2　原理说明

在鼠笼机正反转控制线路中，通过相序的更换来改变电动机的旋转方向。本实验给出两种不同的正、反转控制线路，如图 4-34 及图 4-35 所示，具有如下特点。

(1)电气互锁

为了避免接触器 KM1(正转)、KM2(反转)同时得电吸合造成三相电源短路，在 KM1(KM2)线圈支路中串接有 KM2(KM1)动断触头，它们保证了线路工作时 KM1、KM2 不会同时得电(如图 7-1)，以达到电气互锁目的。

(2)电气和机械双重互锁

除电气互锁外，可再采用复合按钮 SB1 与 SB2 组成的机械互锁环节(图 4-35)，以求线路工作更加可靠。

(3)线路具有短路、过载、失欠压保护等功能

略。

4.12.3　实验设备

实验设备见表 4-36 所列。

表 4-36　实验设备列表

序号	名　称	型号与规格	数　量	备　注
1	三相交流电源	220V		
2	三相鼠笼式异步电动机	DJ24	1	
3	交流接触器	JZC4-40	2	
4	按　钮		3	
5	热继电器	D9305d	1	
6	交流电压表	0~500V	1	
7	万用电表		1	

4.12.4　实验内容

认识各电器的结构、图形符号、接线方法；抄录电动机及各电器铭牌数据；并用万用电表欧姆档检查各电器线圈、触头是否完好。

鼠笼机接成△接法；实验线路电源端接三相自耦调压器输出端 U、V、W，供电线电压为 220V。

(1)接触器联锁的正反转控制线路

按图 4-34 接线，经指导教师检查后，方可进行通电操作。

①开启控制屏电源总开关，按启动按钮，调节调压器输出，使输出线电压为 220V。

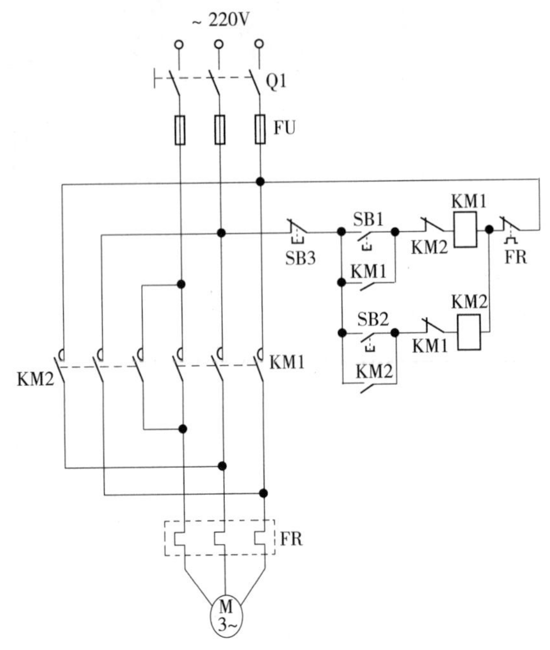

图 4-34 接触器联锁的正反转控制线路

②按正向起动按钮 SB1，观察并记录电动机的转向和接触器的运行情况。

③按反向起动按钮 SB2，观察并记录电动机和接触器的运行情况。

④按停止按钮 SB3，观察并记录电动机的转向和接触器的运行情况。

⑤再按 SB2，观察并记录电动机的转向和接触器的运行情况。

⑥实验完毕，按控制屏停止按钮，切断三相交流电源。

(2)接触器和按钮双重联锁的正反转控制线路

按图 4-35 接线，经指导教师检查后，方可进行通电操作。

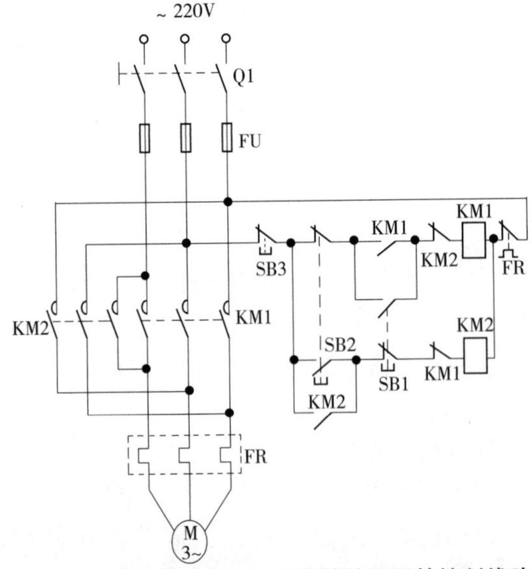

图 4-35 接触器和按钮双重联锁的正反转控制线路

①按控制屏启动按钮，接通 220V 三相交流电源。

②按正向起动按钮 SB1，电动机正向起动，观察电动机的转向及接触器的动作情况。按停止按钮 SB3，使电动机停转。

③按反向起动按钮 SB2，电动机反向起动，观察电动机的转向及接触器的动作情况。按停止按钮 SB3，使电动机停转。

④按正向(或反向)起动按钮，电动机起动后，再去按反向(或正向)起动按钮，观察有何情况发生?

⑤电动机停稳后，同时按正、反向两只起动按钮，观察有何情况发生?

⑥失压与欠压保护

a. 按起动按钮 SB1(或 SB2)电动机起动后，按控制屏停止按钮，断开实验线路三相电源，模拟电动机失压(或零压)状态，观察电动机与接触器的动作情况，随后，再按控制屏上启动按钮，接通三相电源，但不按 SB1(或 SB2)，观察电动机能否自行起动。

b. 重新起动电动机后，逐渐减小三相自耦调压器的输出电压，直至接触器释放，观察电动机是否自行停转。

⑦过载保护。打开热继电器的后盖，当电动机起动后，人为地拨动双金属片模拟电动机过载情况，观察电机、电器动作情况。

注意：此项内容，较难操作且危险，有条件可由指导教师作示范操作。

实验完毕，将自耦调压器调回零位，按控制屏停止按钮，切断实验线路电源。

4.12.5 故障分析

①接通电源后，按起动按钮(SB1 或 SB2)，接触器吸合，但电动机不转且发出“嗡嗡”声响；或者虽能起动，但转速很慢。这种故障大多是主回路一相断线或电源缺相。

②接通电源后，按起动按钮(SB1 或 SB2)，若接触器通断频繁，且发出连续的劈啪声或吸合不牢，发出颤动声，此类故障原因可能是：

a. 线路接错，将接触器线圈与自身的动断触头串在一条回路上了。

b. 自锁触头接触不良，时通时断。

c. 接触器铁心上的短路环脱落或断裂。

d. 电源电压过低或与接触器线圈电压等级不匹配。

4.12.6 实验注意事项

①接线时合理安排挂箱位置，接线要求牢靠、整齐、清楚、安全可靠。

②操作时要胆大、心细、谨慎，不许用手触及各电器元件的导电部分及电动机的转动部分，以免触电及意外损伤。

③通电观察继电器动作情况时，要注意安全，防止碰触带电部位。

4.12.7　预习思考题

①在电动机正、反转控制线路中，为什么必须保证两个接触器不能同时工作？采用哪些措施可解决此问题，这些方法有何利弊，最佳方案是什么？

②在控制线路中，短路、过载、失欠压保护等功能是如何实现的？在实际运行过程中，这几种保护有何意义？

4.12.8　实验报告

①观察电动机正转过程中，哪个交流接触器在起作用，并写出电动机的正转过程。

②观察电动机反转过程中，哪个交流接触器在起作用，并写出电动机的反转过程。

③机械互锁和电气互锁的作用。

第 5 章

模拟电路实验

5.1 元器件的识别及特性测试

5.1.1 实验目的

①学习用万用表测量电阻、电容的方法。

②重点掌握用万用表判别二极管、三极管的好坏、类型和管脚。

5.1.2 实验设备与器件

①被测电阻；②被测电容；③被测二极管；④被测三极管；⑤万用表。

5.1.3 实验内容

(1)电阻的测量

用万用表电阻档测量电阻元件的电阻，将所测数据和元件的标称值填入表5-1中。

表 5-1 电阻数据记录表

电阻标称值	测量档位	测量值

注意：①指针表每次换量程后，必须进行欧姆调零。而数字表是自动调零的。

②测量时，人体不能同时触及电阻两端的引线，以免影响测量的准确性。

(2)电容的测量

电容器有充、放电特性，用万用表的欧姆档(表内接有电池)来观察其充电特性，以初步判断其好坏和容量大小。

测量方法及步骤：

①万用表置欧姆档，量程根据电容器的容量而定。容量越大，欧姆档应越小，反之亦然。一般地，1～50μF 的容量，数字表可选 200kΩ 档，指针表可选$R\times1\text{k}\Omega$档。

②数字表两表笔触碰电容器的两极，数值应由小增大至∞值。变化时间越长，表示电容器的容量越大。短路电容器的两极放电后，可重复测量。并将测量情况填入表 5-2中。

表 5-2　电容数据记录表

容量	测量档位	测量情况			
		初始阻值		至终止阻值闪烁次数	

③指针表两表笔触碰电容器的两极，指针应迅速向右偏转，然后平缓地向左回转至∞位置。指针偏转角越大，表示电容器的容量越大；回转终止阻值越大，电容器漏电越小，质量越好。短路电容器的两极放电后，可重复测量。并将测量情况填入表 5-3 中。

表 5-3　电容数据记录表

容量	测量档位	黑笔接+	偏转阻值	终止阻值	黑笔接-	偏转阻值	终止阻值

注意：①电解电容器有正、负极性之分；但在测量时可不考虑其极性。

②测量时，显示数值始终为无穷大，说明元件内部断路或容量很小；数值回不到无穷大，说明元件内部短路或漏电。

(3)二极管的测量

利用二极管 PN 结正向偏置导通，反向偏置截止的特性，用数字表的“·))▶|”档或指针表的 $R\times1\text{k}\Omega$ 电阻档给其加一偏压，观察其导通情况，即可判断二极管的好坏、材料、极性等。指针表测试如图 5-1 所示。

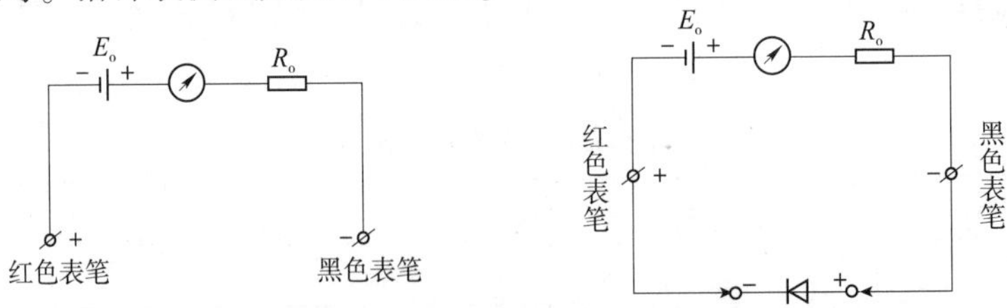

图 5-1　指针表电阻档等值电路和二极管极性判别电路

注意：数字表的表笔极性正好与指针表相反，即红色表笔接表内电池的正极。

数字表测量二极管方法及步骤：

①数字表置“·))▶|”档。

②数字表两表笔分别触碰二极管的两极，当数值在 100～800mV 范围内时，说明二极管处于导通状态，此时，红表笔所接是二极管的正极(P 极)，黑表笔所接是二极管的负极(N 极)。当数值大于 300mV 时，为硅管；小于 300mV 时，为锗管，此值即为二极管的正向压降。请将测试结果填入表 5-4 中。

③调换表笔测反向压降应为无穷大(即数字表最左端显示 1)，结果填入表 5-4中。

表 5-4　二极管数据记录表

<table>
<tr><th>型　号</th><th colspan="4">测　量　情　况</th></tr>
<tr><td></td><td rowspan="2">红笔接+</td><td></td><td rowspan="2">红笔接-</td><td></td></tr>
<tr><td></td><td></td><td></td></tr>
</table>

指针表测量方法及步骤：

①指针表置 $R\times1\mathrm{k}\Omega$ 欧姆档。

②指针表两表笔分别触碰二极管的两极，当指针偏转较大时，说明二极管处于导通状态，此时，黑表笔所接是二极管的正极(P 极)，红表笔所接是二极管的负极(N 极)。如万用表用的是 $R\times1\mathrm{k}\Omega$ 档，硅管正向导通的电阻值为 3～10kΩ，锗管电阻小于 2kΩ。请将测试结果填入表 5-5 中。

③调换表笔测反向阻值填入表 5-5 中。

表 5-5　二极管数据记录表

<table>
<tr><th colspan="2">型　号</th><th colspan="4">测　量　情　况</th></tr>
<tr><td></td><td></td><td rowspan="2">黑笔接+</td><td></td><td rowspan="2">黑笔接-</td><td></td></tr>
<tr><td></td><td></td><td></td><td></td></tr>
</table>

注意：正、反向均导通或均不导通，表明二极管损坏。

(4)晶体三极管的测量

①基极 b 和 PNP、NPN、锗材料、硅材料的判别。无论是 PNP 型，还是 NPN 型的晶体管，其基极 b 与集电极 c、基极 b 与发射极 e 都是一个 PN 结(图 5-2)。

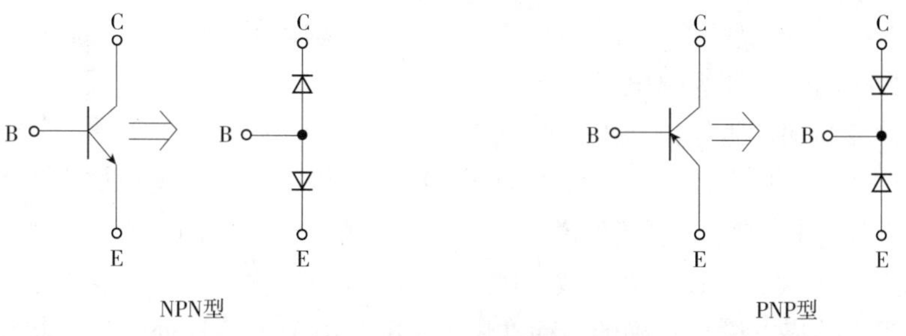

图 5-2　晶体管三极管结构示意图

可见，当用数字万用表的“🔊⊣”档或指针表的 $R\times1\text{k}\Omega$ 档测量 e、c 时，总有一个 PN 结处于正向偏置，另一个 PN 结处于反向偏置状态，所以阻值趋于无穷大，这样就可以根据 be、bc 两个 PN 结的特性判别出基极 b。

数字万用表的具体判别方法是：数字表置“🔊⊣”档，左手捏住三极管壳，引脚向上，右手握表笔，用两表笔轮换触碰三极管中任意两极，当有数值显示时(在 100~800mV 范围内，下同)，红表笔所接为 P 极，黑表笔所接为 N 极。此时，先固定红表笔不变，用黑表笔去触碰另一极，看是否有数值显示，有数值时，红表笔所接可暂定为基极 b，且为 NPN 型，再测其反向截止特性证明之；上述测量找不出基极时，可将黑表笔恢复第一次导通状态，用红表笔去触碰另一极，有数值显示时，黑表笔即可暂定为基极 b，且为 PNP 型，再测其反向截止特性证明之。若没有数值显示，可能晶体管有问题，应重测之。材料的判别同二极管。

指针万用表的具体判别方法是：指针表置欧姆 $R\times1\text{k}\Omega$ 档，其余参照测试二极管的方法即可找出基极 b，并决定其材料和极性。

②集电极 c、发射极 e 的判别。集电极 c 的判别方法是根据三极管电流放大原理而来的，即：当集电结反偏、发射结正偏时，三极管有电流放大特性；而当集电结正偏、发射结反偏时，其放大能力极微，如图 5-3、图 5-4 所示。

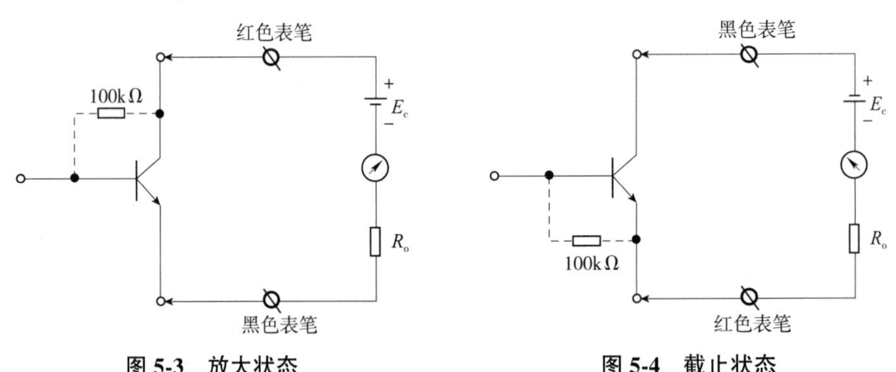

图 5-3 放大状态　　**图 5-4 截止状态**

用数字表判别：确定基极后，假定另外两个电极中的一个为集电极 c，在假定的集电极 c 与已知的基极 b 间加一电阻(100kΩ)，若已知被测管子为 NPN 型，则以数字表的红表笔接在假定的集电极上，黑表笔接在假定的发射极上，如图 5-3 所示，这时测出一个电压。然后再把第一次测量中所假定的集电极和发射极互换，进行第二次测量见图 5-4，又得到一个电压(应为无穷大)。在两次测量中，电压值较小的那一次与红表笔相接的电极即为集电极 c。

用指针表判别：假如是 NPN 型，假设的集电极 c，要接黑表笔。参照数字表判别方法，在两次测量中，电阻值较小的那一次与黑表笔相接的电极即为集电极 c。

由图 5-3、图 5-4 可以清楚地说明上述关系。在图 5-3 中因为有基极电流 I_b，所以集电极电流 I_c 较大，三极管处于放大状态，故而 c、e 极呈现的电阻较小，压降也较小，说明假定的集电极是正确的。而在图 5-4 中，由于三极管处于截止状态，故而呈现的电阻较大，压降也较大，这时假定的集电极 c 实际上是发射极 e。

若已知被测三极管为 PNP 型，请自己画出用数字表测量的电路图并判别。

③电流放大倍数 β 的估测。

用数字表测量：确定晶体管是 NPN 或 PNP 型，且确定出其基极 b、集电极 c 和发射极 e 后，可将 b、e、c 分别插入数字万用表面板上相应的插孔，且将数字表置 hFE 档，就可测出直流电流放大倍数 β 值。

用指针表估测：在上述用指针表判别操作中，b、c 极间加电阻与不加电阻时，指针偏转角越大，电流放大倍数 β 值越大。

5.1.4　预习要求

①复习晶体管的工作原理。

②参阅有关图示仪表使用资料。

5.1.5　实验报告

①将所测数据填入表中。

②简述 PNP 晶体管集电极判别法，并画图说明。

③做完本实验后的体会。

5.2　晶体管共射极单管放大器

5.2.1　实验目的

①学会放大器静态工作点的调试方法，定性了解静态工作点对放大器性能的影响。

②掌握放大器电压放大倍数、输入电阻、输出电阻及最大不失真输出电压的测试方法。

5.2.2　实验原理

图 5-5 为典型的工作点稳定的阻容耦合单管放大器实验原理图。它的偏置电路采用 R_{B1} 和 R_{B2} 组成的分压电路，并在发射极中接有电阻 R_E，以稳定放大器的静态工作点。当在放大器的输入端输入信号 U_i 后，在放大器的输出端便可得到一个与 U_i 相位相反，幅值被放大了的输出信号 U_o，从而实现了电压放大。

在图 5-1 电路中，静态工作点可用下式估算

$$U_B \approx \frac{R_{B1}}{R_{B1}+R_{B2}} U_{cc}$$

$$I_E = \frac{U_B - U_{BE}}{R_E} \approx I_C$$

$$U_{CE} = U_{CC} - I_C(R_C + R_E)$$

电压放大倍数

$$A_u = -\beta \frac{R_C /\!/ R_L}{r_{be}}$$

输入电阻

$$R_i = R_{B1} /\!/ R_{B2} /\!/ r_{be}$$

输出电阻

$$R_o \approx R_C$$

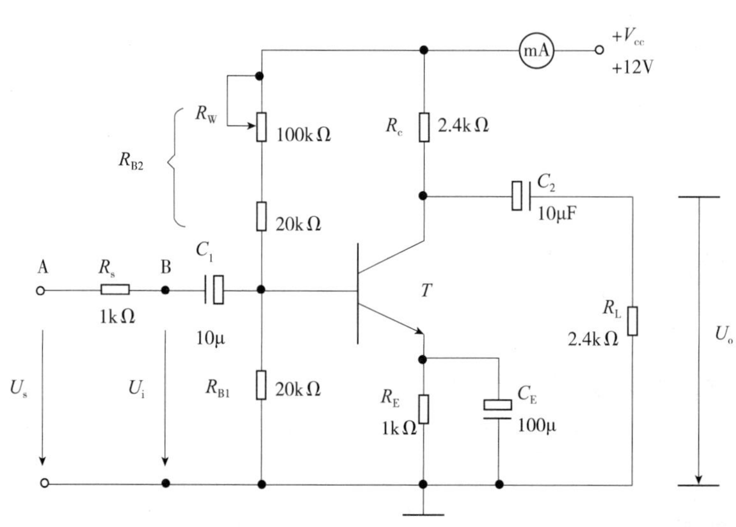

图 5-5 共射极单管放大器实验电路

放大器的测量和调试一般包括：放大器静态工作点的测量与调试、消除干扰与自激振荡及放大器各项动态参数的测量与调试等。

5.2.2.1 放大器静态工作点的测量与调试

(1)静态工作点的测量

测量放大器的静态工作点应在输入信号 $U_i=0$ 的情况下进行，即将放大器输入端与地端短接，然后选用量程合适的直流毫安表和直流电压表，分别测量晶体管的集电极电流 I_C，及各电极对地的电位 U_B、U_C 和 U_E。实验中为了避免断开集电极，通常采用测量电压，然后算出 I_C 的方法。例如，只要测出 U_E，即可用 $I_C \approx I_E = \frac{U_E}{R_E}$ 算出 I_C (也可根据 $I_C = \frac{U_{cc} - U_c}{R_c}$，由 U_C 确定 I_C)，同时也能算出 $U_{BE} = U_B - U_E$，$U_{CE} = U_C - U_E$。为了减小误差，提高测量精度应选用内阻较高的直流电压表。

(2)静态工作点的调试

静态工作点是否合适，对放大器的性能和输出波形都有很大影响。如工作点偏高，放大器在加入交流信号以后易产生饱和失真，此时 U_o 的负半周将被削底，如图 5-6(a)所示；如工作点偏低则易产生截止失真，即 U_o 的正半周被缩顶(一般截止失真不如饱和失真明显)，如图 5-6(b)所示。这些情况都不符合不失真放大的要求。所以在选定工作点以后还必须进行动态调试，即在放大器的输入端加一定的 U_i，检查输出电压 U_o 的大小和波形是否满足要求。如不满足，则应调节静态工作点的位置。

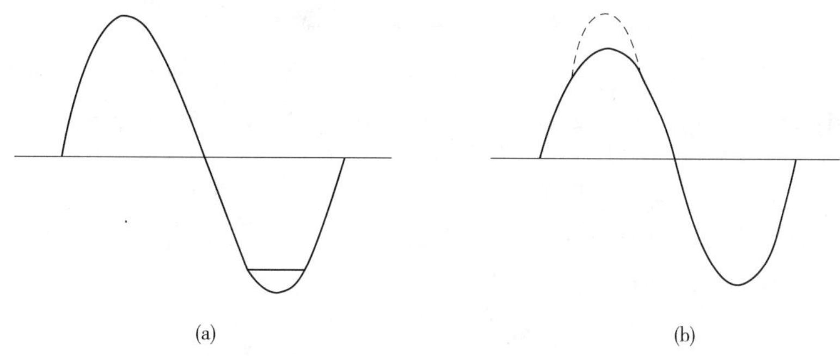

图 5-6 静态工作点对 U_o 波形失真的影响

电源电压 U_{CC} 和电路参数 R_C、R_B(R_{B1}、R_{B2})都会引起静态工作点的变化，如图 5-7所示。但通常多采用调节偏置电阻 R_{B2} 的方法来改变静态工作点，如减小 R_{B2}，则可使静态工作点提高等。

最后还要说明，上面所说的工作点“偏高”或“偏低”不是绝对的，应该是相对信号的幅度而言。如信号幅度很小，即使工作点较高或较低也不一定会出现失真。所以确切地说，产生波形失真是信号幅度与静态工作点设置配合不当所致。如需满足较大信号幅度的要求，静态工作点最好尽量靠近交流负载线的中点。

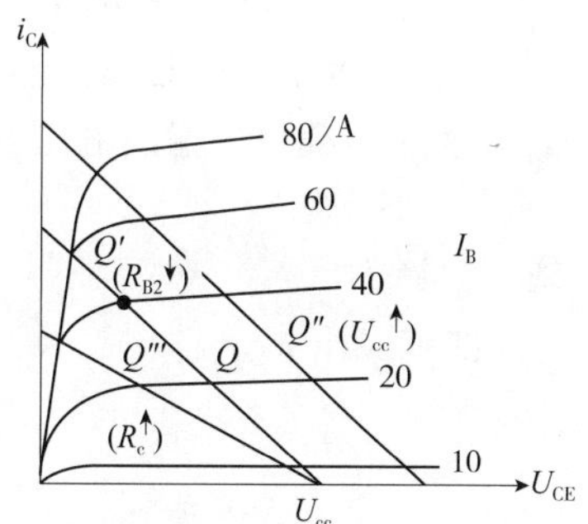

图 5-7 电路参数对静态工作点的影响

5.2.2.2 放大器动态指标测试

放大器动态指标包括电压放大倍数、输入电阻、输出电阻、最大不失真输出电压(动态范围)和通频带等。

(1)电压放大倍数 A_u 的测量

调整放大器到合适的静态工作点，然后加入输入电压 U_i，在输出电压 U_o 不失真的情况下，用交流毫伏表测出有效值 U_i 和 U_o，则 $A_u=\frac{U_o}{U_i}$。

(2)输入电阻 R_i 的测量

为了测量放大器的输入电阻，按图 5-8 电路，在被测放大器的输入端与信号源之间串入一已知电阻 R。在放大器正常工作情况下，用交流毫伏表测出 U_s 和 U_i，则根

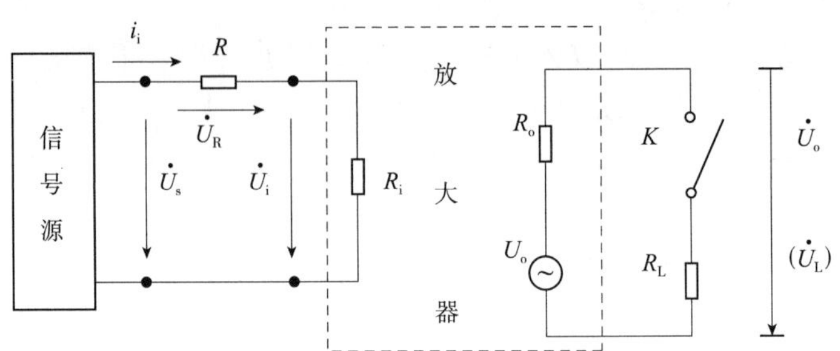

图 5-8 输入、输出电阻测量电路

据输入电阻的定义可得 $R_i=\dfrac{U_i}{I_i}=\dfrac{U_i}{\dfrac{U_R}{R}}=\dfrac{U_i}{U_s-U_i}R$ 测量时应注意下列情况。

①由于电阻 R 两端没有电路公共接地点，所以测量 R 两端电压 U_R 时必须分别测出 U_s 和 U_i，然后按 $U_R=U_s-U_i$ 求出 U_R 值。

②电阻 R 的值不宜取得过大或过小，以免产生较大的测量误差，通常取 R 与 R_i 为同一数量级为好，本实验可取 $R=1\sim2\text{k}\Omega$。

(3)输出电阻 R_o 的测量

按图 5-8 电路，在放大器正常工作条件下，测出输出端不接负载 R_L 的输出电压 U_o 和接入负载后的输出电压 U_L，根据

$$U_L=\frac{R_L}{R_o+R_L}U_o$$

即可求出 R_o

$$R_o=\left(\frac{U_o}{U_L}-1\right)R_L$$

在测试中应注意，必须保持 R_L 接入前后输入信号的大小不变。

(4)最大不失真输出电压 U_{OPP}的测量(最大动态范围)

如上所述，为了得到最大动态范围，应将静态工作点调在交流负载线的中点。为此在放大器正常工作情况下，逐步增大输入信号的幅度，并同时调节 R_W(改变静态工作点)，用示波器观察 U_o，当输出波形同时出现削底和缩顶现象(图 5-9)时，说明静态工作点已调在交流负载线的中点。然后调整输入信号，使波形输出幅度最大且无明显失真时，用交流毫伏表测出 U_o(有效值)，则动态范围等于 $2\sqrt{2}U_o$，或用示波器直接读出 U_{OPP}来。

(5)放大器频率特性的测量

放大器的频率特性是指放大器的电压放大倍数 A_u 与输入信号频率 f 之间的关系曲线。单管阻容耦合放大电路的幅频特性曲线如图 5-10 所示，A_{um}为中频电压放大倍数，通常规定电压放大倍数随频率变化降到中频放大倍数的 $1/\sqrt{2}$ 倍，即 $0.707A_{um}$所对应的频率分别称为下限频率 f_L 和上限频率 f_H，则通频带

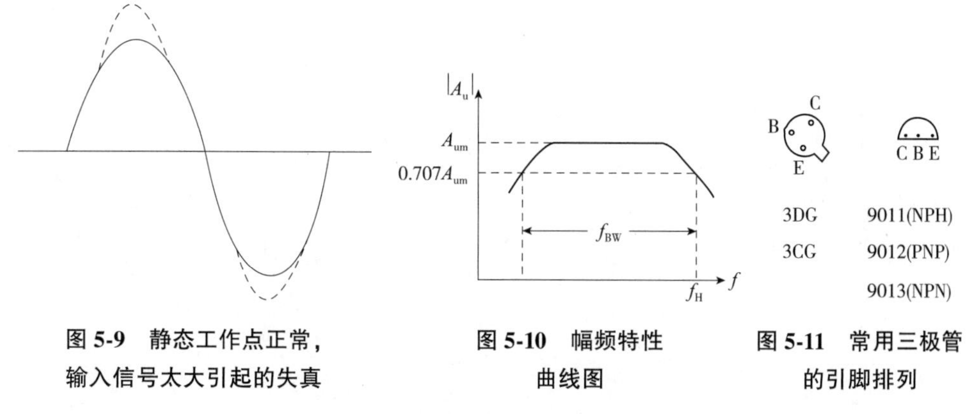

图 5-9　静态工作点正常，输入信号太大引起的失真

图 5-10　幅频特性曲线图

图 5-11　常用三极管的引脚排列

$$f_{BW}=f_H-f_L$$

放大器的幅频特性就是测量不同频率信号时的电压放大倍数 A_u。为此可采用前述测量 A_u 的方法，每改变一个信号频率，测量其相应的电压放大倍数。测量时应注意取点要恰当，在低频段与高频段应多测几点，在中频段可以少测几点。此外，在改变频率时，要保持输入信号的幅度不变，且输出波形不得失真。

(6) 干扰和自激振荡的消除

参考教材相关章节。

5.2.3　实验设备与器件

①+12V 直流电源；②函数信号发生器；③双踪示波器(另配)；④交流毫伏表；⑤直流电压表；⑥直流毫安表；⑦频率计；⑧万用电表(另配)；⑨晶体三极管 3DG6 等(另配)。

5.2.4　实验内容

实验电路原理如图 5-12 所示，本实验利用其中的第一级放大器。各电子仪器可按图 5-13 所示连接方式接线，为防止干扰，各仪器的公共端必须连在一起，同时信号源、交流毫伏表和示波器的引线应采用专用电缆线或屏蔽线。如使用屏蔽线，则屏蔽线的外包金属网应接在公共接地端上，断开 C_{f2}、R_{f2} 支路和 C_f、R_f，并短路 R_{f1}。

(1) 测量静态工作点

接通电源前，将 R_{W1} 调至最大，放大器工作点最低，函数信号发生器输出旋钮旋至零。

接通+12V 电源、调节 R_{W1}，使 $I_C=2.0$mA(即 $U_E=2.0$V)，用直流电压表测量 U_B、U_E、U_C 的值，记入表 5-6。

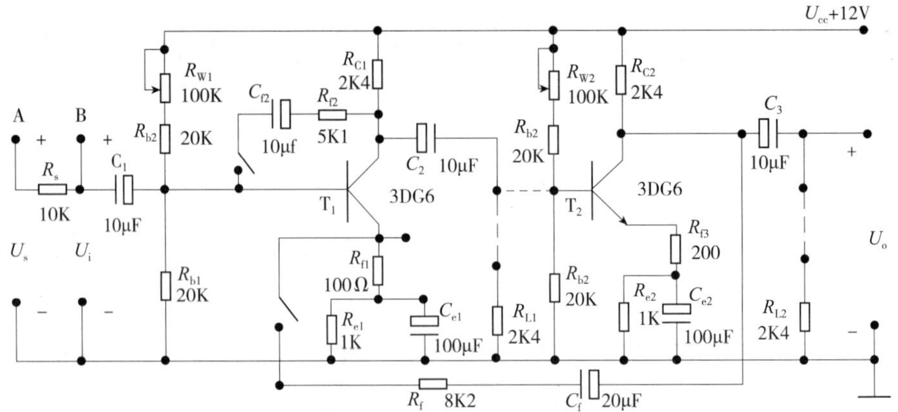

图 5-12 电路原理图

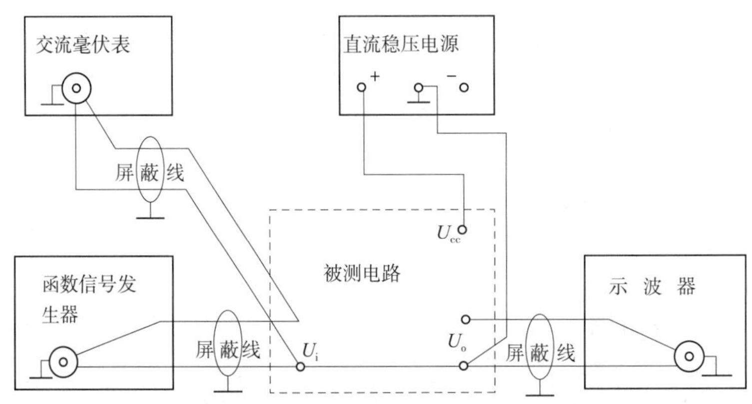

图 5-13 实验电路接线图

表 5-6 静态工作点实验数据表 $I_C=2.0\text{mA}$

测 量 值			计 算 值		
U_B(V)	U_E(V)	U_C(V)	U_{BE}(V)	U_{CE}(V)	I_C(mA)$\approx I_E$

(2)测量电压放大倍数

在放大器输入端(B 点)加入频率为 1kHz 的正弦信号，调节函数信号发生器的输出旋钮，使 $U_i=5\text{mV}$。同时用示波器观察放大器输出电压 U_o(R_{L1}两端)的波形，在波形不失真的条件下用交流毫伏表测量下述两种情况下的 U_o 值，并用双踪示波器观察 U_o 和 U_i 的相位关系，记入表 5-7。

表 5-7 放大倍数实验数据表 $I_C=2.0\text{mA}$，$U_i=5\text{mV}$

R_C(kΩ)	R_L(kΩ)	U_o(V)	A_u	观察记录一组 U_o 和 U_1 波形
2.4	∞			
2.4	2.4			

(3)观察静态工作点对电压放大倍数的影响

置 $R_{C1}=2.4\text{k}\Omega$，$R_{L1}=\infty$，U_i 适量，调节 R_{W1}，用示波器监视输出电压波形，在 U_o 不失真的条件下，测量数组 I_C 和 U_o 值，记入表 5-8。

表 5-8　静态工作点的影响实验数据表　　$R_C=2.4\text{k}\Omega$，$R_L=\infty$，$U_i=5\text{mV}$

I_C(mA)			2.0		
U_o(mV)					
A_V					

(4)观察静态工作点对输出波形失真的影响

置 $R_C=2.4\text{k}\Omega$，$R_L=2.4\text{k}\Omega$，$U_i=0$，调节 R_{W1} 使 $I_C=1.5\text{mA}$，测出 U_{CE} 值。再逐步加大输入信号，使输出电压 U_o 足够大但不失真。然后保持输入信号不变，分别增大和减小 R_{W1}，使波形出现失真，绘出 U_o 的波形，并测出失真情况下的 I_C 和 U_{CE} 值，记入表 5-9 中。每次测 I_C 和 U_{CE} 值时都要将信号源的输出旋钮旋至零。

表 5-9　波形失真实验数据　　$R_C=2.4\text{k}\Omega$，$R_L=2.4\text{k}\Omega$，$U_i=0\text{mV}$

I_C(mA)	U_{CE}(V)	U_o 波形	失真情况	管子工作状态
1.5				

(5)测量最大不失真输出电压

置 $R_C=2.4\text{k}\Omega$，$R_L=2.4\text{k}\Omega$，按照实验原理(4)中所述方法，同时调节输入信号的幅度和电位器 R_{W1}，用示波器和交流毫伏表测量 U_{OPP} 及 U_o 值，记入表 5-10。

表 5-10　最大不失真实验数据　　$R_C=2.4\text{k}\Omega$，$R_L=2.4\text{k}\Omega$

I_C(mA)	U_i(mV)	U_{cm}(V)	U_{OPP}(V)

5.2.5　实验报告

①列表整理测量结果，并把实测的静态工作点、电压放大倍数、输入电阻、输出电阻之值与理论计算值比较(取一组数据进行比较)，分析产生误差原因。

②总结 R_C、R_L 及静态工作点对放大器放大倍数、输入电阻、输出电阻的影响。

③讨论静态工作点变化对放大器输出波形的影响。

④分析讨论在调试过程中出现的问题。

5.2.6 预习要求

①阅读教材中有关单管放大电路的内容并估算实验电路的性能指标。

假设：3DG6 的$\beta=100$，$R_{B1}=20k\Omega$，$R_{B2}=60k\Omega$，$R_C=2.4k\Omega$，$R_L=2.4k\Omega$。估算放大器的静态工作点，电压放大倍数 A_u，输入电阻 R_i 和输出电阻 R_o。

②能否用直流电压表直接测量晶体管的 U_{BE}？为什么实验中要采用先测 U_B、U_E 再间接算出 U_{BE}的方法？

③当调节偏置电阻 R_{B1}，使放大器输出波形出现饱和或截止失真时，晶体管的管压降 U_{CE}怎样变化？

④改变静态工作点对放大器的输入电阻 R_i 有否影响？改变外接电阻 R_L 对输出电阻 R_o 是否有影响？

5.3 单级放大电路

5.3.1 实验目的

①了解模拟实验箱的使用方法。

②掌握放大器静态工作点的调试方法及其对放大器动态性能的影响。

③掌握测量放大器静态工作点 Q，放大倍数 A_u 方法。

④学习放大器的动态性能。

5.3.2 实验仪器

①示波器；②信号发生器；③万用表；④模拟电路实验箱各一台。

5.3.3 实验内容

(1)定性观察放大现象

将信号发生器调到$f=1kHz$，幅值为 1.5V(V_{P-P})其有效值为 0.5V，接到放大器输入端 U_{in}，观察 U_i 和 U_o 波形，并比较相位，画出输入、输出波形。

(2)观察负载对放大倍数的影响

保持 $U_{in}=1.5V$(有效值 500mV，$U_i=5mV$)不变，放大器接入负载 R_L，在改变 R_L 数值情况下测量，并将计算结果填入表 5-11 中(调解 $R_{P1}=0$，使输出为最大不失真)。

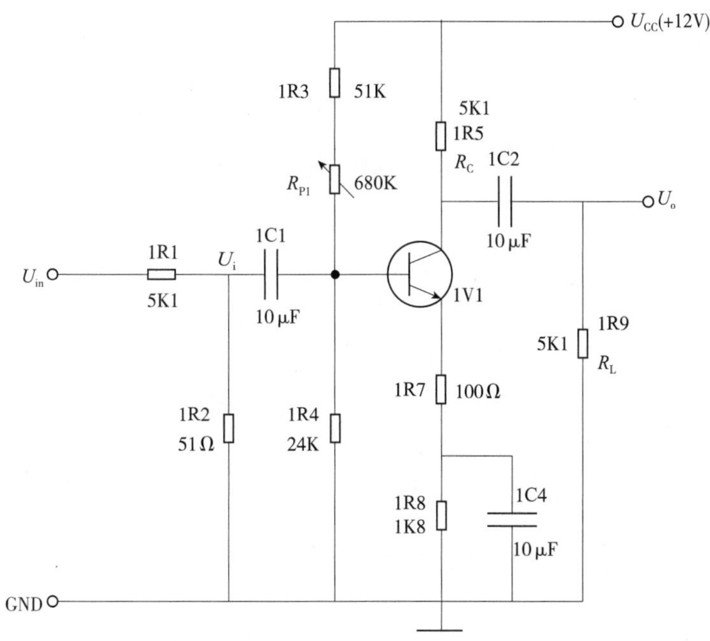

图 5-14　实验电路图

表 5-11　负载对放大倍数的影响

给定参数		实　测		实测计算	估　算
R_C	R_L	U_i(mV)	U_o(mV)	A_u	A_u
5K1	2K1				
5K1	5K1				
5K1	∞				

(3)观察静态工作点对动态性能的影响

保持 $U_{in}=1.5$V(有效值 500mV，$V_i=5$mV)不变，增大或减小 R_{P1}，观察 V_o 的幅值随 R_{P1}变化的情况，测量并填入表 5-12(原电路图若不失真，去掉 R_7，调解 R_{P1}；若还不失真，则增大输入 U_{in}的幅值，直至失真，U_{in}的值为 5~8V，调节 R_{P1}，出现饱和截止失真)。

表 5-12　静态工作点对动态性能的影响

R_{P1}的值	U_b	U_c	U_e	输出波形

5.3.4 注意事项

①为了使测量结果准确，测量 R_{P1}、U_b、U_c、U_e 时，断开输入信号。

②晶体管的截止并非突变的过程，因此所谓截至失真不像饱和失真那样有明显分界可供判断。

5.4 差动放大器

5.4.1 实验目的

①加深对差动放大器性能及特点的理解。

②学会对差动放大器的电压放大倍数、共模抑制比的测量方法。

5.4.2 实验原理

图 5-15 是差动放大器的基本结构。它由两个元件参数相同的基本共射放大电路组成。当开关 K 拨向左边时，构成典型的差动放大器。其中 R_P 为调零电位器，R_E 为两管共用的发射极电阻，它对共模信号有较强的负反馈作用。

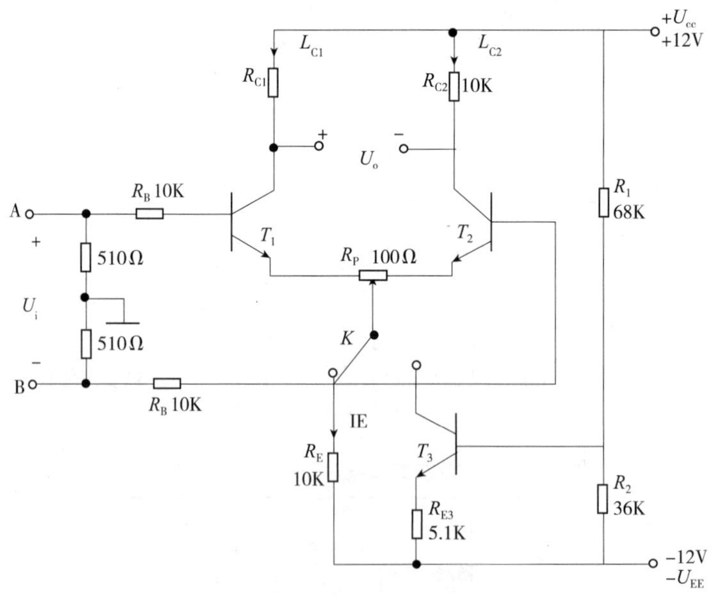

图 5-15 差动放大器实验电路

当开关 K 拨向右边时，构成具有恒流源的差动放大器。它用晶体管恒流源代替发射极电阻 R_E，可以进一步提高差动放大器抑制共模信号能力。

(1)静态工作点的估算

开关 K 拨向左边时，构成典型的差动放大电路，其静态为

$$I_E \approx \frac{|U_{EE}|-U_{BE}}{R_E}（认为\ U_{B1}=U_{B2}\approx 0）$$

$$I_{C1}=I_{C2}=\frac{1}{2}I_E$$

当开关拨向右边时，构成具有恒流源电路的差动放大器。其静态为

$$I_{C3}\approx I_{E3}\approx \frac{\frac{R_2}{R_1+R_2}(U_{cc}+|U_{EE}|)-U_{BE}}{R_{E3}}$$

$$I_{C1}=I_{C1}=\frac{1}{2}I_{C3}$$

(2)差模电压放大倍数和共模电压放大倍数

当差动放大器的射极电阻 R_E 足够大，或采用恒流源电路时，差模电压放大倍数 A_d 由输出端方式决定，而与输入方式无关。

差模输入双端输出 $R_L=\infty$ ，R_P 在中心位置

$$A_d=\frac{\Delta U_o}{\Delta U_i}=\frac{\beta R_C}{R_B+r_{be}+\frac{1}{2}(1+\beta)R_P}$$

差模输入单端输出

$$A_{d1}=\frac{\Delta U_{C1}}{\Delta U_i}=\frac{1}{2}A_d$$

$$A_{d2}=\frac{\Delta U_{C2}}{\Delta U_i}=-\frac{1}{2}A_d$$

当输入共模信号时，若为单端输出，则有

$$A_{C1}=A_{C2}=\frac{\Delta U_{C1}}{\Delta U_i}=\frac{-\beta R_C}{R_B+r_{be}+(1+\beta)\left(\frac{1}{2}R_P+2R_E\right)}\approx -\frac{R_C}{2R_E}$$

若为双端输出，在理想情况下

$$A_C=\frac{\Delta U_o}{\Delta U_i}=0$$

实际上由于元件不可能完全对称，因此 A_C 也不会绝对等于零。

(3)共模抑制比 CMRR

为了表征差动放大器对有用信号(差模信号)的放大作用和对共模信号的抑制能力，通常用一个综合指标来衡量，即共模抑制比：

$$CMRR=\left|\frac{A_d}{A_c}\right| \text{ 或 } CMRR=20\log\left|\frac{A_d}{A_c}\right| \ (dB)$$

差动放大器的输入信号可采用直流信号也可用交流信号。本实验由函数信号发生

器提供频率 $f=1\text{kHz}$ 的正弦信号作为输入信号，由于该信号发生器为不平衡输出方式，所以在双端差模输入时，信号发生器与放大器输入端 A-B 之间需加接平衡输入变压器。

5.4.3 实验设备与器件

①±12V 直流电源；②函数信号发生器；③双踪示波器(另配)；④交流毫伏表；⑤直流电压表；⑥晶体三极管 3DG6×3，要求 T_1、T_2 管特性参数一致(或 9011×3)。

5.4.4 实验内容

5.4.4.1 典型差动放大器性能测试

实验电路如图 5-10，开关 K 拨向左边构成典型差动放大器。

(1)测量静态工作点

将放大器输入端 A、B 与地短接，接通±12V 直流电源，用直流电压表测量输出电压 U_o，调节调零电位器 R_P，使 $U_o=0$。

零点调好以后，用直流电压表测量 T_1、T_2 管各电极电位及射极电阻 R_E 两端电压 U_{RE}，记入表 5-13。

表 5-13 静态工作点实验数据表

测量值	U_{C1}(V)	U_{B1}(V)	U_{E1}(V)	U_{C2}(V)	U_{B2}(V)	U_{E2}(V)	U_{RE}(V)
计算值	I_C(mA)		I_B(mA)		U_{CE}(V)		

(2)测量差模电压放大倍数

断开短路线，将函数信号发生器的输出通过平衡输入变压器接放大器的输入端 A、B(在本实验电路中，将函数信号发生器的输出端接放大器输入端 A，信号源输出地接放大器输入 B)构成双端输入方式，调节信号频率 $f=1\text{kHz}$ 的正弦信号，先使输出信号大小为 0，用示波器监视输出端电压(集电极 C_1 或 C_2 与地之间的电压)。

逐渐增大输入电压 U_i(约 100mV)，在输出波形无失真的情况下，用交流毫伏表测 U_i、U_{C1}、U_{C2}，记入表 5-7 并用双踪示波器观察 U_i、U_{C1}、U_{C2}之间的相位关系及 U_{RE}随 U_i 改变而变化的情况。

利用 $A_{d1}=\dfrac{U_{C1}}{U_i}$、$A_{d2}=\dfrac{U_{C2}}{U_i}$及 $A_d=\dfrac{|U_{C1}|+|U_{C2}|}{U_i}$分别计算双端输入、单端输出时的差模电压增益 A_{d1}和 A_{d2}及双端输入、双端输出的差模电压增益 A_d。

(3)测量共模电压放大倍数

将放大器 A、B 短接(去掉平衡输入变压器)，信号源的输出端与放大器 A、B 相接，信号源的地与电路的地相接。构成共模输入方式，调节函数信号发生器，使输入信号 $U_i=1V$，$f=1kHz$。在输出电压无失真的情况下，测量 U_{C1}、U_{C2}，记入表 5-14。用双踪示波器观察 U_i、U_{C1}、U_{C2}之间的相位关系及 U_{RE}随 U_i 变化而变化的情况。

利用 $A_{C1}=\dfrac{U_{C1}}{U_i}$、$A_{C2}=\dfrac{U_{C2}}{U_i}$及 $A_C=\dfrac{|U_{C1}|-|U_{C2}|}{U_i}$分别计算双端输入、单端输出时的共模电压增益 A_{C1}和 A_{C2}及双端输入、双端输出时的共模电压增益 A_C。

表 5-14　放大电路电压增益实验数据表

	典型差动放大电路		具有恒流源差动放大电路	
	单端输入	共模输入	单端输入	共模输入
U_i	100mV	1V	100mV	1V
U_{C1}(V)				
U_{C2}(V)				
$A_{d1}=\dfrac{U_{C1}}{U_i}$		/		/
$A_d=\dfrac{U_o}{U_i}$		/		/
$A_{C1}=\dfrac{U_{C1}}{U_i}$	/		/	
$A_C=\dfrac{U_o}{U_i}$	/		/	
$CMRR=\left\|\dfrac{A_{d1}}{A_{C1}}\right\|$				

5.4.4.2　具有恒流源的差动放大电路性能测试

将图 5-15 电路中的开关 K 拨向右边，构成具有恒流源的差动放大电路。重复(2)(3)中的各项内容，记入表 5-14。

5.4.5　实验报告

(1)整理实验数据，列表比较实验结果和理论计算值，分析误差原因。

①静态工作点和差模电压放大倍数。

②典型差动放大电路单端输出时的 CMRR 实验值与理论值比较。

③典型差动放大电路单端输出 CMRR 的实测值与具有恒流源的差动放大器 CMRR 实测值比较。

(2)比较 U_i、U_{C1}和 U_{C2}之间的相位关系。

(3)根据实验结果，总结电阻 R_E 和恒流源的作用。

5.4.6 预习要求

①根据实验电路参数，估算典型差动放大器和具有恒流源的差动放大器的静态工作点及差模电压放大倍数(取 $\beta_1=\beta_2=100$)。

②测量静态工作点时，放大器输入端 A、B 与地应如何连接？

③实验中怎样获得双端和单端输入差模信号和共模信号，画出 A、B 端与信号源之间的连接图。

④怎样进行静态调零点？用什么仪表测 U_o？

⑤怎样用交流毫伏表测双端输出电压 U_o？

5.5 射极跟随器

5.5.1 实验目的

①掌握射极跟随器的特性及测试方法。

②进一步学习放大器各项参数测试方法。

5.5.2 实验原理

射极跟随器的原理图如图 5-16 所示。它是一个电压串联负反馈放大电路，它具有输入电阻高，输出电阻低，电压放大倍数接近于 1，输出电压能够在较大范围内跟随输入电压作线性变化以及输入、输出信号同相等特点。

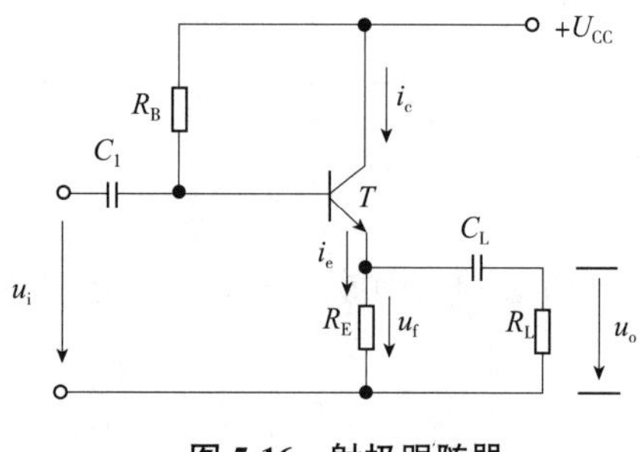

图 5-16 射极跟随器

射极跟随器的输出取自发射极，故称其为射极输出器。

(1)输入电阻 R_i

在图 5-11 电路中，$R_i=r_{be}+(1+\beta)R_E$，如考虑偏置电阻 R_B 和负载 R_L 的影响，则

$$R_i=R_B/\!/[r_{be}+(1+\beta)(R_E/\!/R_L)]$$

由上式可知射极跟随器的输入电阻 R_i 比共射极单管放大器的输入电阻 $R_i=R_B/\!/r_{be}$要高得多，但由于偏置电阻 R_B 的分流作用，输入电阻难以进一步提高。

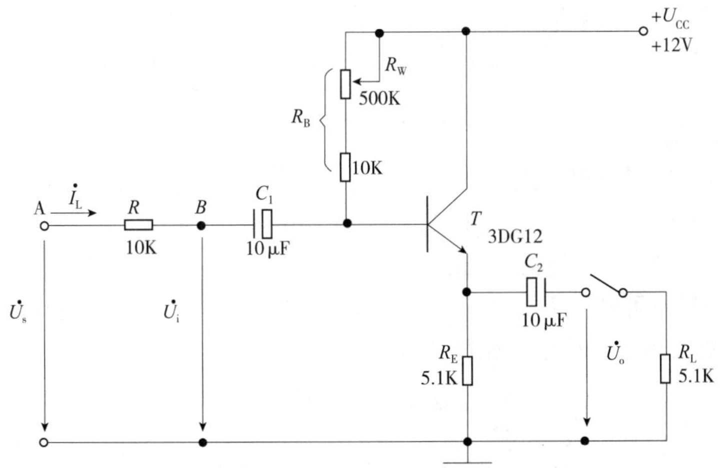

图 5-17　射极跟随器实验电路

输入电阻的测试方法同单管放大器，实验线路如图 5-17 所示。

$$R_i=\frac{U_i}{I_i}=\frac{U_i}{U_s-U_i}R$$

即只要测得 A、B 两点的对地电位即可计算出 R_i。

(2)输出电阻 R_o

在图 5-11 电路中

$$R_o=\frac{r_{be}}{\beta}/\!/R_E\approx\frac{r_{be}}{\beta}$$

如考虑信号源内阻 R_s，则

$$R_o=\frac{r_{be}+(R_s/\!/R_B)}{\beta}/\!/R_E\approx\frac{r_{be}+(R_s/\!/R_B)}{\beta}$$

由上式可知射极跟随器的输出电阻 R_o 比共射极单管放大器的输出电阻 $R_o\approx R_C$ 低得多，三极管的 β 越高，输出电阻越小。

输出电阻 R_o 的测试方法亦同单管放大器，即先测出空载输出电压 U_o，再测接入负载 R_L 后的输出电压 U_L，根据

$$U_L=\frac{R_L}{R_O+R_L}U_o$$

即可求出 R_o

$$R_o=\left(\frac{U_o}{U_L}-1\right)R_L$$

(3)电压放大倍数

在图 5-11 电路中

$$A_u=\frac{(1+\beta)(R_E/\!/R_L)}{r_{be}+(1+\beta)(R_E/\!/R_L)}\leqslant 1$$

上式说明射极跟随器的电压放大倍数小于近于 1，且为正值。这是深度电压负反馈的结果。但它的射极电流仍比基流大$(1+\beta)$倍，所以它具有一定的电流和功率放大作用。

(4)电压跟随范围

电压跟随范围是指射极跟随器输出电压 u_o 跟随输入电压 u_i 作线性变化的区域。当 u_i 超过一定范围时，u_o 便不能跟随 u_i 作线性变化，即 u_o 波形产生了失真。为了使输出电压 u_o 正、负半周对称，并充分利用电压跟随范围，静态工作点应选在交流负载线中点，测量时可直接用示波器读取 u_o 的峰峰值，即电压跟随范围；或用交流毫伏表读取 u_o 的有效值，则电压跟随范围为：

$$U_{0P-P}=2\sqrt{2}U_o$$

5.5.3 实验设备与器件

①+12V 直流电源；②函数信号发生器；③双踪示波器；④交流毫伏表；⑤直流电压表；⑥频率计；⑦3DG12×1($\beta=50\sim100$)或 9013；⑧电阻器、电容器若干。

5.5.4 实验内容

按图 5-17 组接电路。

(1)静态工作点的调整

接通+12V 直流电源，在 B 点加入 $f=1\text{kHz}$ 正弦信号 u_i，输出端用示波器监视输出波形，反复调整 R_W 及信号源的输出幅度，使在示波器的屏幕上得到一个最大不失真输出波形，然后置 $u_i=0$，用直流电压表测量晶体管各电极对地电位，将测得数据记入表 5-15。

表 5-15 静态工作点实验数据表

U_E(V)	U_B(V)	U_C(V)	I_E(mA)

在下面整个测试过程中应保持 R_W 值不变(即保持静工作点 I_E 不变)。

(2)测量电压放大倍数 A_u

接入负载 $R_L=1\text{k}\Omega$，在 B 点加 $f=1\text{kHz}$ 正弦信号 u_i，调节输入信号幅度，用示波器观察输出波形 u_o，在输出最大不失真情况下，用交流毫伏表测 U_i、U_L 值，记入表 5-16。

表 5-16 电压放大倍数实验数据

U_i(V)	U_L(V)	A_u

(3)测量输出电阻 R_0

接上负载 $R_L = 1k\Omega$，在 B 点加 $f = 1kHz$ 正弦信号 u_i，用示波器监视输出波形，测空载输出电压 U_o，有负载时输出电压 U_L，记入表 5-17。

表 5-17　输出电阻实验数据

U_o(V)	U_L(V)	R_o(kΩ)

(4)测量输入电阻 R_i

在 A 点加 $f = 1kHz$ 的正弦信号 u_s，用示波器监视输出波形，用交流毫伏表分别测出 A、B 点对地的电位 U_s、U_i，记入表 5-18。

表 5-18　输入电阻实验数据

U_s(V)	U_i(V)	R_i(kΩ)

(5)测试跟随特性

接入负载 $R_L = 1k\Omega$，在 B 点加入 $f = 1kHz$ 正弦信号 u_i，逐渐增大信号 u_i 幅度，用示波器监视输出波形直至输出波形达最大不失真，测量对应的 U_L 值，记入表 5-19。

表 5-19　电压跟随特性实验数据表

U_i(V)	
U_L(V)	

(6)测试频率响应特性

保持输入信号 u_i 幅度不变，改变信号源频率，用示波器监视输出波形，用交流毫伏表测量不同频率下的输出电压 U_L 值，记入表 5-20。

表 5-20　频率响应特性实验数据表

f(kHz)	
U_L(V)	

5.5.5　预习要求

①复习射极跟随器的工作原理。

②根据图 5-17 的元件参数值估算静态工作点，并画出交、直流负载线。

5.5.6　实验报告

①整理实验数据，并画出曲线 $U_L = f(U_i)$ 及 $U_L = f(f)$ 曲线。

②分析射极跟随器的性能和特点。

5.6 负反馈放大电路

5.6.1 实验目的

①研究负反馈对放大器性能的影响。

②掌握反馈放大器性能的测试方法。

5.6.2 实验仪器

①示波器；②信号发生器；③毫伏表；④模拟电路实验箱各一台。

5.6.3 实验内容

(1)负反馈放大器开环和闭环放大倍数的测试

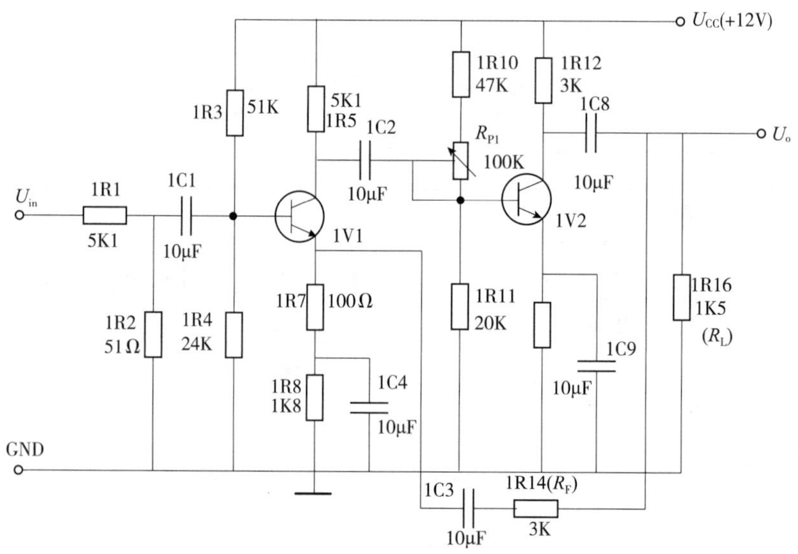

图 5-18 实验电路图

①开环电路(R_F 不接入)。输入端接入 U_{in}=0.3V(U_i=1mV)，f=1kHz 的正弦波，调整接线和参数使输出不失真且无振荡。按表要求测量并填表 5-21。

②闭环电路(R_F 接入)。

表 5-21 测量值

	R_L(kΩ)	U_i(mV)	U_o(mV)	U_u(A_{uf})
开环	1kΩ	1		
	∞	1		

（续）

	R_L(kΩ)	U_i(mV)	U_o(mV)	$U_u(A_{uf})$
闭环	1kΩ	1		
	∞	1		

(2)负反馈对失真的改善作用

①将电路图开环，逐步加大 U_i 的幅度，使输出信号出现失真(注意不要过分失真)记录失真波形幅度。

②将电路闭环，观察输出情况，并适当增加 U_i 的幅度，使输出幅度接近开环时失真波形幅度，并讨论负反馈对失真的改善作用。

(3)测放大器频率特性

①将电路图开环，选择 U_i 适当幅度(1kHz)使输出信号在示波器上有满幅正弦波显示。

②保持输入信号幅度不变逐步增加频率，直到幅值减小为原来的 70%，此时信号频率即为放大器 f_H。

③条件同上。但逐渐减小频率，测得 f_L。

④将电路闭环，重复①~③步骤，并将结果填入表 5-22 中。

表 5-22　放大器频率特性

	f_H(Hz)	f_L(Hz)
开环		
闭环		

5.7　集成运算放大器的基本应用——电压比较器

5.7.1　实验目的

①掌握电压比较器的电路构成及特点。

②学会测试比较器的方法。

5.7.2　实验原理

电压比较器是集成运放非线性应用电路，它将一个模拟量电压信号和一个参考电压相比较，在二者幅度相等的附近，输出电压将产生跃变，相应输出高电平或低电平。比较器可以组成非正弦波形变换电路及应用于模拟与数字信号转换等领域。

图 5-19 所示为一最简单的电压比较器，U_R 为参考电压，加在运放的同相输入端，输入电压 u_i 加在反相输入端。

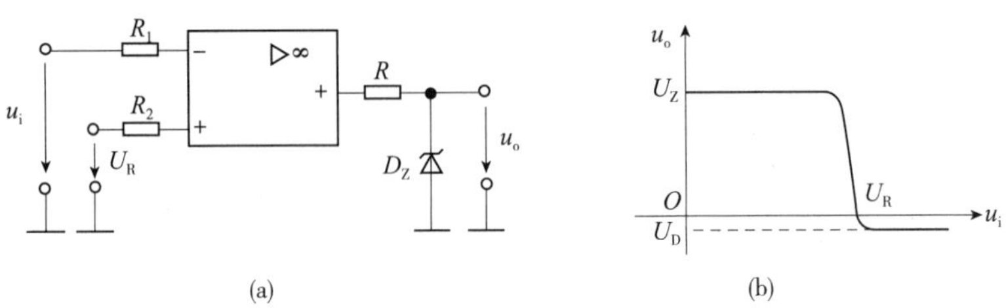

图 5-19　电压比较器

(a)电路图　(b)传输特性

当 $u_i<U_R$ 时，运放输出高电平，稳压管 D_Z 反向稳压工作。输出端电位被其箝位在稳压管的稳定电压 U_Z，即 $u_o=U_Z$。

当 $u_i>U_R$ 时，运放输出低电平，稳压管 D_Z 正向导通，输出电压等于稳压管的正向压降 U_D，即 $u_o=-U_D$。

因此，以 U_R 为界，当输入电压 u_i 变化时，输出端反映出两种状态：高电位和低电位。

表示输出电压与输入电压之间关系的特性曲线，称为传输特性。图 5-13(b)为(a)图比较器的传输特性。

常用的电压比较器有过零比较器、具有滞回特性的过零比较器、双限比较器(又称窗口比较器)等。

(1)过零比较器

电路如图 5-14 所示为加限幅电路的过零比较器，D_Z 为限幅稳压管。信号从运放的反相输入端输入，参考电压为零，从同相端输入。当 $U_i>0$ 时，输出 $U_o=-(U_Z+U_D)$，当 $U_i<0$ 时，$U_o=+(U_Z+U_D)$。其电压传输特性如图 5-20(b)所示。

过零比较器结构简单，灵敏度高，但抗干扰能力差。

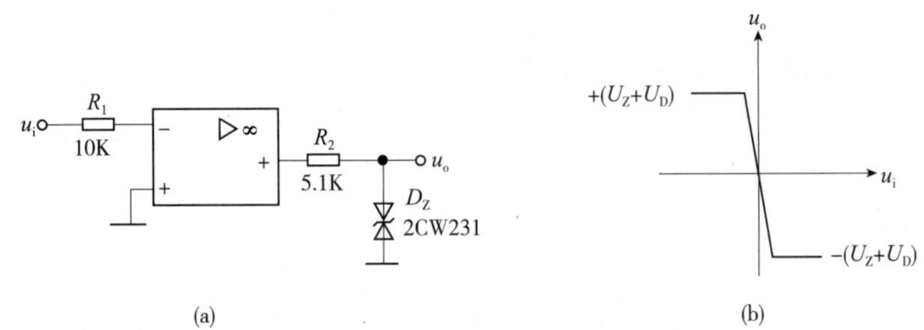

图 5-20　过零比较器

(a)过零比较器　(b)电压传输特性

(2)滞回比较器

图 5-21(a)为具有滞回特性的过零比较器，过零比较器在实际工作时，如果 u_i 恰好在过零值附近，则由于零点漂移的存在，u_o 将不断由一个极限值转换到另一个极限值，这在控制系统中，对执行机构将是很不利的。为此，就需要输出特性具有滞回现象。如图 5-21(a)所示，从输出端引一个电阻分压正反馈支路到同相输入端，若 u_o 改变状态，Σ点也随着改变电位，使过零点离开原来位置。当 u_o 为正(记作 U_+) $U_\Sigma=\dfrac{R_2}{R_f+R_2}U_+$，则当 $u_i>U_\Sigma$ 后，u_o 即由正变负(记作 U_-)，此时 U_Σ 变为 $-U_\Sigma$。故只有当 u_i 下降到 $-U_\Sigma$ 以下，才能使 u_o 再度回升到 U_+，于是出现图 5-21(b)中所示的滞回特性。$-U_\Sigma$ 与 U_Σ 的差别称为回差。改变 R_2 的数值可以改变回差的大小。

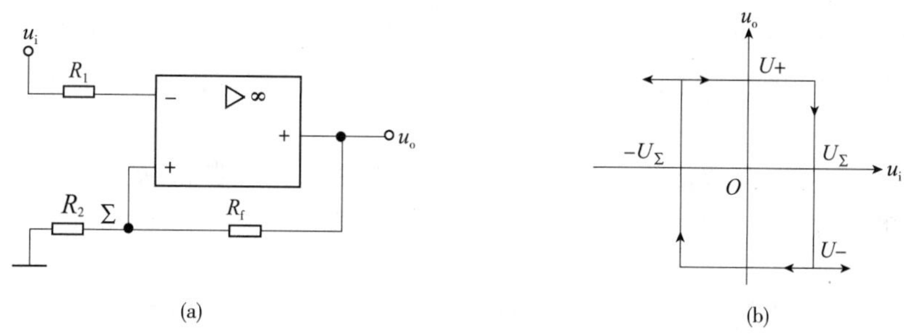

图 5-21　滞回比较器

(a)电路图　(b)传输特性

(3)窗口(双限)比较器

简单的比较器仅能鉴别输入电压 u_i 比参考电压 U_R 高或低的情况，窗口比较电路是由两个简单比较器组成，如图 5-22 所示，它能指示出 u_i 值是否处于 U_R^+ 和 U_R^- 之间。如 $U_R^-<U_i<U_R^+$，窗口比较器的输出电压 U_o 等于运放的正饱和输出电压($+U_{omax}$)，如果 $U_i<U_R^-$ 或 $U_i>U_R^+$，则输出电压 U_o 等于运放的负饱和输出电压($-U_{omax}$)。

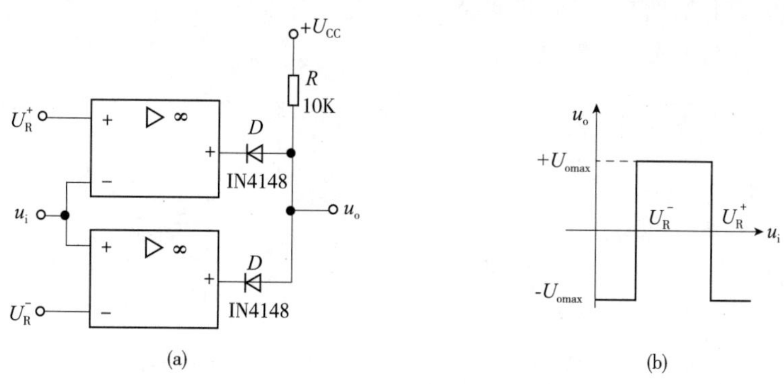

图 5-22　由两个简单比较器组成的窗口比较器

(a)电路图　(b)传输特性

5.7.3　实验设备与器件

①±12V 直流电源；②函数信号发生器；③双踪示波器；④直流电压表；⑤交流毫伏表；⑥运算放大器 μA741×2；⑦稳压管 2CW231×1；⑧二极管 4148×2；⑨电阻器等。

5.7.4　实验内容

5.7.4.1　过零比较器

实验电路如图 5-20 所示。

①接通±12V 电源。

②测量 u_i 悬空时的 U_o 值。

③u_i 输入 500Hz、幅值为 2V 的正弦信号，观察 $u_i \to u_o$ 波形并记录。

④改变 u_i 幅值，测量传输特性曲线。

5.7.4.2　反相滞回比较器

实验电路如图 5-23 所示。

①按图接线，u_i 接+5V 可调直流电源，测出 u_o 由 $+U_{omax} \to -U_{omax}$ 时 u_i 的临界值。

②同上，测出 u_o 由 $-U_{omax} \to +U_{omax}$ 时 u_i 的临界值。

③u_i 接 500Hz，峰值为 2V 的正弦信号，观察并记录 $u_i \to u_o$ 波形。

④将分压支路 100K 电阻改为 200K，重复上述实验，测定传输特性。

5.7.4.3　同相滞回比较器

实验线路如图 5-24 所示。

①参照 5.7.4.2，自拟实验步骤及方法。

②将结果与 5.7.4.2 进行比较。

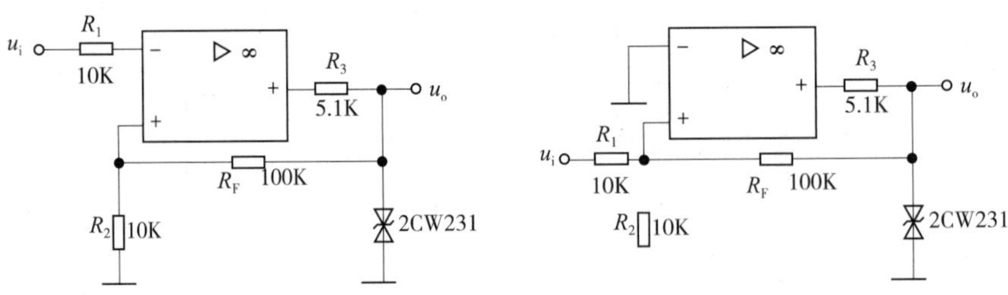

图 5-23　反相滞回比较器　　　图 5-24　同相滞回比较器

5.7.4.4　窗口比较器

参照图 5-22 自拟实验步骤和方法测定其传输特性。

5.7.5 实验报告

①整理实验数据，绘制各类比较器的传输特性曲线。

②总结几种比较器的特点，阐明它们的应用。

5.7.6 预习要求

①复习教材有关比较器的内容。

②画出各类比较器的传输特性曲线。

③若要将图 5-16 窗口比较器的电压传输曲线高、低电平对调，应如何改动比较器电路。

5.8 直流稳压电源——串联型晶体管稳压电源

5.8.1 实验目的

①研究单相桥式整流、电容滤波电路的特性。

②掌握串联型晶体管稳压电源主要技术指标的测试方法。

5.8.2 实验原理

电子设备一般都需要直流电源供电。这些直流电除了少数直接利用干电池和直流发电机外，大多数是采用把交流电(市电)转变为直流电的直流稳压电源。

直流稳压电源由电源变压器、整流、滤波和稳压电路四部分组成，其原理框图如图 5-25 所示。电网供给的交流电压 u_1(220V，50Hz)经电源变压器降压后，得到符合电路需要的交流电压 u_2，然后由整流电路变换成方向不变、大小随时间变化的脉动电压 u_3，再用滤波器滤去其交流分量，就可得到比较平直的直流电压 u_i。但这样的直流输出电压，还会随交流电网电压的波动或负载的变动而变化。在对直流供电要求较高的场合，还需要使用稳压电路，以保证输出直流电压更加稳定。

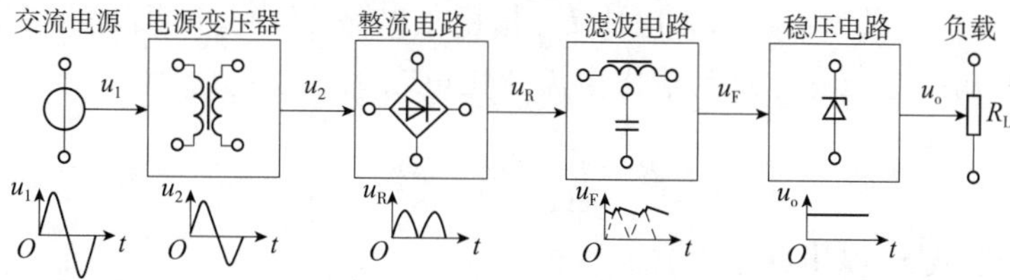

图 5-25　直流稳压电源框图

图 5-26 是由分立元件组成的串联型稳压电源的电路图。其整流部分为单相桥式整流、电容滤波电路。稳压部分为串联型稳压电路，它由调整元件(晶体管 T_1)；比较放大器 T_2、R_7；取样电路 R_1、R_2、R_W，基准电压 D_W、R_3 和过流保护电路 T_3 管及电阻 R_4、R_5、R_6 等组成。整个稳压电路是一个具有电压串联负反馈的闭环系统，其稳压过程为：当电网电压波动或负载变动引起输出直流电压发生变化时，取样电路取出输出电压的一部分送入比较放大器，并与基准电压进行比较，产生的误差信号经 T_2 放大后送至调整管 T_1 的基极，使调整管改变其管压降，以补偿输出电压的变化，从而达到稳定输出电压的目的。

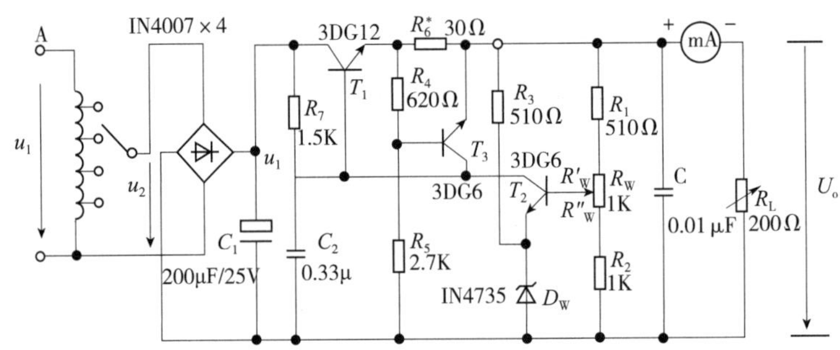

图 5-26　串联型稳压电源实验电路

由于在稳压电路中，调整管与负载串联，因此流过它的电流与负载电流一样大。当输出电流过大或发生短路时，调整管会因电流过大或电压过高而损坏，所以需要对调整管加以保护。在图 5-26 电路中，晶体管 T_3、R_4、R_5、R_6 组成减流型保护电路。此电路设计在 $I_{op}=1.2I_o$ 时开始起保护作用，此时输出电流减小，输出电压降低。故障排除后电路应能自动恢复正常工作。在调试时，若保护提前作用，应减少 R_6 值；若保护作用迟后，则应增大 R_6 之值。

稳压电源的主要性能指标：

(1)输出电压 U_o 和输出电压调节范围

$$U_o=\frac{R_1+R_W+R_2}{R_2+R_W''}(U_Z+U_{BE2})$$

调节 R_W 可以改变输出电压 U_o。

(2)最大负载电流 I_{om}。

(3)输出电阻 R_o。

输出电阻 R_o 定义为：当输入电压 U_i(指稳压电路输入电压)保持不变，由于负载变化而引起的输出电压变化量与输出电流变化量之比，即

$$R_o=\frac{\Delta U_o}{\Delta 1_o}\bigg|U_i=\text{常数}$$

(4)稳压系数 S(电压调整率)

稳压系数定义为：当负载保持不变，输出电压相对变化量与输入电压相对变化量之比，即

$$S=\left.\frac{\Delta U_o/U_o}{\Delta U_i/U_i}\right|R_L=常数$$

由于工程上常把电网电压波动±10%作为极限条件，因此也有将此时输出电压的相对变化 $\Delta U_o/U_o$ 作为衡量指标，称为电压调整率。

(5)纹波电压

输出纹波电压是指在额定负载条件下，输出电压中所含交流分量的有效值(或峰值)。

5.8.3　实验设备与器件

①可调工频电源；②双踪示波器；③交流毫伏表；④直流电压表；⑤直流毫安表；⑥滑线变阻器 200Ω/1A；⑦晶体三极管 3DG6×2(9011×2)、3DG12×1(9013×1)，晶体二极管 IN4007×4，稳压管 IN4735×1；⑧电阻器、电容器若干。

5.8.4　实验内容

5.8.4.1　整流滤波电路测试

按图 5-27 连接实验电路。取可调工频电源电压为 16V，作为整流电路输入电压 u_2。

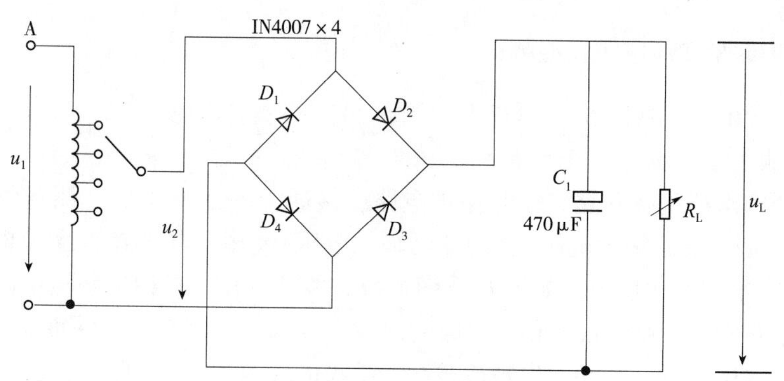

图 5-27　整流滤波电路

①取 $R_L=240\Omega$，不加滤波电容，测量直流输出电压 U_L 及纹波电压 $\widetilde{U}_L$，并用示波器观察 u_2 和 u_L 波形，记入表 5-23。

②取 $R_L=240\Omega$，$C=470\mu F$，重复内容①的要求，记入表 5-23。

③取 $R_L=120\Omega$，$C=470\mu F$，重复内容①的要求，记入表 5-23。

表 5-23 整流滤波实验数据表 $U_2=16V$

电路形式		U_L(V)	$\widetilde{U}_L$(V)	U_L 波形
$R_L=240\Omega$	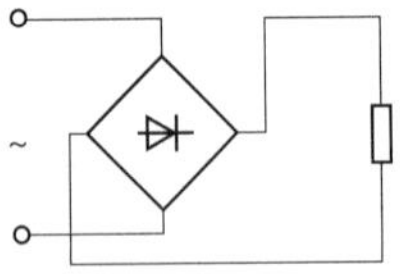 ~			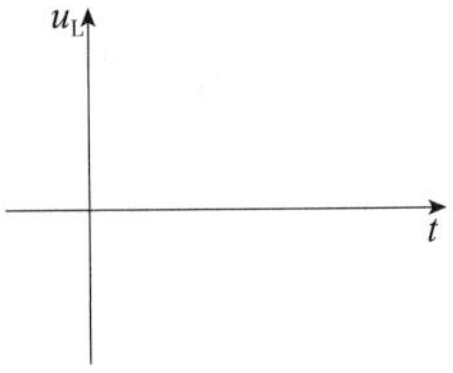 u_L t
$R_L=240\Omega$ $C=470\mu F$	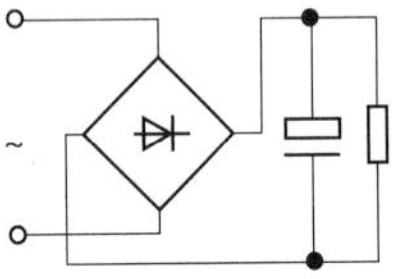 ~			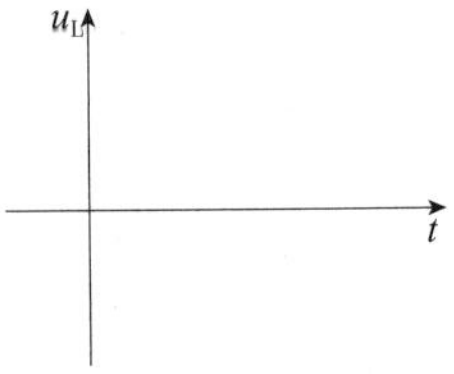 u_L t
$R_L=120\Omega$ $C=470\mu F$	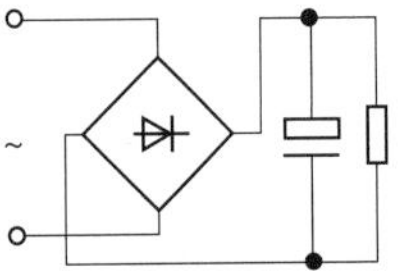 ~			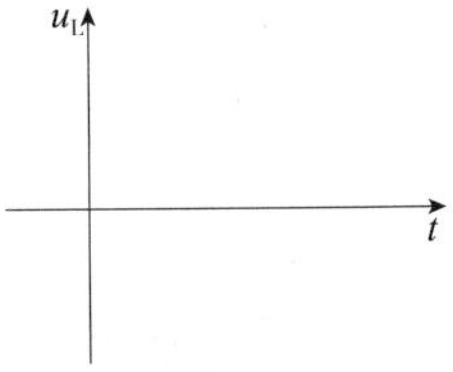 u_L t

注意：①每次改接电路时，必须切断工频电源。

②在观察输出电压 U_L 波形的过程中，“Y 轴灵敏度”旋钮位置调好以后，不要再变动，否则将无法比较各波形的脉动情况。

5.8.4.2 串联型稳压电源性能测试

切断工频电源，在图 5-21 基础上按图 5-20 连接实验电路。

(1)初测

稳压器输出端负载开路，断开保护电路，接通 16V 工频电源，测量整流电路输入电压 U_2，滤波电路输出电压 U_i(稳压器输入电压)及输出电压 U_o。调节电位器 R_W，观察 U_o 的大小和变化情况，如果 U_o 能跟随 R_W 线性变化，这说明稳压电路各反馈环路工作基本正常。否则，说明稳压电路有故障，因为稳压器是一个深负反馈的闭环系统，只要环路中任意一个环节出现故障(某管截止或饱和)，稳压器就会失去自动调节作用。此时可分别检查基准电压 U_Z，输入电压 U_I，输出电压 U_o，以及比较放大器和调整管各电极的电位(主要是 U_{BE} 和 U_{CE})，分析它们的工作状态是否都处在线性区，从而找出不能正常工作的原因。排除故障以后就可以进行下一步测试。

(2)测量输出电压可调范围

接入负载 R_L(滑线变阻器)，并调节 R_L，使输出电流 $I_o\approx100mA$。再调节电位器 R_W，测量输出电压可调范围 $U_{omin}\sim U_{omax}$。且使 R_W 动点在中间位置附近时 $U_o=12V$。若不满足要求，可适当调整 R_1、R_2 之值。

(3)测量各级静态工作点

调节输出电压 $U_o = 12V$，输出电流 $I_o = 100mA$，测量各级静态工作点，记入表5-24。

表 5-24　串联型稳压电源实验数据　　$U_2 = 16V$，$U_o = 12V$，$I_o = 100mA$

	T_1	T_2	T_3
U_B(V)			
U_C(V)			
U_E(V)			

(4)测量稳压系数 S

取 $I_o = 100mA$，按表 5-24 改变整流电路输入电压 U_2(模拟电网电压波动)，分别测出相应的稳压器输入电压 U_i 及输出直流电压 U_o，记入表 5-25。

(5)测量输出电阻 R_o

取 $U_2 = 16V$，改变滑线变阻器位置，使 I_o 为空载、50mA 和 100mA，测量相应的 U_o 值，记入表 5-26。

表 5-25　稳压系数实验数据表　　$I_o = 100mA$

测　试　值			计　算　值
U_2(V)	U_i(V)	U_o(V)	S
14			$S_{12}=$ $S_{23}=$
16		12	
18			

表 5-26　输出电阻实验数据表　　$U_2 = 16V$

测　试　值		计　算　值
I_o(mA)	U_o(V)	R_o(Ω)
空载		$R_{o12}=$ $R_{o23}=$
50	12	
100		

(6)测量输出纹波电压

取 $U_2 = 16V$，$U_o = 12V$，$I_o = 100mA$，测量输出纹波电压 U_o，记录。

(7)调整过流保护电路

①断开工频电源，接上保护回路，再接通工频电源，调节 R_W 及 R_L 使 $U_o = 12V$，$I_o = 100mA$，此时保护电路应不起作用。测出 T_3 管各极电位值。

②逐渐减小 R_L，使 I_o 增加到 120mA，观察 U_o 是否下降，并测出保护起作用时

T_3 管各极的电位值。若保护作用过早或迟后，可改变 R_6 之值进行调整。

③用导线瞬时短接一下输出端，测量 U_o 值，然后去掉导线，检查电路是否能自动恢复正常工作。

5.8.5 实验总结

①对表 5-14 所测结果进行全面分析，总结桥式整流、电容滤波电路的特点。

②根据表 5-16 和表 5-17 所测数据，计算稳压电路的稳压系数 S 和输出电阻 R_o，并进行分析。

③分析讨论实验中出现的故障及其排除方法。

5.8.6 预习要求

①复习教材中有关分立元件稳压电源部分内容，并根据实验电路参数估算 U_o 的可调范围及 $U_o=12V$ 时 T_1、T_2 管的静态工作点(假设调整管的饱和压降 $U_{CE1S}\approx 1V$)。

②说明图 5-20 中 U_2、U_i、U_o 及 $\widetilde{U}_o$ 的物理意义，并从实验仪器中选择合适的测量仪表。

③在桥式整流电路实验中，能否用双踪示波器同时观察 u_2 和 u_L 波形，为什么?

④在桥式整流电路中，如果某个二极管发生开路、短路或反接三种情况，将会出现什么问题?

⑤为了使稳压电源的输出电压 $U_o=12V$，则其输入电压的最小值 U_{imin}应等于多少? 交流输入电压 U_{2min}又怎样确定?

⑥当稳压电源输出不正常，或输出电压 U_o 不随取样电位器 R_W 而变化时，应如何进行检查找出故障所在?

⑦分析保护电路的工作原理。

⑧怎样提高稳压电源的性能指标(减小 S 和 R_o)?

5.9 整流、滤波、稳压电路的设计

5.9.1 实验目的

①掌握整流、滤波、稳压电路的工作原理。

②了解三端集成稳压器的特性和基本使用方法。

③掌握滞留稳压电源主要参数的测试方法。

④初步掌握设计、焊接的基本思路、方法。

5.9.2　实验设备与器件

①示波器；②万用表；③模拟电路实验箱；④电源变压器；⑤整流器；⑥78L06 三端稳压器；⑦100Ω 电阻一个；⑧1000μF，0.33μF，100μF，0.1μF 的电容各一个；⑨1kΩ 电位器一个。

5.9.3　实验内容

(1)整流、滤波、稳压电路

电路图如图 5-28 所示。

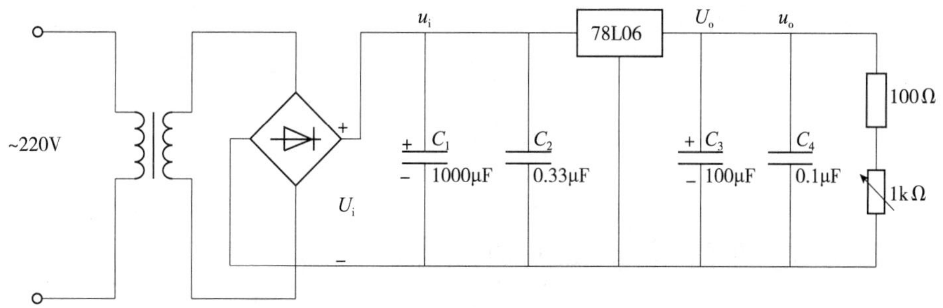

图 5-28　整流、滤波、稳压电路图

(2)按图 5-28 焊接电路

1000Ω 电阻的作用：防止负载电位器短路，它与 1kΩ 电位器的额定功率应大于 2W，检查无误后接入 220V 电源。

C_1：滤波电容，当要求输入纹波小时，其值可以选大一些。

C_3：当负载电流突变时，为改善电源的动态特性而设的，取值 100~470μF。

C_2、C_4：在高频作用下为抑制稳压器输出端产生的振荡或电网输入端传入的高频干扰，C_2、C_4 取值范围为 0.1~0.33μF。

(3)测量数据并填表 5-27。

表 5-27　测量数据表

U_i(整流器输出电压)	U_o(输出直流电压)	u_i(输入纹波电压)	u_o(输出纹波电压)

5.9.4　注意事项

①防止整流器的输入(交流)和输出(直流)接反。

②防止稳压器的输入和输出接反，接地端一定接地。

③C_1、C_3 电容的两个引脚有正负之分，应避免接反。

④U_i、U_o 为直流电压，用万用表来测量；u_i、u_o 为交流纹波电压，用毫伏表来测量。

第 6 章

数字电路实验

6.1　基本逻辑门的验证与测试

6.1.1　实验目的

①熟悉门电路的逻辑功能、逻辑表达式、逻辑符号、等效逻辑图。

②掌握数字电路实验箱及示波器的使用方法。

③学会检测基本门电路的方法。

6.1.2　实验仪器及器件

①双踪示波器；②数字万用表；③数字电路实验箱；④2 片 74LS00(二输入端四与非门)；⑤1 片 74LS20(四输入端双与非门)；⑥1 片 74LS86(二输入端四异或门)。

器件引脚图如图 6-1 所示。

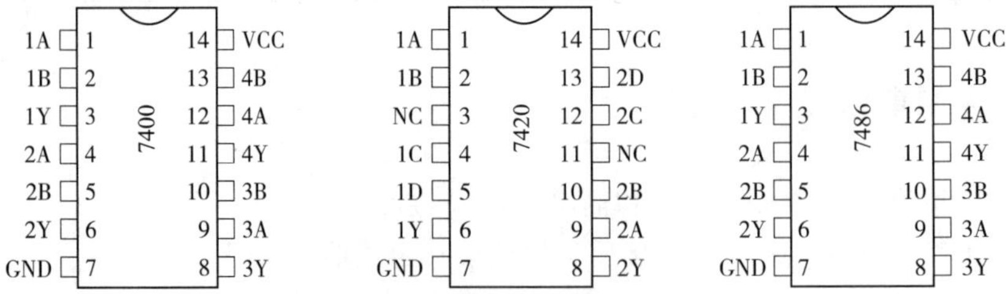

7400

引脚	名称	引脚	名称
1	1A	14	VCC
2	1B	13	4B
3	1Y	12	4A
4	2A	11	4Y
5	2B	10	3B
6	2Y	9	3A
7	GND	8	3Y

7420

引脚	名称	引脚	名称
1	1A	14	VCC
2	1B	13	2D
3	NC	12	2C
4	1C	11	NC
5	1D	10	2B
6	1Y	9	2A
7	GND	8	2Y

7486

引脚	名称	引脚	名称
1	1A	14	VCC
2	1B	13	4B
3	1Y	12	4A
4	2A	11	4Y
5	2B	10	3B
6	2Y	9	3A
7	GND	8	3Y

图 6-1　器件引脚图

6.1.3　实验预习要求

①预习门电路相应的逻辑表达式。

②熟悉所用集成电路的引脚排列及用途。

6.1.4　实验内容

实验前按数字电路实验箱使用说明书先检查电源是否正常，然后选择实验用的集成块芯片插入实验箱中对应的IC座，按自己设计的实验接线图接好连线。注意集成块芯片不能插反。线接好后经实验指导教师检查无误方可通电实验。实验中改动接线须先断开电源，接好线后再通电实验。

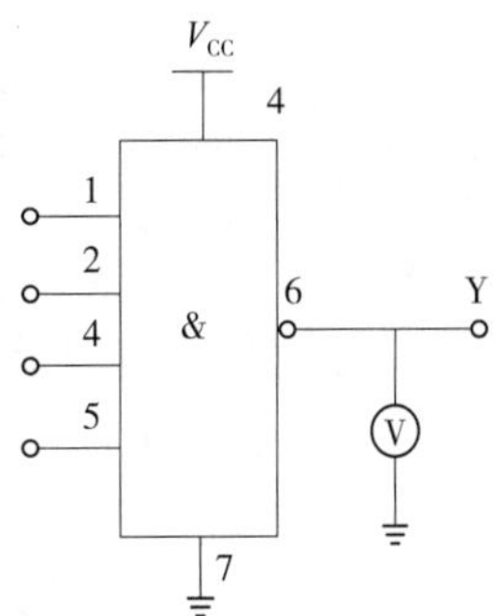

图6-2　与非门逻辑功能测量电路

(1)与非门电路逻辑功能的测试

①选用双四输入与非门74LS20一片，插入数字电路实验箱中对应的IC座，按图6-2接线，输入端1、2、4、5分别接到$K_1 \sim K_4$的逻辑开关输出插口，输出端接电平显示发光二极管$D_1 \sim D_4$任意一个。

②将逻辑开关按表6-1的状态，分别测输出电压及逻辑状态。

表6-1　与非门逻辑功能测量表

输入				输出	
1(K_1)	2(K_2)	4(K_3)	5(K_4)	Y	电压值(V)
H	H	H	H		
L	H	H	H		
L	L	H	H		
L	L	L	H		
L	L	L	L		

(2)异或门逻辑功能的测试

①选二输入四异或门电路74LS86，按图6-3接线，输入端1、2、4、5接逻辑开关($K_1 \sim K_4$)，输出端A、B、Y接电平显示发光二极管。

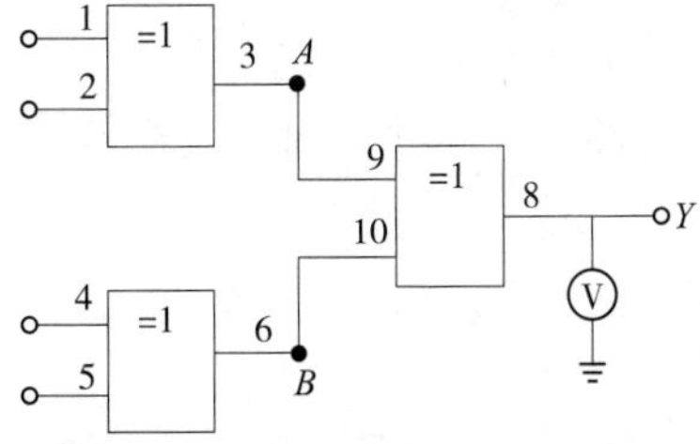

图6-3　异或门逻辑功能测量电路

表 6-2 异或门逻辑功能测量表

输入				输出			
1(K_1)	2(K_2)	4(K_3)	5(K_4)	A	B	Y	电压(V)
L	L	L	L				
H	L	L	L				
H	H	L	L				
H	H	H	L				
H	H	H	H				
L	H	L	H				

②将逻辑开关按表 6-2 的状态，将结果填入表 6-2 中。

(3)逻辑电路的逻辑关系测试

①用 74LS00 按图 6-4、图 6-5 接线，将输入输出逻辑关系分别填入表 6-3、表 6-4 中。

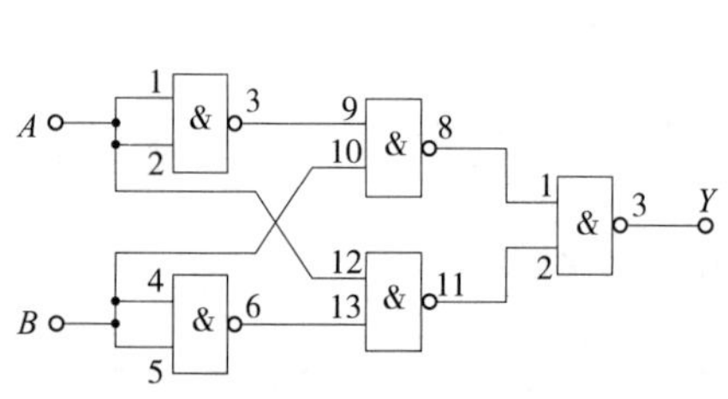

图 6-4 逻辑图

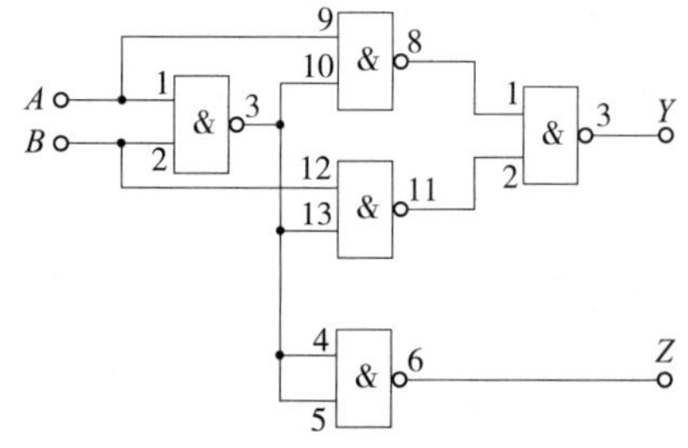

图 6-5 逻辑图

表 6-3 逻辑功能表

输入		输出
A	B	Y
L	L	
L	H	
H	L	
H	H	

表 6-4 逻辑功能表

输入		输出	
A	B	Y	Z
L	L		
L	H		
H	L		
H	H		

②写出上面两个电路逻辑表达式，并画出等效逻辑图。

(4)利用与非门控制输出(选做)

用一片 74LS00 按图 6-6、图 6-7 接线，S 接任一电平开关，用示波器观察 S 对输出脉冲的控制作用。

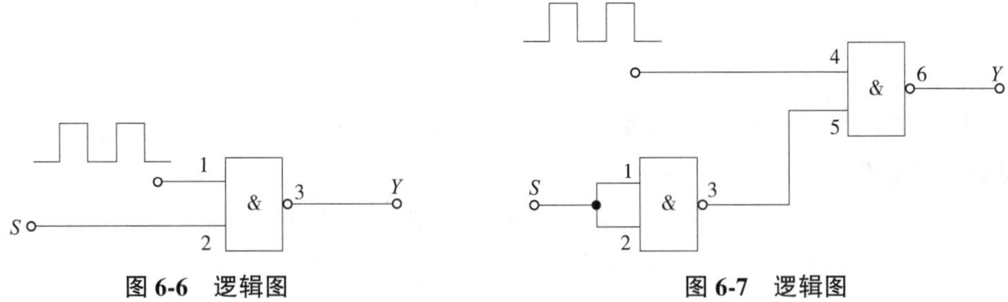

图 6-6　逻辑图　　　　图 6-7　逻辑图

(5)用与非门组成其他逻辑门电路，并验证其逻辑功能

①组成与门电路。由与门的逻辑表达式 $Z=A\cdot B=\overline{\overline{A\cdot B}}$得知，可以用两个与非门组成与门，其中一个与非门用作反相器。

将与门及其逻辑功能验证的实验原理图画在表 6-5 中，按原理图联线，检查无误后接通电源。

当输入端 A、B 为表 6-5 的情况时，分别测出输出端 Y 的电压或用 LED 发光管监视其逻辑状态，并将结果记录表中，测试完毕后断开电源。

表 6-5　逻辑功能表

逻辑功能测试实验原理图	输入		输出 Y	
	A	B	电压	逻辑值

表 6-6　逻辑功能表

逻辑功能测试实验原理图	输入		输出 Y	
	A	B	电压	逻辑值

②组成或门电路。根据摩根定理，或门的逻辑函数表达式 $Z=A+B$ 可以写成 $Z=\overline{\overline{A}\cdot\overline{B}}$，因此，可以用三个与非门组成或门。

将或门及其逻辑功能验证的实验原理图画在表 6-6 中，按原理图联线，检查无误后接通电源。

当输入端 A、B 为表 6-6 的情况时，分别测出输出端 Y 的电压或用 LED 发光管监视其逻辑状态，并将结果记录表中，测试完毕后断开电源。

③组成或非门电路。或非门的逻辑函数表达式 $Z=\overline{A+B}$，根据摩根定理，可以写成 $Z=\overline{A}\cdot\overline{B}=\overline{\overline{\overline{A}\cdot\overline{B}}}$，因此，可以用四个与非门构成或非门。

将或非门及其逻辑功能验证的实验原理图画在表 6-7 中，按原理图联线，检查无误后接通电源。

当输入端 A、B 为表 6-7 的情况时，分别测出输出端 Y 的电压或用 LED 发光管监视其逻辑状态，并将结果记录表中，测试完毕后断开电源。

表 6-7　逻辑功能表

逻辑功能测试实验原理图	输入		输出 Y	
	A	B	电压	逻辑值

④组成异或门电路(选做)。异或门的逻辑表达式 $Z=A\overline{B}+\overline{A}B=\overline{\overline{A\overline{B}}\cdot\overline{\overline{A}B}}$，由表达式得知，我们可以用五个与非门组成异或门。但根据没有输入反变量的逻辑函数的化简方法，有 $\overline{A}\cdot B=(\overline{A}+\overline{B})\cdot B=\overline{A\cdot B}\cdot B$，同理有 $A\overline{B}=A\cdot(\overline{A}+\overline{B})=A\cdot\overline{AB}$，因此 $Z=A\overline{B}+\overline{A}B=\overline{\overline{\overline{AB}B}\cdot\overline{\overline{AB}A}}$，可由四个与非门组成。

将异或门及其逻辑功能验证的实验原理图画在表 6-8 中，按原理图联线，检查无误后接通电源。

当输入端 A、B 为表 6-8 的情况时，分别测出输出端 Y 的电压或用 LED 发光管监视其逻辑状态，并将结果记录表中，测试完毕后断开电源。

表 6-8　逻辑功能表

逻辑功能测试实验原理图	输入		输出 Y	
	A	B	电压	逻辑值

6.1.5　实验报告

(1)按各步骤要求填表并画逻辑图。

(2)回答问题。

①怎样判断门电路逻辑功能是否正常?

②与非门一个输入接连续脉冲，其余端什么状态时允许脉冲通过? 什么状态时禁止脉冲通过?

③异或门又称可控反相门，为什么?

6.2　译码器及其应用

6.2.1　实验目的

①掌握中规模集成译码器的逻辑功能和使用方法。

②熟悉数码管的使用。

6.2.2　实验原理

译码器是一个多输入、多输出的组合逻辑电路。它的作用是把给定的代码进行“翻译”，变成相应的状态，使输出通道中相应的一路有信号输出。译码器在数字系统中有广泛的用途，不仅用于代码的转换、终端的数字显示，还用于数据分配，存贮器寻址和组合控制信号等。不同的功能可选用不同种类的译码器。

译码器可分为通用译码器和显示译码器两大类。前者又分为变量译码器和代码变换译码器。

(1)变量译码器

变量译码器(又称二进制译码器)，用以表示输入变量的状态，如 2 线-4 线、3 线-8 线和 4 线-16 线译码器。若有 n 个输入变量，则有 2^n 个不同的组合状态，就有 2^n 个输出端供其使用。而每一个输出所代表的函数对应于 n 个输入变量的最小项。

以 3 线-8 线译码器 74LS138 为例进行分析，图 6-8(a)(b)分别为其逻辑图及引脚排列。其中 A_2、A_1、A_0 为地址输入端，$\overline{Y}_0$~$\overline{Y}_7$ 为译码输出端，S_1、$\overline{S}_2$、$\overline{S}_3$ 为使能端。

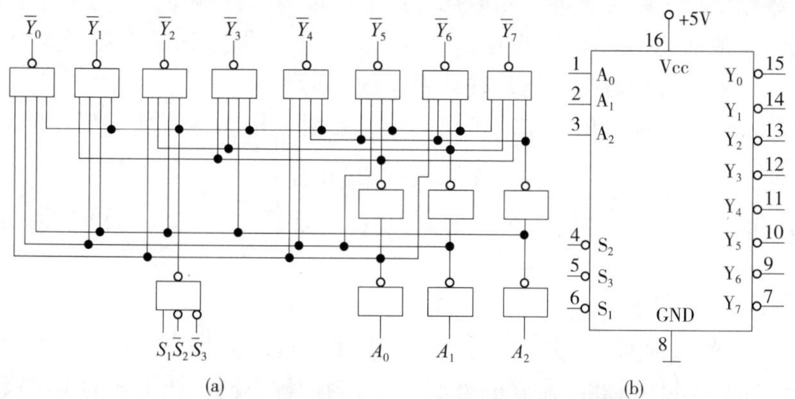

图 6-8　3-8 线译码器 74LS138 逻辑图及引脚排列

表 6-9 为 74LS138 功能表。当 $S_1=1$，$\overline{S}_2+\overline{S}_3=0$ 时，器件使能，地址码所指定的输出端有信号(为 0)输出，其他所有输出端均无信号(全为 1)输出。当 $S_1=0$，$\overline{S}_2+\overline{S}_3=X$ 时，或 $S_1=X$，$\overline{S}_2+\overline{S}_3=1$ 时，译码器被禁止，所有输出同时为 1。

表 6-9　74LS138 功能表

输入					输出							
S_1	$\overline{S}_2+\overline{S}_3$	A_2	A_1	A_0	$\overline{Y}_0$	$\overline{Y}_1$	$\overline{Y}_2$	$\overline{Y}_3$	$\overline{Y}_4$	$\overline{Y}_5$	$\overline{Y}_6$	$\overline{Y}_7$
1	0	0	0	0	0	1	1	1	1	1	1	1
1	0	0	0	1	1	0	1	1	1	1	1	1
1	0	0	1	0	1	1	0	1	1	1	1	1
1	0	0	1	1	1	1	1	0	1	1	1	1
1	0	1	0	0	1	1	1	1	0	1	1	1
1	0	1	0	1	1	1	1	1	1	0	1	1
1	0	1	1	0	1	1	1	1	1	1	0	1
1	0	1	1	1	1	1	1	1	1	1	1	0
0	×	×	×	×	1	1	1	1	1	1	1	1
×	1	×	×	×	1	1	1	1	1	1	1	1

二进制译码器实际上也是负脉冲输出的脉冲分配器。若利用使能端中的一个输入端输入数据信息，器件就成为一个数据分配器(又称多路分配器)，如图 6-9 所示。若在 S_1 输入端输入数据信息，$\overline{S}_2=\overline{S}_3=0$，地址码所对应的输出是 S_1 数据信息的反码；若从 $\overline{S}_2$ 端输入数据信息，令 $S_1=1$、$\overline{S}_3=0$，地址码所对应的输出就是 $\overline{S}_2$ 端数据信息的原码。若数据信息是时钟脉冲，则数据分配器便成为时钟脉冲分配器。

根据输入地址的不同组合译出唯一地址，故可用作地址译码器。接成多路分配器，可将一个信号源的数据信息传输到不同的地点。

二进制译码器还能方便地实现逻辑函数，如图 6-10 所示，实现的逻辑函数：

$$Z=\overline{A}\,\overline{B}\,\overline{C}+\overline{A}B\,\overline{C}+A\,\overline{BC}+ABC$$

利用使能端能方便地将两个 3/8 译码器组合成一个 4/16 译码器，如图 6-11 所示。

(2)数码显示译码器

①七段发光二极管(LED)数码管。LED 数码管是目前最常用的数字显示器，图 6-12(a)(b)为共阴管和共阳管的电路，(c)为两种不同出线形式的引出脚功能图。

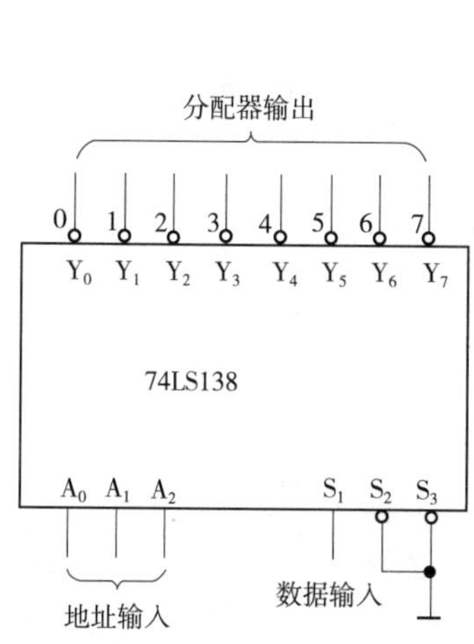

图 6-9　作数据分配器

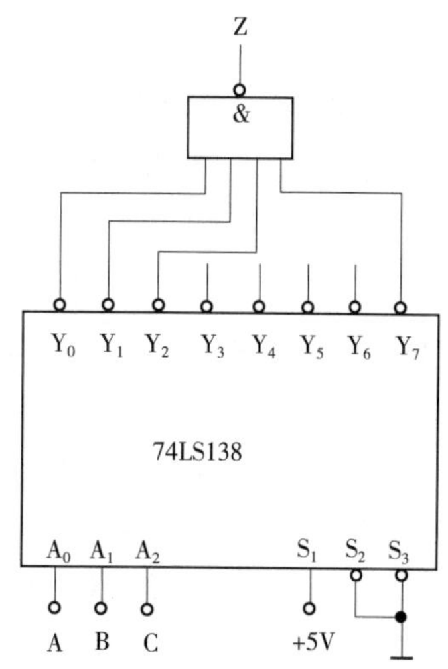

图 6-10　实现逻辑函数

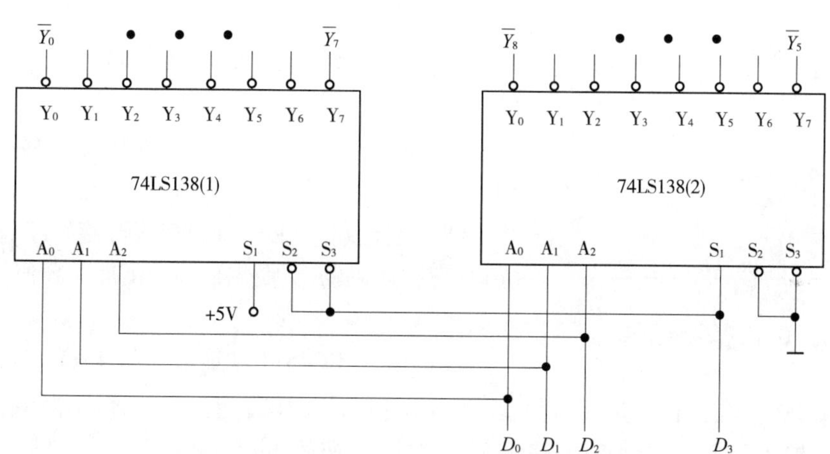

图 6-11　用两片 74LS138 组合成 4/16 译码器

一个 LED 数码管可用来显示一位 0~9 十进制数和一个小数点。小型数码管(0.5 寸和 0.36 寸)每段发光二极管的正向压降，随显示光(通常为红、绿、黄、橙色)的颜色不同略有差别，通常约为 2~2.5V，每个发光二极管的点亮电流在 5~10mA。LED 数码管要显示 BCD 码所表示的十进制数字就需要有一个专门的译码器，该译码器不但要完成译码功能，还要有相当的驱动能力。

②BCD 码七段译码驱动器。此类译码器型号有 74LS47(共阳)、74LS48(共阴)、CC4511(共阴)等，本实验系采用 CC4511BCD 码锁存/七段译码/驱动器。驱动共阴极 LED 数码管。图 6-13 为 CC4511 引脚排列。

其中 A、B、C、D—BCD 码输入端。

a、b、c、d、e、f、g—译码输出端，输出“1”有效，用来驱动共阴极 LED 数码管。

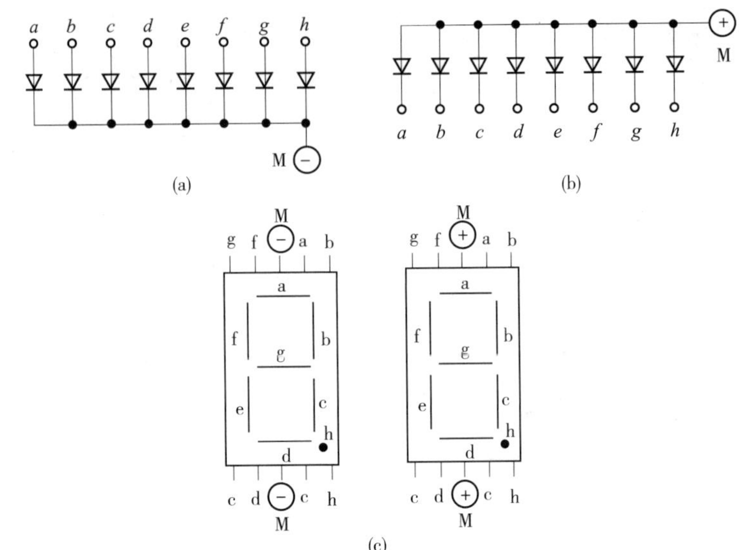

图 6-12 LED 数码管

(a)共阴连接("1"电平驱动) (b)共阳连接("0"电平驱动) (c)符号及引脚功能

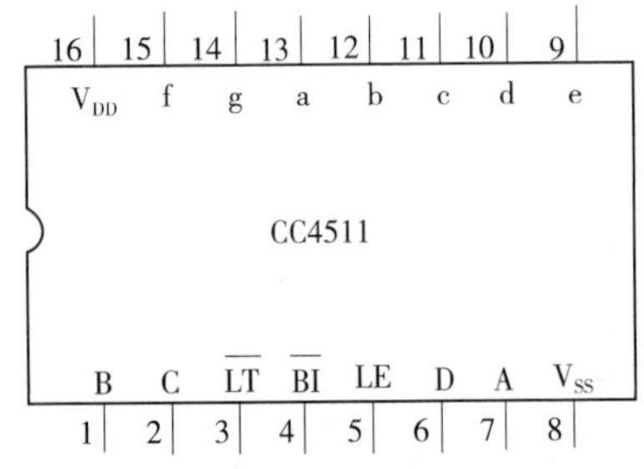

图 6-13 CC4511 引脚排列

$\overline{LT}$—测试输入端，$\overline{LT}$ = "0"时，译码输出全为"1"。

$\overline{BI}$—消隐输入端，$\overline{BI}$ = "0"时，译码输出全为"0"。

LE—锁定端，LE = "1"时译码器处于锁定(保持)状态，译码输出保持在 LE = 0 时的数值，LE = 0 为正常译码。

表 6-10 为 CC4511 功能表。CC4511 内接有上拉电阻，故只需在输出端与数码管笔段之间串入限流电阻即可工作。译码器还有拒伪码功能，当输入码超过 1001 时，输出全为"0"，数码管熄灭。

表 6-10 CC4511 功能表

输入							输出							
LE	$\overline{BI}$	$\overline{LT}$	D	C	B	A	a	b	c	d	e	f	g	显示字形
×	×	0	×	×	×	×	1	1	1	1	1	1	1	8
×	0	1	×	×	×	×	0	0	0	0	0	0	0	消隐
0	1	1	0	0	0	0	1	1	1	1	1	1	0	0
0	1	1	0	0	0	1	0	1	1	0	0	0	0	1
0	1	1	0	0	1	0	1	1	0	1	1	0	1	2
0	1	1	0	0	1	1	1	1	1	1	0	0	1	3

（续）

输入							输出							
0	1	1	0	1	0	0	0	1	1	0	0	1	1	4
0	1	1	0	1	0	1	1	0	1	1	0	1	1	5
0	1	1	0	1	1	0	0	0	1	1	1	1	1	6
0	1	1	0	1	1	1	1	1	1	0	0	0	0	7
0	1	1	1	0	0	0	1	1	1	1	1	1	1	8
0	1	1	1	0	0	1	1	1	1	0	0	1	1	9
0	1	1	1	0	1	0	0	0	0	0	0	0	0	消隐
0	1	1	1	0	1	1	0	0	0	0	0	0	0	消隐
0	1	1	1	1	0	0	0	0	0	0	0	0	0	消隐
0	1	1	1	1	0	1	0	0	0	0	0	0	0	消隐
0	1	1	1	1	1	0	0	0	0	0	0	0	0	消隐
0	1	1	1	1	1	1	0	0	0	0	0	0	0	消隐
1	1	1	×	×	×	×	锁存							锁存

在本数字电路实验装置上已完成了译码器 CC4511 和数码管 BS202 之间的连接。实验时，只要接通+5V 电源和将十进制数的 BCD 码接至译码器的相应输入端 A、B、C、D 即可显示 0~9 的数字。四位数码管可接受四组 BCD 码输入。CC4511 与 LED 数码管的连接如图 6-14 所示。

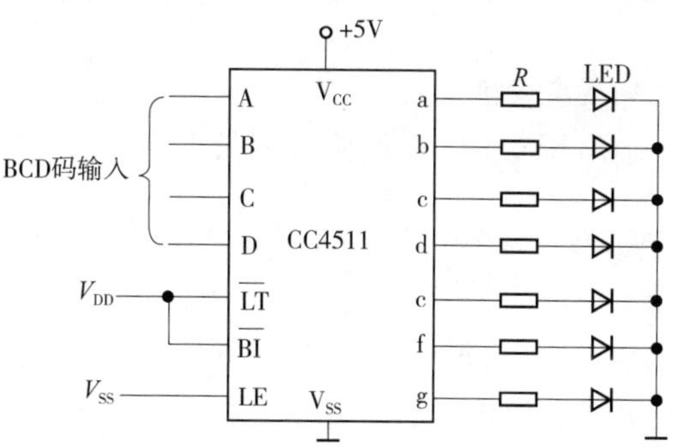

图 6-14　CC4511 驱动一位 LED 数码管

6. 2. 3　实验设备与器件

①+5V 直流电源；②双踪示波器；③连续脉冲源；④逻辑电平开关；⑤逻辑电平显示器；⑥拨码开关组；⑦译码显示器；⑧74LS138×2、CC4511。

6.2.4 实验内容

(1)数据拨码开关的使用

将实验装置上的四组拨码开关的输出 A_i、B_i、C_i、D_i 分别接至 4 组显示译码/驱动器 CC4511 的对应输入口，LE、$\overline{BI}$、$\overline{LT}$接至三个逻辑开关的输出插口，接上+5V 显示器的电源，然后按功能表 6-2 输入的要求揿动四个数码的增减键(“+”与“-”键)和操作与 LE、$\overline{BI}$、$\overline{LT}$对应的三个逻辑开关，观测拨码盘上的四位数与 LED 数码管显示的对应数字是否一致，及译码显示是否正常。

(2)74LS138 译码器逻辑功能测试

将译码器使能端 S_1、$\overline{S}_2$、$\overline{S}_3$ 及地址端 A_2、A_1、A_0分别接至逻辑电平开关输出口，八个输出端$\overline{Y}_7 \cdots \overline{Y}_0$ 依次连接在逻辑电平显示器的八个输入口上，拨动逻辑电平开关，按表 6-9 逐项测试 74LS138 的逻辑功能。

(3)用 74LS138 构成时序脉冲分配器

参照图 6-8 和实验原理说明，时钟脉冲 CP 频率约为 10kHz，要求分配器输出端 $\overline{Y}_0 \cdots \overline{Y}_7$ 的信号与 CP 输入信号同相。

画出分配器的实验电路，用示波器观察和记录在地址端 A_2、A_1、A_0 分别取 000~111，8 种不同状态时$\overline{Y}_0 \cdots Y_7$ 端的输出波形，注意输出波形与 CP 输入波形之间的相位关系。

(4)用两片 74LS138 组合成一个 4 线—16 线译码器，并进行实验

略。

6.2.5 实验预习要求

①复习有关译码器和分配器的原理。

②根据实验任务，画出所需的实验线路及记录表格。

6.2.6 实验报告

①画出实验线路，把观察到的波形画在坐标纸上，并标上对应的地址码。

②对实验结果进行分析、讨论。

6.3 数据选择器及其应用

6.3.1 实验目的

①掌握中规模集成数据选择器的逻辑功能及使用方法。

②学习用数据选择器构成组合逻辑电路的方法。

6.3.2　实验原理

数据选择器又称为“多路开关”。数据选择器在地址码(或叫选择控制)电位的控制下，从几个数据输入中选择一个并将其送到一个公共的输出端。数据选择器的功能类似一个多掷开关，如图 6-15 所示，图中有四路数据 $D_0 \sim D_3$，通过选择控制信号 A_1、A_0(地址码)从四路数据中选中某一路数据送至输出端 Q。

数据选择器为目前逻辑设计中应用十分广泛的逻辑部件，它有 2 选 1、4 选 1、8 选 1、16 选 1 等类别。

数据选择器的电路结构一般由与或门阵列组成，也有用传输门开关和门电路混合而成的。

(1)8 选 1 数据选择器 74LS151

74LS151 为互补输出的 8 选 1 数据选择器，引脚排列如图 6-16，功能见表 6-11。

选择控制端(地址端)为 $A_2 \sim A_0$，按二进制译码，从 8 个输入数据 $D_0 \sim D_7$ 中，选择 1 个需要的数据送到输出端 Q，$\overline{S}$为使能端，低电平有效。

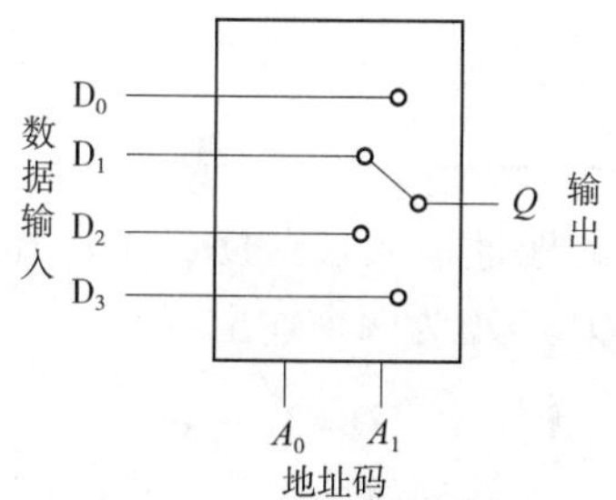

图 6-15　4 选 1 数据选择器示意图

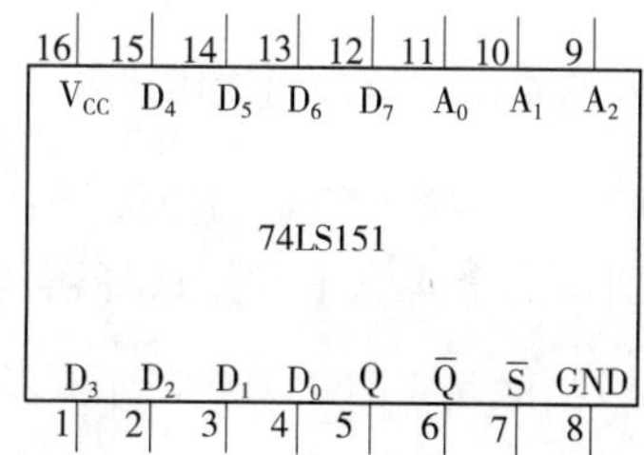

图 6-16　74LS151 引脚排列

表 6-11　74LS151 功能表

输入				输出	
$\overline{S}$	A_2	A_1	A_0	Q	$\overline{Q}$
1	×	×	×	0	1
0	0	0	0	D_0	$\overline{D_0}$
0	0	0	1	D_1	$\overline{D_1}$
0	0	1	0	D_2	$\overline{D_2}$
0	0	1	1	D_3	$\overline{D_3}$
0	1	0	0	D_4	$\overline{D_4}$
0	1	0	1	D_5	$\overline{D_5}$
0	1	1	0	D_6	$\overline{D_6}$
0	1	1	1	D_7	$\overline{D_7}$

①使能端$\overline{S}=1$时，不论$A_2\sim A_0$状态如何，均无输出($Q=0$，$\overline{Q}=1$)，多路开关被禁止。

②使能端$\overline{S}=0$时，多路开关正常工作，根据地址码A_2、A_1、A_0的状态选择$D_0\sim D_7$中某一个通道的数据输送到输出端Q。

如：$A_2A_1A_0=000$，则选择D_0数据到输出端，即$Q=D_0$。

如：$A_2A_1A_0=001$，则选择D_1数据到输出端，即$Q=D_1$，其余类推。

(2)双4选1数据选择器74LS153

所谓双4选1数据选择器就是在一块集成芯片上有两个4选1数据选择器。引脚排列如图6-17，功能如表6-12。

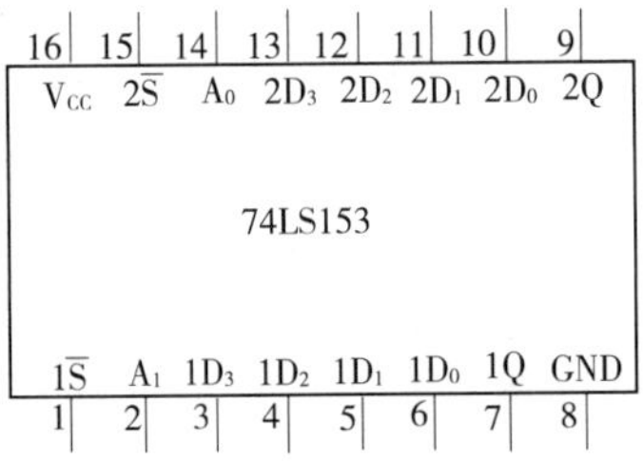

16 15 14 13 12 11 10 9

Vcc 2S̄ A0 2D3 2D2 2D1 2D0 2Q

74LS153

1S̄ A1 1D3 1D2 1D1 1D0 1Q GND

1 2 3 4 5 6 7 8

图6-17 74LS153引脚功能

表6-12 74LS153功能表

输入			输出
$\overline{S}$	A_1	A_0	Q
1	×	×	0
0	0	0	D_0
0	0	1	D_1
0	1	0	D_2
0	1	1	D_3

$1\overline{S}$、$2\overline{S}$为两个独立的使能端；A_1、A_0为公用的地址输入端；$1D_0\sim1D_3$和$2D_0\sim2D_3$分别为两个4选1数据选择器的数据输入端；Q_1、Q_2为两个输出端。

①当使能端$1\overline{S}(2\overline{S})=1$时，多路开关被禁止，无输出，$Q=0$。

②当使能端$1\overline{S}(2\overline{S})=0$时，多路开关正常工作，根据地址码$A_1$、$A_0$的状态，将相应的数据$D_0\sim D_3$送到输出端$Q$。

如：$A_1A_0=00$ 则选择D_0数据到输出端，即$Q=D_0$。

$A_1A_0=01$ 则选择D_1数据到输出端，即$Q=D_1$，其余类推。

数据选择器的用途很多，例如多通道传输，数码比较，并行码变串行码，以及实现逻辑函数等。

(3)数据选择器的应用—实现逻辑函数

【例6-1】 用8选1数据选择器74LS151实现函数

$$F=A\overline{B}+\overline{A}C+B\overline{C}$$

采用8选1数据选择器74LS151可实现任意三输入变量的组合逻辑函数。

解：作出函数F的功能表，见表6-13所列，将函数F功能表与8选1数据选择器的功能表相比较，可知：

(1)将输入变量C、B、A作为8选1数据选择器的地址码A_2、A_1、A_0。

(2)使8选1数据选择器的各数据输入$D_0\sim D_7$分别与函数F的输出值一一相对应。

即：$A_2A_1A_0=CBA$，

$D_0=D_7=0$

$D_1=D_2=D_3=D_4=D_5=D_6=1$

则 8 选 1 数据选择器的输出 Q 便实现了函数 $F=A\bar{B}+\bar{A}C+B\bar{C}$，接线图如图 6-18 所示。

显然，采用具有 n 个地址端的数据选择实现 n 变量的逻辑函数时，应将函数的输入变量加到数据选择器的地址端(A)，选择器的数据输入端(D)按次序以函数 F 输出值来赋值。

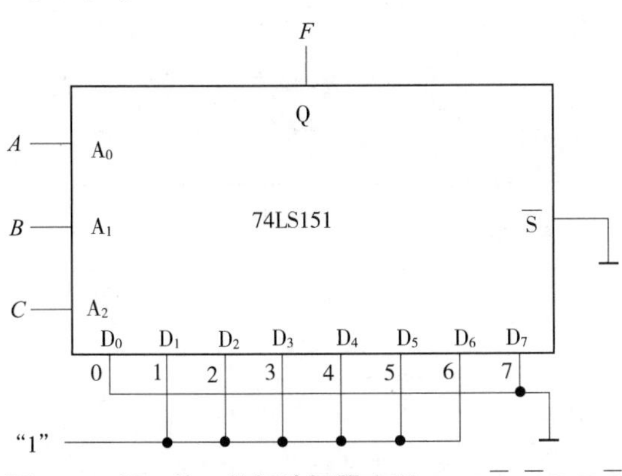

图 6-18　用 8 选 1 数据选择器实现 $F=A\bar{B}+\bar{A}C+B\bar{C}$

表 6-13　函数 F 功能表

输入			输出
C	B	A	F
0	0	0	0
0	0	1	1
0	1	0	1
0	1	1	1
1	0	0	1
1	0	1	1
1	1	0	1
1	1	1	0

【例 6-2】　用 8 选 1 数据选择器 74LS151 实现函数 $F=A\bar{B}+\bar{A}B$。

解：(1)列出函数 F 的功能表见表 6-14 所列。

(2)将 A、B 加到地址端 A_1、A_0，而 A_2 接地，由表 6-14 可见，将 D_1、D_2 接“1”及 D_0、D_3 接地，其余数据输入端 D_4~D_7 都接地，则 8 选 1 数据选择器的输出 Q，便实现了函数 $F=A\bar{B}+B\bar{A}$，接线图如图 6-19 所示。

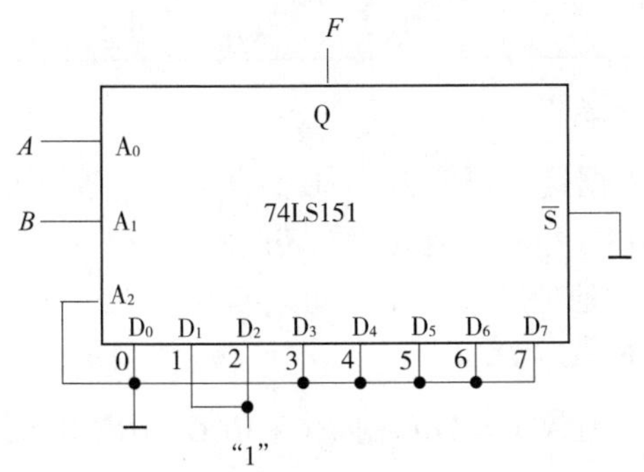

图 6-19　8 选 1 数据选择器实现 $F=A\bar{B}+\bar{A}B$ 的接线图

表 6-14　函数 F 功能表

B	A	F
0	0	0
0	1	1
1	0	1
1	1	0

显然，当函数输入变量数小于数据选择器的地址端(A)时，应将不用的地址端及不用的数据输入端(D)都接地。

【例 6-3】　用 4 选 1 数据选择器 74LS153 实现函数 $F=\bar{A}BC+A\bar{B}C+AB\bar{C}+ABC$。

表 6-15　函数 F 功能表

输　入			输　出
A	B	C	F
0	0	0	0
0	0	1	0
0	1	0	0
0	1	1	1
1	0	0	0
1	0	1	1
1	1	0	1
1	1	1	1

表 6-16　函数功能表

输　入			输　出	中选数据端
A	B	C	F	
0	0	0 1	0 0	$D_0=0$
0	1	0 1	0 1	$D_1=C$
1	0	0 1	0 1	$D_2=C$
1	1	0 1	1 1	$D_3=1$

解：函数 F 的功能见表 6-15 所列。

函数 F 有三个输入变量 A、B、C，而数据选择器有两个地址端 A_1、A_0 少于函数输入变量个数，在设计时可任选 A 接 A_1，B 接 A_0。将函数功能表改画成表 6-16 形式，可见当将输入变量 A、B、C 中 B 接选择器的地址端 A_1、A_0，由表 6-16 不难看出：

$$D_0=0,\ D_1=D_2=C,\ D_3=1$$

则 4 选 1 数据选择器的输出，便实现了函数 $F=\bar{A}BC+A\bar{B}C+AB\bar{C}+ABC$ 接线图，如图 6-20 所示。

当函数输入变量大于数据选择器地址端(A)时，可能随着选用函数输入变量作地址的方案不同，而使其设计结果不同，需对几种方案比较，以获得最佳方案。

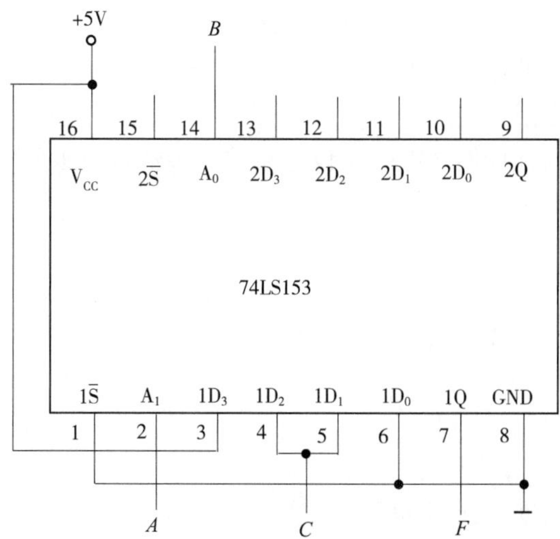

图 6-20　用 4 选 1 数据选择器实现

6.3.3　实验设备与器件

①+5V 直流电源；②逻辑电平开关；③逻辑电平显示器；④74LS151（或 CC4512）、74LS153（或 CC4539）。

6.3.4　实验内容

（1）测试数据选择器 74LS151 的逻辑功能

按图 6-21 接线，地址端 A_2、A_1、A_0 数据端 $D_0 \sim D_7$ 使能端$\overline{S}$接逻辑开关，输出端 Q 接逻辑电平显示器，按 74LS151 功能表逐项进行测试，记录测试结果。

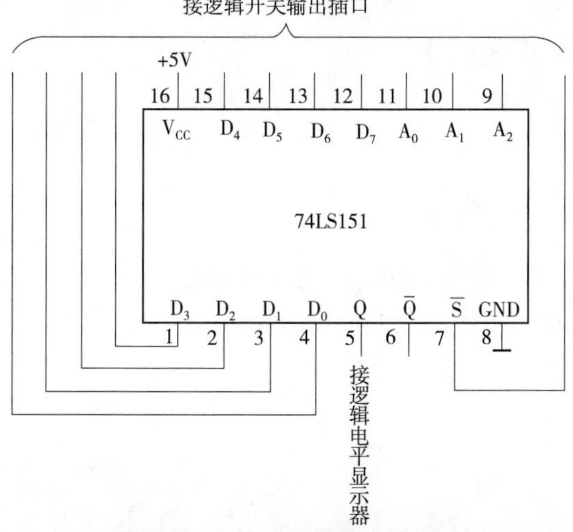

图 6-21　74LS151 逻辑功能测试

$$F(AB)=A\overline{B}+\overline{A}B+AB$$

(2)测试74LS153的逻辑功能

测试方法及步骤同上，记录。

(3)用8选1数据选择器74LS151设计三输入多数表决电路

①写出设计过程。

②画出接线图。

③验证逻辑功能。

(4)用8选1数据选择器实现逻辑函数

①写出设计过程。

②画出接线图。

③验证逻辑功能。

(5)用双4选1数据选择器74LS153实现全加器

①写出设计过程。

②画出接线图。

③验证逻辑功能。

6.3.5 实验预习要求

①复习数据选择器的工作原理。

②用数据选择器对实验内容中各函数式进行预设计。

6.3.6 实验报告

用数据选择器对实验内容进行设计、写出设计全过程、画出接线图、进行逻辑功能测试，总结实验收获、体会。

6.4 触发器及其应用

6.4.1 实验目的

①掌握基本 *RS*、*JK*、*D* 和 *T* 触发器的逻辑功能。

②掌握集成触发器的逻辑功能及使用方法。

③熟悉触发器之间相互转换的方法。

6.4.2 实验原理

触发器具有两个稳定状态，用以表示逻辑状态“1”和“0”，在一定的外界信号作用下，可以从一个稳定状态翻转到另一个稳定状态，它是一个具有记忆功能的二进制信息存贮器件，是构成各种时序电路的最基本逻辑单元。

(1)基本 *RS* 触发器

图 6-22 为由两个与非门交叉耦合构成的基本 *RS* 触发器，它是无时钟控制低电平直接触发的触发器。基本 *RS* 触发器具有置“0”、置“1”和“保持”三种功能。通常称 $\overline{S}$ 为置“1”端，因为 $\overline{S}=0(\overline{R}=1)$ 时触发器被置“1”；$\overline{R}$ 为置“0”端，因为 $\overline{R}=0(\overline{S}=1)$ 时触发器被置“0”，当 $\overline{S}=\overline{R}=1$ 时状态保持；$\overline{S}=\overline{R}=0$ 时，触发器状态不定，应避免此种情况发生，表 6-17 为基本 *RS* 触发器的功能表。

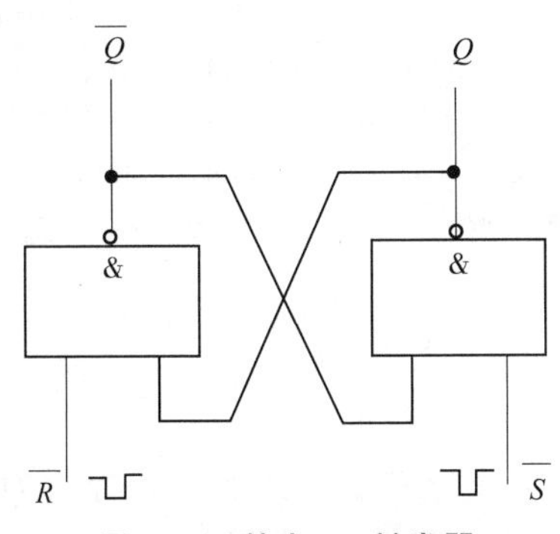

图 6-22　基本 RS 触发器

表 6-17　基本 *RS* 触发器逻辑功能

输入		输出	
$\overline{S}$	$\overline{R}$	Q^{n+1}	$\overline{Q}^{n+1}$
0	1	1	0
1	0	0	1
1	1	Q^n	$\overline{Q}^n$
0	0	ϕ	ϕ

基本 *RS* 触发器也可以用两个“或非门”组成，此时为高电平触发有效。

(2)*JK* 触发器

在输入信号为双端的情况下，*JK* 触发器是功能完善、使用灵活和通用性较强的一种触发器。本实验采用 74LS112 双 *JK* 触发器，是下降边沿触发的边沿触发器。引脚功能及逻辑符号如图 6-23 所示。

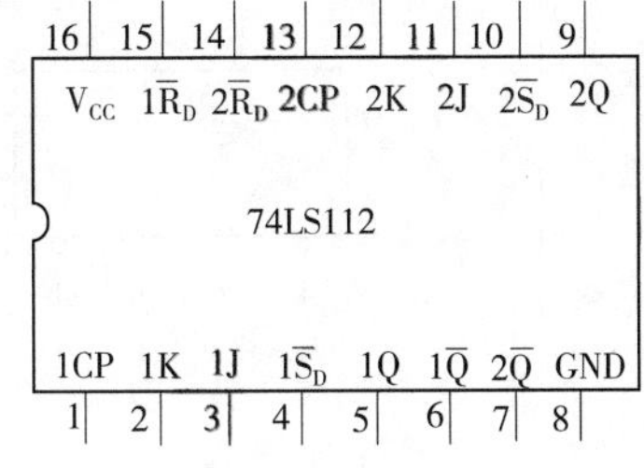

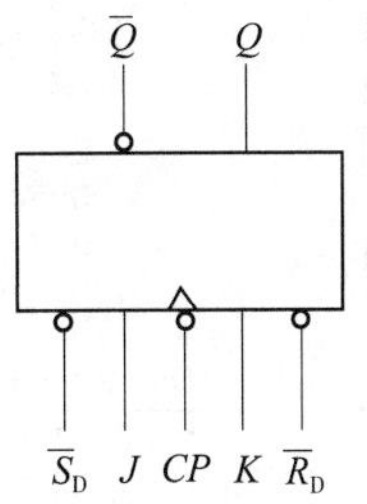

图 6-23　74LS112 双 *JK* 触发器引脚排列及逻辑符号

JK 触发器的状态方程为

$$Q^{n+1}=J\overline{Q}^n+\overline{K}Q^n$$

J 和 *K* 是数据输入端，是触发器状态更新的依据，若 *J*、*K* 有两个或两个以上输入端时，组成“与”的关系。Q 与 $\overline{Q}$ 为两个互补输出端。通常把 $Q=0$、$\overline{Q}=1$ 的状态定为触发器“0”状态；而把 $Q=1$，$\overline{Q}=0$ 定为“1”状态。

下降沿触发 *JK* 触发器的功能见表 6-18 所列。

表 6-18 74LS112 逻辑功能

输入					输出	
$\overline{S}_D$	$\overline{R}_D$	CP	J	K	Q^{n+1}	$\overline{Q}^{n+1}$
0	1	×	×	×	1	0
1	0	×	×	×	0	1
0	0	×	×	×	ϕ	ϕ
1	1	↓	0	0	Q^n	$\overline{Q}^n$
1	1	↓	1	0	1	0
1	1	↓	0	1	0	1
1	1	↓	1	1	$\overline{Q}^n$	Q^n
1	1	↑	×	×	Q^n	$\overline{Q}^n$

注：×—任意态；↓—高到低电平跳变；↑—低到高电平跳变；$Q^n(\overline{Q}^n)$—现态；$Q^{n+1}(\overline{Q}^{n+1})$—次态；$\phi$—不定态。

JK 触发器常被用作缓冲存储器，移位寄存器和计数器。

(3) D 触发器

在输入信号为单端的情况下，D 触发器用起来最为方便，其状态方程为 $Q^{n+1}=D^n$，其输出状态的更新发生在 CP 脉冲的上升沿，故又称为上升沿触发的边沿触发器，触发器的状态只取决于时钟到来前 D 端的状态，D 触发器的应用很广，可用作数字信号的寄存，移位寄存，分频和波形发生等。有很多种型号可供各种用途的需要而选用。如双 D74LS74、四 D74LS175、六 D74LS174 等。

图 6-24 为双 D74LS74 的引脚排列及逻辑符号，功能见表 6-19。

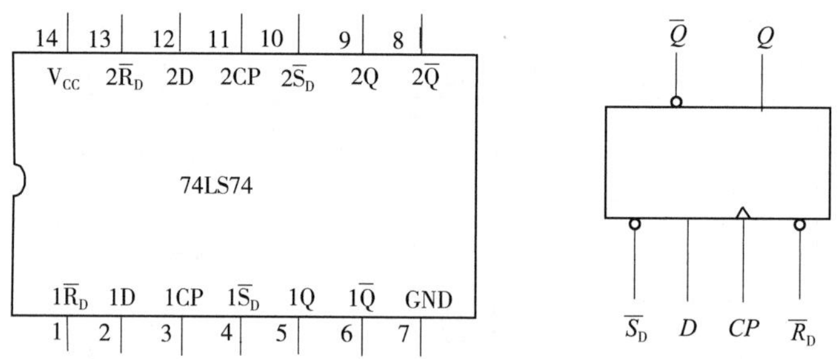

图 6-24 74LS74 引脚排列及逻辑符号

表 6-19 D74LS74 逻辑功能

输入				输出	
$\overline{S}_D$	$\overline{R}_D$	CP	D	Q^{n+1}	$\overline{Q}^{n+1}$
0	1	×	×	1	0
1	0	×	×	0	1

（续）

输　入				输　出	
0	0	×	×	ϕ	ϕ
1	1	↑	1	1	0
1	1	↑	0	0	1
1	1	↓	×	Q^n	$\overline{Q}^n$

（4）触发器之间的相互转换

在集成触发器的产品中，每一种触发器都有自己固定的逻辑功能。但可以利用转换的方法获得具有其他功能的触发器。例如将 *JK* 触发器的 *J*、*K* 两端连在一起，并认它为 *T* 端，就得到所需的 *T* 触发器。如图 6-25（a）所示，其状态方程为：$Q^{n+1}=T\overline{Q}^n+\overline{T}Q^n$。

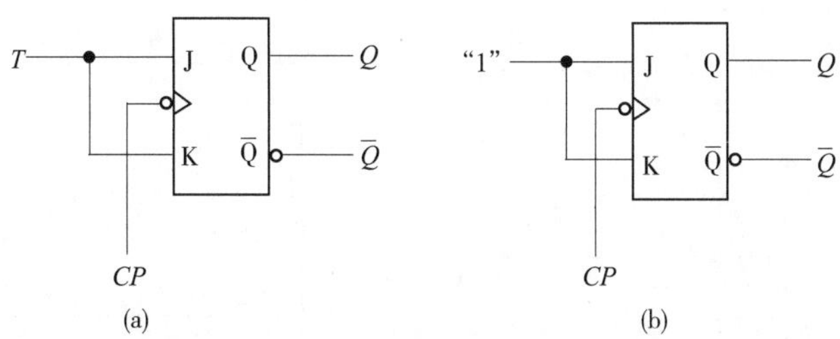

图 6-25　*JK* 触发器转换为 *T*、*T′* 触发器

（a）*T* 触发器　（b）*T′* 触发器

T 触发器的功能见表 6-20。

表 6-20　*T* 触发器逻辑功能

输　入			输　出	
$\overline{S}_D$	$\overline{R}_D$	CP	T	Q^{n+1}
0	1	×	×	1
1	0	×	×	0
1	1	↓	0	Q^n
1	1	↓	1	$\overline{Q}^n$

由功能表可见，当 $T=0$ 时，时钟脉冲作用后，其状态保持不变；当 $T=1$ 时，时钟脉冲作用后，触发器状态翻转。所以，若将 *T* 触发器的 *T* 端置“1”，如图 6-25（b）所示，即得 *T′* 触发器。在 *T′* 触发器的 *CP* 端每来一个 *CP* 脉冲信号，触发器的状态就翻转一次，故称之为反转触发器，广泛用于计数电路中。

$\overline{Q}$同样，若将 *D* 触发器 $\overline{Q}$ 端与 *D* 端相连，便转换成 *T′* 触发器，如图 6-26 所示。

JK 触发器也可转换为 *D* 触发器，如图 6-27 所示。

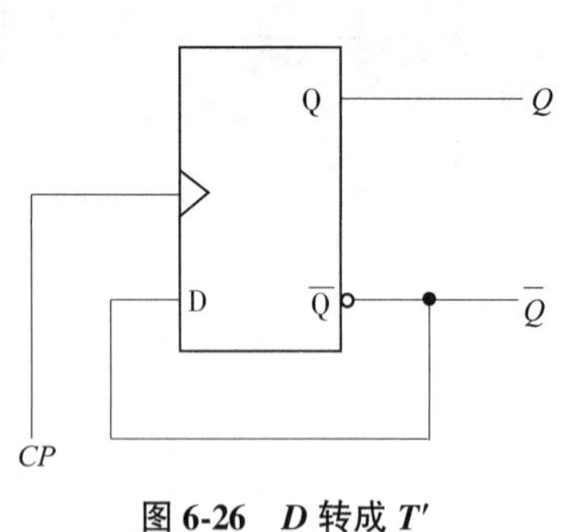

图 6-26　*D* 转成 *T′*

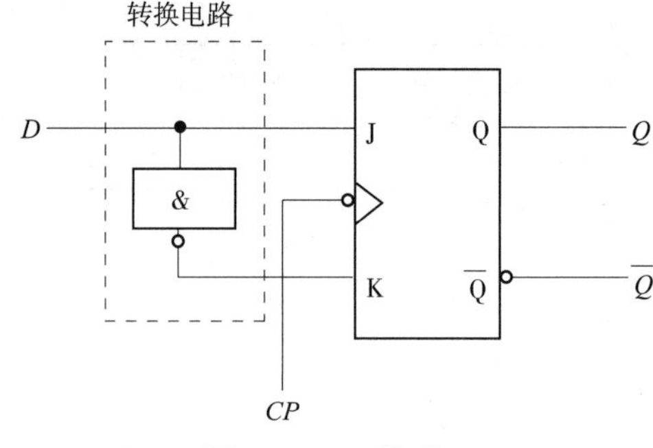

图 6-27　*JK* 转成 *D*

(5) CMOS 触发器

①CMOS 边沿型 *D* 触发器。CC4013 是由 CMOS 传输门构成的边沿型 *D* 触发器。它是上升沿触发的双 *D* 触发器，表 6-21 为其功能表，图 6-28 为引脚排列。

表 6-21　CC4013 逻辑功能

输入				输出
S	*R*	*CP*	*D*	Q^{n+1}
1	0	×	×	1
0	1	×	×	0
1	1	×	×	ϕ
0	0	↑	1	1
0	0	↑	0	0
0	0	↓	×	Q^n

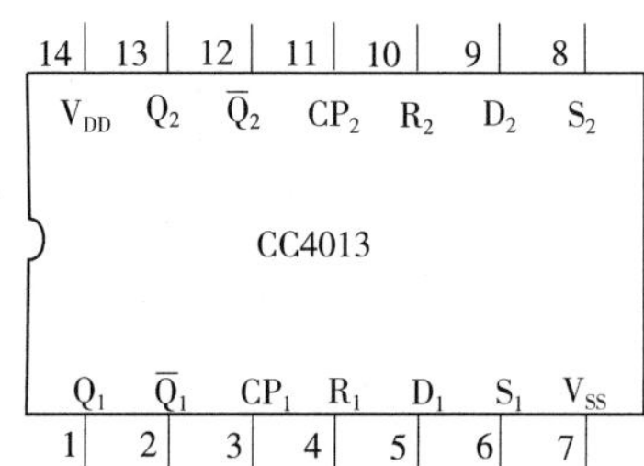

图 6-28　双上升沿 *D* 触发器

②CMOS 边沿型 *JK* 触发器。CC4027 是由 CMOS 传输门构成的边沿型 *JK* 触发器，它是上升沿触发的双 *JK* 触发器，表 6-22 为其功能表，图 6-29 为引脚排列。

表 6-22　CC4027 功能表

输入					输出
S	*R*	*CP*	*J*	*K*	Q^{n+1}
1	0	×	×	×	1
0	1	×	×	×	0
1	1	×	×	×	ϕ
0	0	↑	0	0	Q^n
0	0	↑	1	0	1
0	0	↑	0	1	0
0	0	↑	1	1	$\overline{Q}^n$
0	0	↓	×	×	Q^n

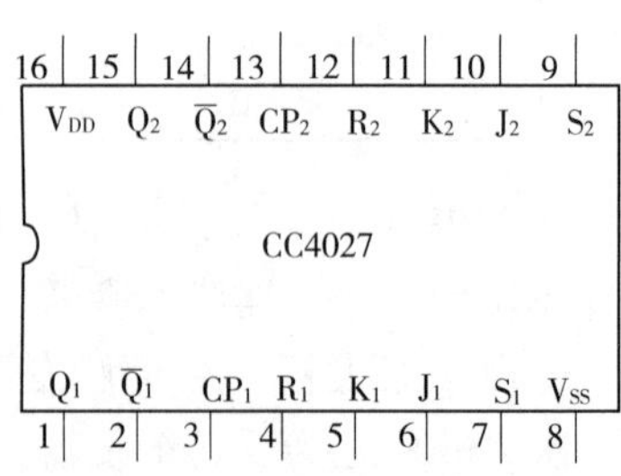

图 6-29　双上升沿 *JK* 触发器

CMOS 触发器的直接置位、复位输入端 S 和 R 是高电平有效，当 $S=1$（或 $R=1$）时，触发器将不受其他输入端所处状态的影响，使触发器直接接置 1（或置 0）。但直接置位、复位输入端 S 和 R 必须遵守 $RS=0$ 的约束条件。CMOS 触发器在按逻辑功能工作时，S 和 R 必须均置 0。

6.4.3　实验设备与器件

①+5V 直流电源；②双踪示波器；③连续脉冲源；④单次脉冲源；⑤逻辑电平开关；⑥逻辑电平显示器；⑦74LS112（或 CC4027）、74LS00（或 CC4011）、74LS74（或 CC4013）。

6.4.4　实验内容

（1）测试基本 RS 触发器的逻辑功能

按图 6-22，用两个与非门组成基本 RS 触发器，输入端$\overline{R}$、$\overline{S}$接逻辑开关的输出插口，输出端 Q、$\overline{Q}$接逻辑电平显示输入插口，按表 6-23 要求测试，并记录。

表 6-23　*RS* 触发器逻辑功能测试表

$\overline{R}$	$\overline{S}$	Q	$\overline{Q}$
1	1→0		
	0→1		
1→0	1		
0→1			
0	0		

（2）测试双 JK 触发器 74LS112 逻辑功能

①测试$\overline{R}_D$、$\overline{S}_D$ 的复位、置位功能。任取一只 JK 触发器，$\overline{R}_D$、$\overline{S}_D$、J、K 端接逻辑开关输出插口，CP 端接单次脉冲源，Q、$\overline{Q}$端接至逻辑电平显示输入插口。要求改变$\overline{R}_D$、$\overline{S}_D$（J、K、CP 处于任意状态），并在$\overline{R}_D=0$（$\overline{S}_D=1$）或$\overline{S}_D=0$（$\overline{R}_D=1$）作用期间任意改变 J、K 及 CP 的状态，观察 Q、$\overline{Q}$状态。自拟表格并记录。

②测试 JK 触发器的逻辑功能。按表 6-24 的要求改变 J、K、CP 端状态，观察 Q、$\overline{Q}$状态变化，观察触发器状态更新是否发生在 CP 脉冲的下降沿（即 CP 由 1→0），记录。

③将 JK 触发器的 J、K 端连在一起，构成 T 触发器。在 CP 端输入 1Hz 连续脉冲，观察 Q 端的变化。在 CP 端输入 1kHz 连续脉冲，用双踪示波器观察 CP、Q、$\overline{Q}$端波形，注意相位关系，描绘之。

表 6-24 *JK* 触发器逻辑功能测试表

J	*K*	*CP*	Q^{n+1}	
			$Q^n=0$	$Q^n=1$
0	0	0→1		
		1→0		
0	1	0→1		
		1→0		
1	0	0→1		
		1→0		
1	1	0→1		
		1→0		

(3)测试双 *D* 触发器 74LS74 的逻辑功能

①测试$\overline{R}_D$、$\overline{S}_D$ 的复位、置位功能。测试方法同实验内容(2)①，自拟表格记录。

②测试 *D* 触发器的逻辑功能。按表 6-25 要求进行测试，并观察触发器状态更新是否发生在 *CP* 脉冲的上升沿(即由 0→1)，记录。

表 6-25 74LS74 的逻辑功能测试表

D	*CP*	Q^{n+1}	
		$Q^n=0$	$Q^n=1$
0	0→1		
	1→0		
1	0→1		
	1→0		

③将 *D* 触发器的$\overline{Q}$端与 *D* 端相连接，构成 T′触发器。测试方法同实验内容(2)，记录。

(4)双相时钟脉冲电路

用 *JK* 触发器及与非门构成的双相时钟脉冲电路如图 6-30 所示，此电路是用来将时钟脉冲 *CP* 转换成两相时钟脉冲 CP_A 及 CP_B，其频率相同、相位不同。

分析电路工作原理，并按图 6-30 接线，用双踪示波器同时观察 *CP*、CP_A；*CP*、CP_B 及 CP_A、CP_B 波形，并描绘。

(5)乒乓球练习电路

电路功能要求：模拟两名运动员在练球时，乒乓球能往返运转。

提示：采用双 *D* 触发器 74LS74 设计实验线路，两个 *CP* 端触发脉冲分别由两名运动员操作，两触发器的输出状态用逻辑电平显示器显示。

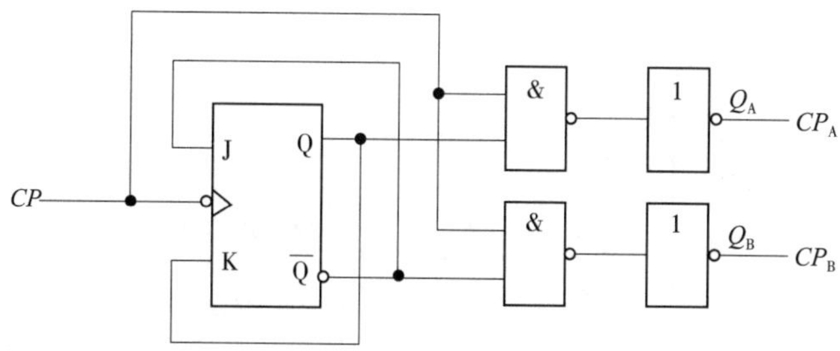

图 6-30　双相时钟脉冲电路

6.4.5　实验预习要求

①复习有关触发器内容。

②列出各触发器功能测试表格。

③按实验内容 6.4.4 的要求设计线路，拟定实验方案。

6.4.6　实验报告

①列表整理各类触发器的逻辑功能。

②总结观察到的波形，说明触发器的触发方式。

③体会触发器的应用。

④利用普通的机械开关组成的数据开关所产生的信号是否可作为触发器的时钟脉冲信号？为什么？是否可以用作触发器的其他输入端的信号？又是为什么？

6.5　移位寄存器及其应用

6.5.1　实验目的

①掌握中规模 4 位双向移位寄存器逻辑功能及使用方法。

②熟悉移位寄存器的应用——实现数据的串行、并行转换和构成环形计数器。

6.5.2　实验原理

(1)移位寄存器是一个具有移位功能的寄存器，是指寄存器中所存的代码能够在移位脉冲的作用下依次左移或右移。既能左移又能右移的称为双向移位寄存器，只需要改变左、右移的控制信号便可实现双向移位要求。根据移位寄存器存取信息的方式不同分为：串入串出、串入并出、并入串出、并入并出四种形式。

本实验选用的 4 位双向通用移位寄存器，型号为 CC40194 或 74LS194，两者功能

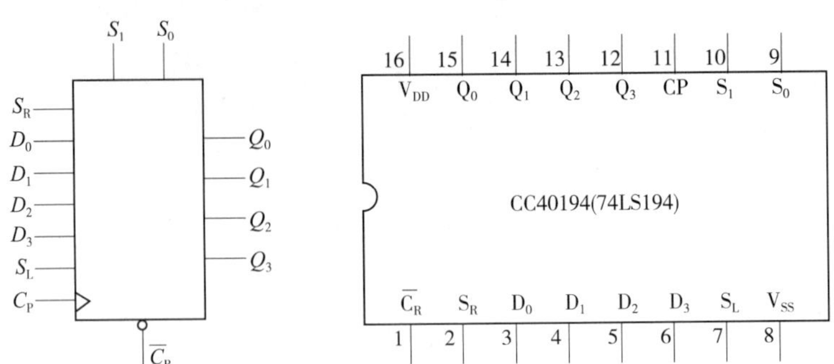

图 6-31 CC40194 的逻辑符号及引脚功能

相同，可互换使用，其逻辑符号及引脚排列如图 6-31 所示。

其中 D_0、D_1、D_2、D_3 为并行输入端；Q_0、Q_1、Q_2、Q_3 为并行输出端；S_R 为右移串行输入端，S_L 为左移串行输入端；S_1、S_0 为操作模式控制端；$\overline{C}R$ 为直接无条件清零端；CP 为时钟脉冲输入端。

CC40194 有 5 种不同操作模式：即并行送数寄存，右移(方向由 $Q_0 \to Q_3$)，左移(方向由 $Q_3 \to Q_0$)，保持及清零。

S_1、S_0 和 $\overline{C}R$ 端的控制作用见表 6-26。

表 6-26 CC40194 的逻辑功能

功能	输入										输出			
	CP	$\overline{C}_R$	S_1	S_0	S_R	S_L	D_0	D_1	D_2	D_3	Q_0	Q_1	Q_2	Q_3
清除	×	0	×	×	×	×	×	×	×	×	0	0	0	0
送数	↑	1	1	1	×	×	a	b	c	d	a	b	c	d
右移	↑	1	0	1	D_{SR}	×	×	×	×	×	D_{SR}	Q_0	Q_1	Q_2
左移	↑	1	1	0	×	D_{SL}	×	×	×	×	Q_1	Q_2	Q_3	D_{SL}
保持	↑	1	0	0	×	×	×	×	×	×	Q_0^n	Q_1^n	Q_2^n	Q_3^n
保持	↓	1	×	×	×	×	×	×	×	×	Q_0^n	Q_1^n	Q_2^n	Q_3^n

(2)移位寄存器应用很广，可构成移位寄存器型计数器；顺序脉冲发生器；串行累加器；可用作数据转换，即把串行数据转换为并行数据，或把并行数据转换为串行数据等。本实验研究移位寄存器用作环形计数器和数据的串、并行转换。

①环形计数器。把移位寄存器的输出反馈到它的串行输入端，就可以进行循环移位，如图 6-32 所示，把输出端 Q_3 和右移串行输入端 S_R 相连接，设初始状态 $Q_0Q_1Q_2Q_3=1000$，则在时钟脉冲作用下 $Q_0Q_1Q_2Q_3$ 将依次变为 0100→0010→0001→1000→……，见表 6-27 所列，可见它是一个具有四个有效状态的计数器，这种类型的计数器通常称为环形计数器。图 6-32 电路可以由各个输出端输出在时间上有先后顺序的脉冲，因此也可作为顺序脉冲发生器。

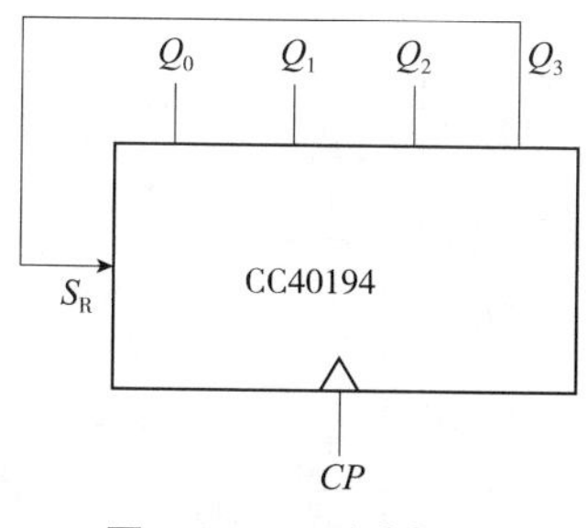

图 6-32　环形计数器

表 6-27　环形计数器的逻辑功能

CP	Q_0	Q_1	Q_2	Q_3
0	1	0	0	0
1	0	1	0	0
2	0	0	1	0
3	0	0	0	1

如果将输出 Q_0 与左移串行输入端 S_L 相连接，即可达左移循环移位。

②实现数据串、并行转换。

a. 串行/并行转换器

串行/并行转换是指串行输入的数码，经转换电路之后变换成并行输出。

图 6-33 是用二片 CC40194(74LS194)4 位双向移位寄存器组成的 7 位串/并行数据转换电路。

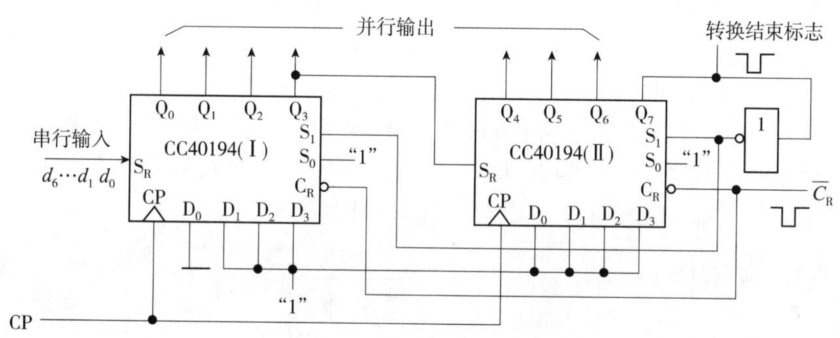

图 6-33　7 位串行/并行转换器

电路中 S_0 端接高电平 1，S_1 受 Q_7 控制，二片寄存器连接成串行输入右移工作模式。Q_7 是转换结束标志。当 $Q_7=1$ 时，S_1 为 0，使之成为 $S_1S_0=01$ 的串入右移工作方式，当 $Q_7=0$ 时，$S_1=1$，有 $S_1S_0=10$，则串行送数结束，标志着串行输入的数据已转换成并行输出了。

串行/并行转换的具体过程如下：

转换前，$\overline{C}_R$ 端加低电平，使 1、2 两片寄存器的内容清 0，此时 $S_1S_0=11$，寄存器执行并行输入工作方式。当第一个 CP 脉冲到来后，寄存器的输出状态 $Q_0 \sim Q_7$ 为 01111111，与此同时 S_1S_0 变为 01，转换电路变为执行串入右移工作方式，串行输入数据由 1 片的 S_R 端加入。随着 CP 脉冲的依次加入，输出状态的变化可列成表 6-28。

表 6-28　七位串行/并行转换器逻辑功能

CP	Q_0	Q_1	Q_2	Q_3	Q_4	Q_5	Q_6	Q_7	说明
0	0	0	0	0	0	0	0	0	清零
1	0	1	1	1	1	1	1	1	送数

（续）

CP	Q_0	Q_1	Q_2	Q_3	Q_4	Q_5	Q_6	Q_7	说明
2	d_0	0	1	1	1	1	1	1	右移操作七
3	d_1	d_0	0	1	1	1	1	1	
4	d_2	d_1	d_0	0	1	1	1	1	
5	d_3	d_2	d_1	d_0	0	1	1	1	
6	d_4	d_3	d_2	d_1	d_0	0	1	1	
7	d_5	d_4	d_3	d_2	d_1	d_0	0	1	
8	d_6	d_5	d_4	d_3	d_2	d_1	d_0	0	
9	0	1	1	1	1	1	1	1	送数

由表 6-28 可见，右移操作 7 次之后，Q_7 变为 0，S_1S_0 又变为 11，说明串行输入结束。这时，串行输入的数码已经转换成了并行输出了。

当再来一个 CP 脉冲时，电路又重新执行一次并行输入，为第二组串行数码转换作好了准备。

b. 并行/串行转换器

并行/串行转换器是指并行输入的数码经转换电路之后，换成串行输出。

图 6-34 是用两片 CC40194（74LS194）组成的 7 位并行/串行转换电路，它比图 6-33多了两只与非门 G_1 和 G_2，电路工作方式同样为右移。

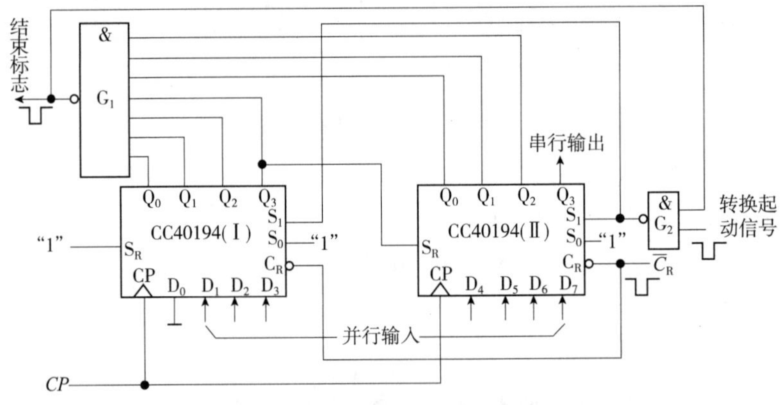

图 6-34 7 位并行/串行转换器

寄存器清“0”后，加一个转换起动信号（负脉冲或低电平）。此时，由于方式控制 S_1S_0 为 11，转换电路执行并行输入操作。当第一个 CP 脉冲到来后，$Q_0Q_1Q_2Q_3Q_4Q_5Q_6Q_7$ 的状态为 $0D_1D_2D_3D_4D_5D_6D_7$，并行输入数码存入寄存器。从而使得 G_1 输出为1，G_2 输出为0，结果，S_1S_2 变为01，转换电路随着 CP 脉冲的加入，开始执行右移串行输出，随着 CP 脉冲的依次加入，输出状态依次右移，待右移操作 7 次后，Q_0~Q_6 的状态都为高电平 1，与非门 G_1 输出为低电平，G_2 门输出为高电平，S_1S_2 又变为 11，表示并/串行转换结束，且为第二次并行输入创造了条件。转换过程见表 6-29 所列。

表 6-29　7 位并行/串行转换器逻辑功能

CP	Q_0	Q_1	Q_2	Q_3	Q_4	Q_5	Q_6	Q_7	串　行　输　出						
0	0	0	0	0	0	0	0	0							
1	0	D_1	D_2	D_3	D_4	D_5	D_6	D_7							
2	1	0	D_1	D_2	D_3	D_4	D_5	D_6	D_7						
3	1	1	0	D_1	D_2	D_3	D_4	D_5	D_6	D_7					
4	1	1	1	0	D_1	D_2	D_3	D_4	D_5	D_6	D_7				
5	1	1	1	1	0	D_1	D_2	D_3	D_4	D_5	D_6	D_7			
6	1	1	1	1	1	0	D_1	D_2	D_3	D_4	D_5	D_6	D_7		
7	1	1	1	1	1	1	0	D_1	D_2	D_3	D_4	D_5	D_6	D_7	
8	1	1	1	1	1	1	1	0	D_1	D_2	D_3	D_4	D_5	D_6	D_7
9	0	D_1	D_2	D_3	D_4	D_5	D_6	D_7							

中规模集成移位寄存器，其位数往往以 4 位居多，当需要的位数多于 4 位时，可把几片移位寄存器用级连的方法来扩展位数。

6.5.3　实验设备及器件

①+5V 直流电源；②单次脉冲源；③逻辑电平开关；④逻辑电平显示器；⑤CC40194×2（74LS194），CC4011（74LS00），CC4068（74LS30）。

6.5.4　实验内容

（1）测试 CC40194（或 74LS194）的逻辑功能

按图 6-35 接线，$\overline{C}_R$、S_1、S_0、S_L、S_R、D_0、D_1、D_2、D_3 分别接至逻辑开关的输出插口；Q_0、Q_1、Q_2、Q_3 接至逻辑电平显示输入插口。CP 端接单次脉冲源。

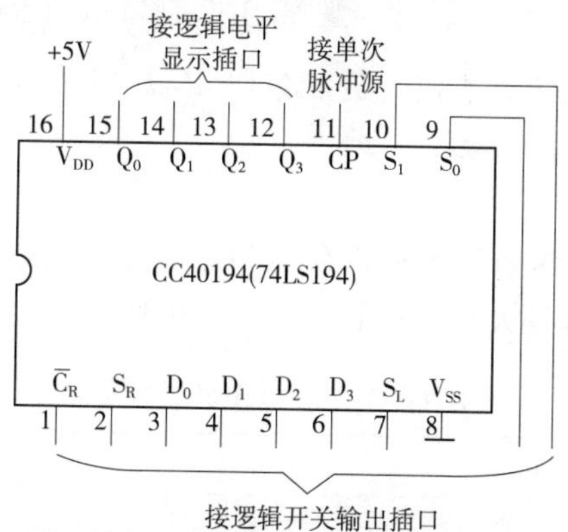

图 6-35　CC40194 逻辑功能测试

表 6-30 CC40194 逻辑功能测试表

清除	模式		时钟	串行		输入	输出	功能总结
$\overline{C}_R$	S_1	S_0	CP	S_L	S_R	$D_0\ D_1\ D_2\ D_3$	$Q_0\ Q_1\ Q_2\ Q_3$	
0	×	×	×	×	×	××××		
1	1	1	↑	×	×	$a\ b\ c\ d$		
1	0	1	↑	×	0	××××		
1	0	1	↑	×	1	××××		
1	0	1	↑	×	0	××××		
1	0	1	↑	×	0	××××		
1	1	0	↑	1	×	××××		
1	1	0	↑	1	×	××××		
1	1	0	↑	1	×	××××		
1	1	0	↑	1	×	××××		
1	0	0	↑	×	×	××××		

按表 6-30 所规定的输入状态，逐项进行测试。

①清除。令$\overline{C}_R=0$，其他输入均为任意态，这时寄存器输出 Q_0、Q_1、Q_2、Q_3 应均为 0。清除后，置$\overline{C}_R=1$。

②送数。令$\overline{C}_R=S_1=S_0=1$，送入任意 4 位二进制数，如 $D_0D_1D_2D_3=abcd$，加 CP 脉冲，观察 $CP=0$、CP 由 0→1，CP 由 1→0 三种情况下寄存器输出状态的变化，观察寄存器输出状态变化是否发生在 CP 脉冲的上升沿。

③右移。清零后，令$\overline{C}_R=1$，$S_1=0$，$S_0=1$，由右移输入端 S_R 送入二进制数码如 0100，由 CP 端连续加 4 个脉冲，观察输出情况，记录。

④左移。先清零或予置，再令$\overline{C}_R=1$，$S_1=1$，$S_0=0$，由左移输入端 S_L 送入二进制数码如 1111，连续加 4 个 CP 脉冲，观察输出端情况，记录。

⑤保持。寄存器予置任意 4 位二进制数码 $abcd$，令$\overline{C}_R=1$，$S_1=S_0=0$，加 CP 脉冲，观察寄存器输出状态，记录。

(2)环形计数器

自拟实验线路用并行送数法予置寄存器为某二进制数码(如 0100)，然后进行右移循环，观察寄存器输出端状态的变化，记入表 6-31 中。

表 6-31 寄存器输出状态表

CP	Q_0	Q_1	Q_2	Q_3
0	0	1	0	0
1				

（续）

CP	Q_0	Q_1	Q_2	Q_3
2				
3				
4				

(3)实现数据的串、并行转换

①串行输入、并行输出。按图 6-33 接线，进行右移串入、并出实验，串入数码自定。改接线路用左移方式实现并行输出。自拟表格，记录。

②并行输入、串行输出。按图 6-34 接线，进行右移并入、串出实验，并入数码自定。再改接线路用左移方式实现串行输出。自拟表格，记录。

6.5.5 实验预习要求

①复习有关寄存器及串行、并行转换器有关内容。

②查阅 CC40194、CC4011 及 CC4068 逻辑线路。熟悉其逻辑功能及引脚排列。

③在对 CC40194 进行送数后，若要使输出端改成另外的数码，是否一定要使寄存器清零?

④使寄存器清零，除采用$\overline{C}_R$ 输入低电平外，可否采用右移或左移的方法?可否使用并行送数法?若可行，如何进行操作?

⑤若进行循环左移，图 6-34 接线应如何改接?

⑥画出用两片 CC40194 构成的 7 位左移串/并行转换器线路。

6.5.6 实验报告

①分析表 6-30 的实验结果，总结移位寄存器 CC40194 的逻辑功能并写入表格功能总结一栏中。

②根据实验内容 2 的结果，画出 4 位环形计数器的状态转换图及波形图。

③分析串/并、并/串转换器所得结果的正确性。

6.6 计数器及其应用

6.6.1 实验目的

①学习用集成触发器构成计数器的方法。

②掌握中规模集成计数器的使用及功能测试方法。

③运用集成计数器构成 1/N 分频器。

6.6.2 实验原理

计数器是一个用以实现计数功能的时序部件，它不仅可用来计脉冲数，还常用作数字系统的定时、分频和执行数字运算以及其他特定的逻辑功能。

计数器种类很多。按构成计数器中的各触发器是否使用一个时钟脉冲源来分，有同步计数器和异步计数器。根据计数制的不同，分为二进制计数器，十进制计数器和任意进制计数器。根据计数的增减趋势，又分为加法、减法和可逆计数器。还有可预置数和可编程序功能计数器等。目前，无论是 TTL 还是 CMOS 集成电路，都有品种较齐全的中规模集成计数器。使用者只要借助于器件手册提供的功能表和工作波形图以及引出端的排列，就能正确地运用这些器件。

(1)用 D 触发器构成异步二进制加/减计数器

图 6-36 是用 4 只 D 触发器构成的 4 位二进制异步加法计数器，它的连接特点是将每只 D 触发器接成 T' 触发器，再由低位触发器的 $\overline{Q}$ 端和高一位的 CP 端相连接。

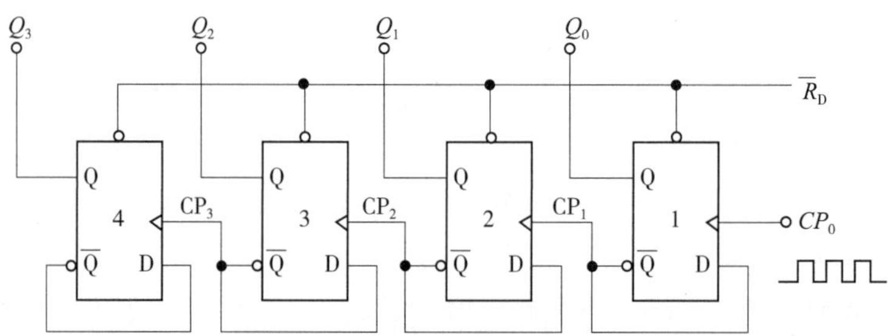

图 6-36 4 位二进制异步加法计数器

若将图 6-36 稍加改动，即将低位触发器的 Q 端与高一位的 CP 端相连接，即构成了一个 4 位二进制减法计数器。

(2)中规模十进制计数器

CC40192 是同步十进制可逆计数器，具有双时钟输入，并具有清除和置数等功能，其引脚排列及逻辑符号如图 6-37 所示。

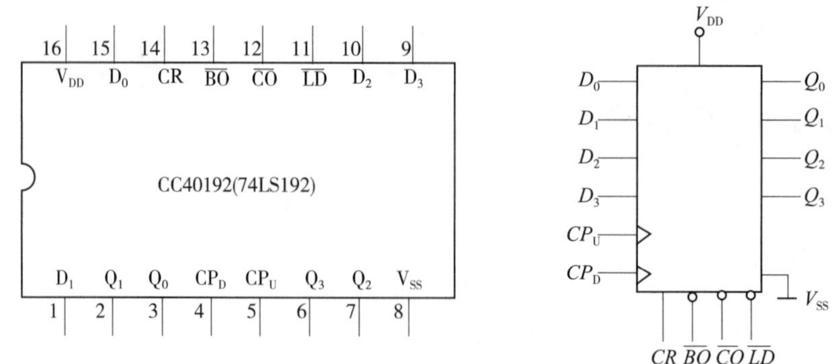

图 6-37 CC40192 引脚排列及逻辑符号

图中各引脚含义：$\overline{LD}$—置数端；CP_U—加计数端；CP_D—减计数端；$\overline{CO}$—非同步进位输出端；$\overline{BO}$—非同步借位输出端；D_0、D_1、D_2、D_3—计数器输入端；Q_0、Q_1、Q_2、Q_3—数据输出端；CR—清除端。

CC40192(同 74LS192，二者可互换使用)的功能见表 6-32，说明如下。

表 6-32 CC40192 逻辑功能

输入								输出			
CR	$\overline{LD}$	CP_U	CP_D	D_3	D_2	D_1	D_0	Q_3	Q_2	Q_1	Q_0
1	×	×	×	×	×	×	×	0	0	0	0
0	0	×	×	d	c	b	a	d	c	b	a
0	1	↑	1	×	×	×	×	加计数			
0	1	1	↑	×	×	×	×	减计数			

当清除端 CR 为高电平“1”时，计数器直接清零；CR 置低电平则执行其他功能。

当 CR 为低电平，置数端$\overline{LD}$也为低电平时，数据直接从置数端 D_0、D_1、D_2、D_3 置入计数器。

当 CR 为低电平，$\overline{LD}$为高电平时，执行计数功能。执行加计数时，减计数端 CP_D 接高电平，计数脉冲由 CP_U 输入；在计数脉冲上升沿进行 8421 码十进制加法计数。执行减计数时，加计数端 CP_U 接高电平，计数脉冲由减计数端 CP_D 输入，表 6-33 为 8421 码十进制加、减计数器的状态转换表。

表 6-33 8421 码十进制加、减计数器状态表

加法计数⟶

输入脉冲数		0	1	2	3	4	5	6	7	8	9
输出	Q_3	0	0	0	0	0	0	0	0	1	1
	Q_2	0	0	0	0	1	1	1	1	0	0
	Q_1	0	0	1	1	0	0	1	1	0	0
	Q_0	0	1	0	1	0	1	0	1	0	1

减计数⟵

(3)计数器的级联使用

一个十进制计数器只能表示 0~9 十个数，为了扩大计数器范围，常用多个十进制计数器级联使用。

同步计数器往往设有进位(或借位)输出端，故可选用其进位(或借位)输出信号驱动下一级计数器。

图 6-38 是由 CC40192 利用进位输出$\overline{CO}$控制高一位的 CP_U 端构成的加数级联图。

(4)实现任意进制计数

①用复位法获得任意进制计数器。假定已有 N 进制计数器，而需要得到一个 M 进制计数器时，只要 $M<N$，用复位法使计数器计数到 M 时置“0”，即获得 M 进制计数器。如图 6-39 所示为一个由 CC40192 十进制计数器接成的 6 进制计数器。

②利用预置功能获得 M 进制计数器。图 6-40 为用 3 个 CC40192 组成的 421 进制计数器。外加的由与非门构成的锁存器可以克服器件计数速度的离散性，保证在反馈置“0”信号作用下计数器可靠置“0”。

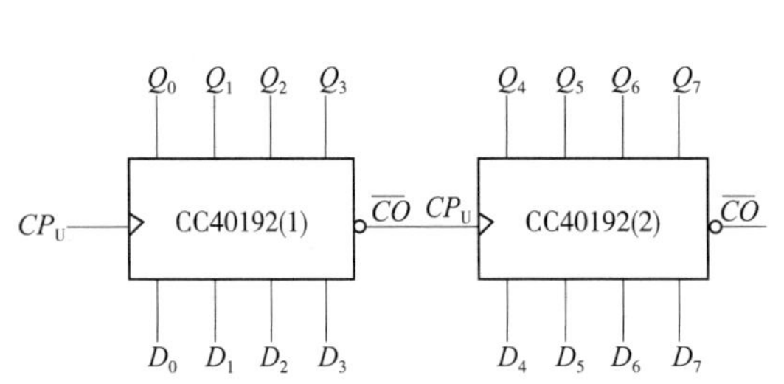

图 6-38　CC40192 级联电路

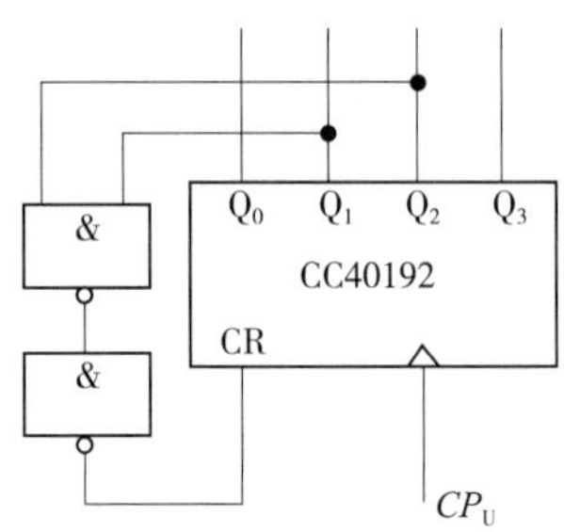

图 6-39　六进制计数器

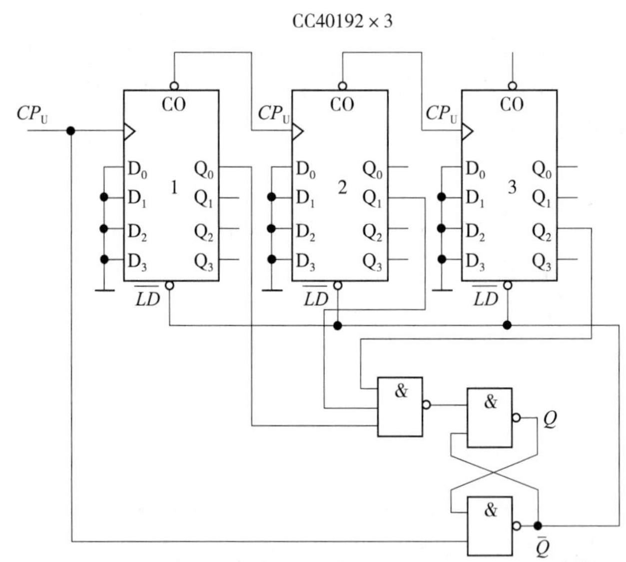

图 6-40　421 进制计数器

图 6-41 是一个特殊十二进制的计数器电路方案。在数字钟里，对时位的计数序列是 1、2…11、12、1…是十二进制的，且无 0 数。当计数到 13 时，通过与非门产生一个复位信号，使 CC40192(2)〔时十位〕直接置成 0000，而 CC40192(1)，即时的个位直接置成 0001，从而实现了 1~12 计数。

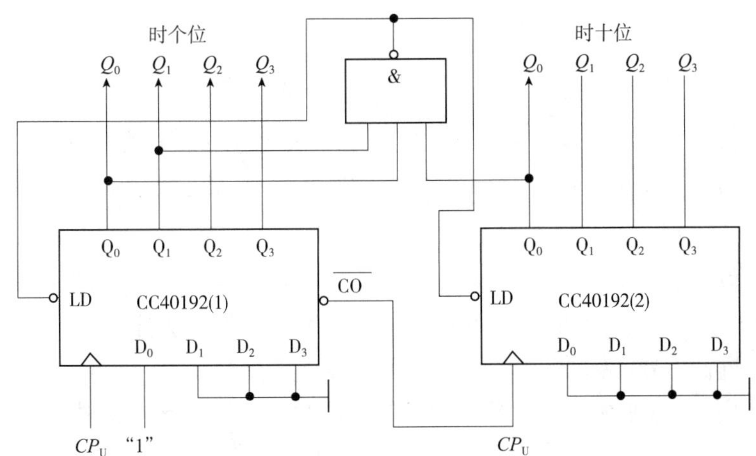

图 6-41　特殊十二进制计数器

6.6.3　实验设备与器件

①+5V 直流电源；②双踪示波器；③连续脉冲源；④单次脉冲源；⑤逻辑电平开关；⑥逻辑电平显示器；⑦译码显示器；⑧CC4013×2（74LS74）、CC40192×3（74LS192）、CC4011（74LS00）、CC4012（74LS20）。

6.6.4　实验内容

（1）用 CC4013 或 74LS74 D 触发器构成 4 位二进制异步加法计数器。

①按图 6-35 接线，$\overline{R}_D$ 接至逻辑开关输出插口，将低位 CP_0 端接单次脉冲源，输出端 Q_3、Q_2、Q_3、Q_0 接逻辑电平显示输入插口，各$\overline{S}_D$ 接高电平“1”。

②清零后，逐个送入单次脉冲，观察并列表记录 $Q_3 \sim Q_0$ 状态。

③将单次脉冲改为 1Hz 的连续脉冲，观察 $Q_3 \sim Q_0$ 的状态。

④将 1Hz 的连续脉冲改为 1kHz，用双踪示波器观察 CP、Q_3、Q_2、Q_1、Q_0 端波形，描绘。

⑤将图 6-35 电路中的低位触发器的 Q 端与高一位的 CP 端相连接，构成减法计数器，按实验内容②③④进行实验，观察并列表记录 $Q_3 \sim Q_0$ 的状态。

（2）测试 CC40192 或 74LS192 同步十进制可逆计数器的逻辑功能

计数脉冲由单次脉冲源提供，清除端 CR、置数端$\overline{LD}$、数据输入端 D_3、D_2、D_1、D_0分别接逻辑开关，输出端 Q_3、Q_2、Q_1、Q_0 接实验设备的一个译码显示输入相应插口 A、B、C、D；$\overline{CO}$和$\overline{BO}$接逻辑电平显示插口。按表 6-33 逐项测试并判断该集成块的功能是否正常。

①清除。令 $CR=1$，其他输入为任意态，这时 $Q_3Q_2Q_1Q_0=0000$，译码数字显示为

0。清除功能完成后，置 $CR=0$。

②置数。$CR=0$，CP_U，CP_D 任意，数据输入端输入任意一组二进制数，令 $\overline{LD}=0$，观察计数译码显示输出，予置功能是否完成，此后置 $\overline{LD}=1$。

③加计数。$CR=0$，$\overline{LD}=CP_D=1$，CP_U 接单次脉冲源。清零后送入 10 个单次脉冲，观察译码数字显示是否按 8421 码十进制状态转换表进行；输出状态变化是否发生在 CP_U 的上升沿。

④减计数。$CR=0$，$\overline{LD}=CP_U=1$，CP_D 接单次脉冲源。参照(3)进行实验。

(3)图 6-38 所示，用两片 CC40192 组成两位十进制加法计数器，输入 1Hz 连续计数脉冲，进行由 00~99 累加计数，记录。

(4)将两位十进制加法计数器改为两位十进制减法计数器，实现由 99~00 递减计数，记录。

(5)按图 6-39 电路进行实验，记录。

(6)按图 6-40 或图 6-41 进行实验，记录。

(7)设计一个数字钟移位 60 进制计数器并进行实验。

6.6.5　实验预习要求

①复习有关计数器部分内容。

②绘出各实验内容的详细线路图。

③拟出各实验内容所需的测试记录表格。

6.6.6　实验报告

①画出实验线路图，记录、整理实验现象及实验所得的有关波形。对实验结果进行分析。

②总结使用集成计数器的体会。

6.7　全加器及其应用

6.7.1　实验目的

①掌握全双进位全加器 74LS183 和 4 位二进制超前进位全加器 74LS283 的逻辑功能。

②熟悉集成加法器的使用方法。

③了解算术运算电路的结构。

6.7.2 实验设备与器件

①数字电路实验箱；②数字万用表；③74LS00；④74LS86；⑤基本门电路。

6.7.3 实验原理

计算机最基本的任务之一是进行算数，在机器中四则运算(加、减、乘、除)都是分解成加法运算进行的，因此加法器便成为计算机中最基本的运算单元。

(1)半加器原理

两个二进制数相加称为半加，实现半加操作的电路，称为半加器。表 6-34 是半加器的真值表，图 6-42(a)为半加器的符号，A 表示被加数，B 表示加数，S 表示半加和，C 表示向高位的进位。

从二进制数加法的角度看，真值表中只考虑了两个加数本身，没有考虑低位来得进位，这就是半加器的由来。由真值表可得半加器逻辑表达式

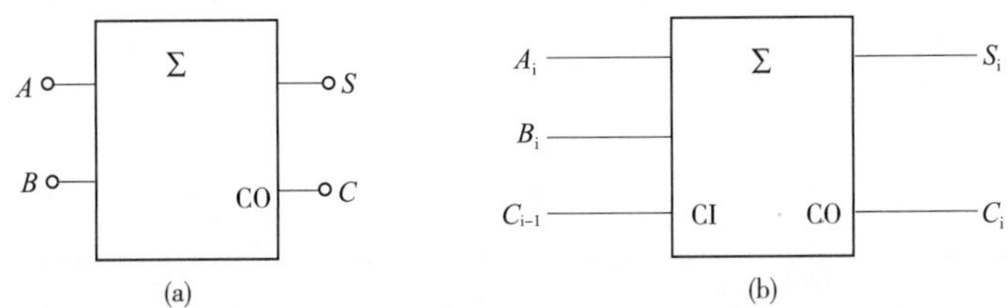

图 6-42 加法器

(a)半加器符号 (b)全加器符号

(2)全加器原理

全加器能进行加数、被加数和低位来的进位信号相加，并根据求和的结果给出该位的进位信号。图 6-42(b)为全加器的符号，如果用 A_i、B_i 表示 A、B 两个数的第 i 位，C_{i-1}表示为相邻低来的进位数，S_i 表示为本位和数(成为全加和)，C_i 表示为相邻高位的进位数。可以很容易的求出 S、C 的简化函数表达式。表 6-36 是全加器的真值表。

用一位全加器可以构成多位加法电路。由于每一位加法的结果必须等到低一位的进位产生后才能产生(这种结构称为串行进位加法器)，因而运算速度很慢。为了提高运算速度，制成了超前进位加法器。这种电路各进位信号的产生只需经历一级与非门和一级或非门的延迟时间，比串行进位的全加器大大缩短了时间。

6.7.4 实验内容

(1)实现半加/半减器

用异或门 74LS86 和与非门 74LS00 组成半加/半减器，当控制信号 $M=0$ 时实现半加器功能，当控制信号 $M=1$ 时实现半减器功能。

(2)实现全加/全减器

用 74LS86 和若干与非门组成全加/全减器，当控制信号 $M=0$ 时实现全加器功能，当控制信号 $M=1$ 时实现全减器功能。要求设计的逻辑电路门数量最少。

6.7.5 实验结果与数据

(1)实现半加/半减器

①真值表，见表 6-34。

表 6-34 真值表

M	A	B	S	C
0	0	0	0	0
0	0	1	1	0
0	1	0	1	0
0	1	1	0	1
1	0	0	0	0
1	0	1	1	1
1	1	0	1	0
1	1	1	0	0

②卡诺图化简。

对 S 进行卡诺图化简：

M \ AB	00	01	11	10
0	0	1	0	1
1	0	1	0	1

对 CO 进行卡诺图化简：

M \ AB	00	01	11	10
0	0	0	1	0
1	0	1	0	0

由卡诺图化简可知，

$$S=A\oplus B$$

$$CO=B(A\oplus M)$$

③功能实现。输出端 S 可以直接通过异或门，将 A 与 B 异或即可。输出端 CO 可以看成 $CO=\overline{\overline{B(A\oplus M)}}$，先通过 74LS86 实现 A 与 M 的异或，然后通过 74LS00 实现$(A\oplus M)$与 B 的与非，再通过与非门实现$\overline{B(A\oplus M)}$的非，即实现$\overline{\overline{B(A\oplus M)}}$，也即实现 CO 的功能。电路原理图如图 6-43。

④实现结果见表 6-35。

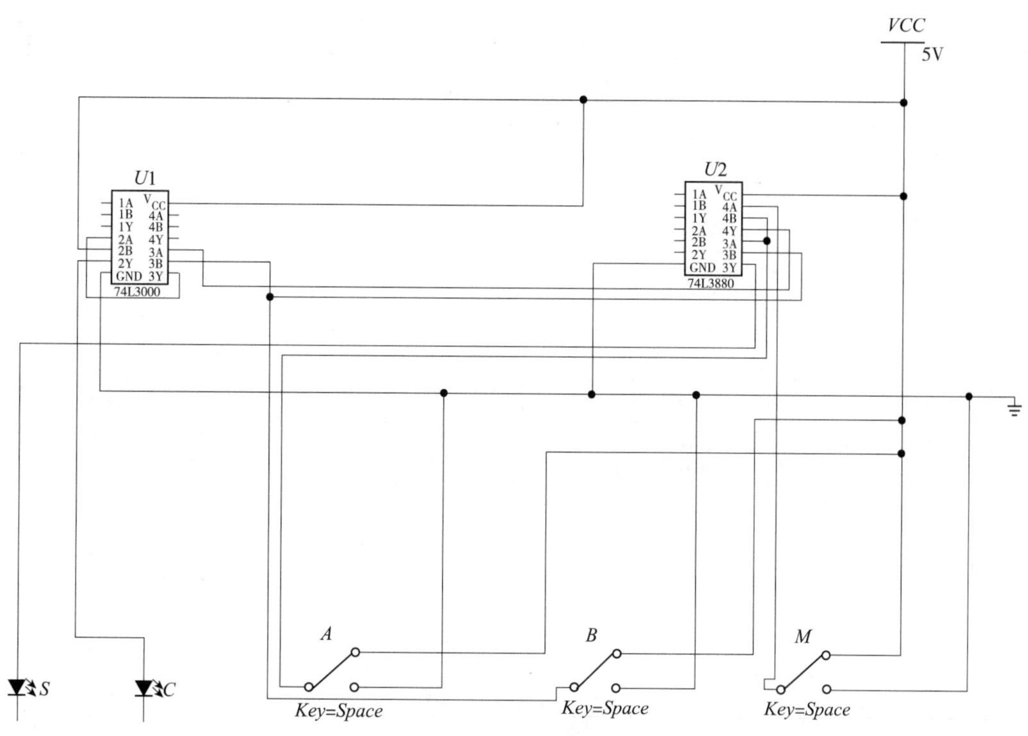

图 6-43　电路原理图

表 6-35　实现结果

M	*A*	*B*	*S*	*C*
关	关	关	不亮	不亮
关	关	开	亮	不亮
关	开	关	亮	不亮
关	开	开	不亮	亮
开	关	关	不亮	不亮
开	关	开	亮	亮
开	开	关	亮	不亮
开	开	开	不亮	不亮

注：开关开表示输入 1，关表示输入 0；灯亮表示输出 1，不亮表示 0。

⑤实验结论。通过开关控制输入，观察输出信号灯的亮与灭符合真值表。

(2)实现全加/全减器

①真值表，见表 6-36。

表 6-36　真值表

M	*A*	*B*	C_i	*S*	*CO*
0	0	0	0	0	0

（续）

M	A	B	C_i	S	CO
0	0	0	1	1	0
0	0	1	0	1	0
0	0	1	1	0	1
0	1	0	0	1	0
0	1	0	1	0	1
0	1	1	0	0	1
0	1	1	1	1	1
1	0	0	0	0	0
1	0	0	1	1	1
1	0	1	0	1	1
1	0	1	1	0	1
1	1	0	0	1	0
1	1	0	1	0	0
1	1	1	0	0	0
1	1	1	1	1	1

②卡诺图化简。

对 S 进行卡诺图化简：

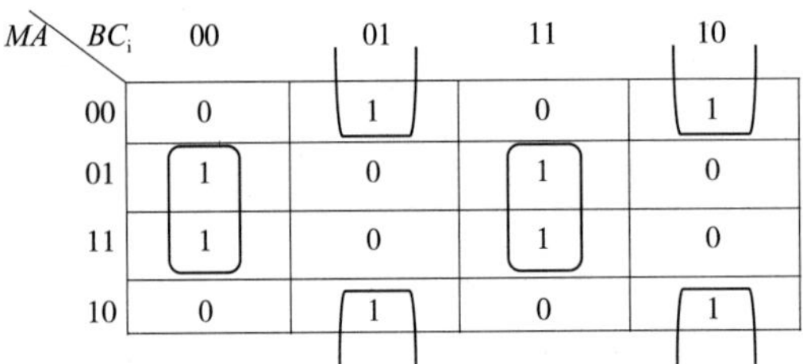

MA \ BC_i	00	01	11	10
00	0	1	0	1
01	1	0	1	0
11	1	0	1	0
10	0	1	0	1

对 CO 进行卡诺图化简：

MA \ BC_i	00	01	11	10
00	0	0	1	0
01	0	1	1	1
11	0	1	1	1
10	0	0	1	0

由卡诺图化简知，

$$S=A\oplus B\oplus C_i$$

$$CO=\overline{\overline{BC_i}\,\overline{(M\oplus A)(B\oplus C)}}$$

③功能实现。输出端 S 通过 74LS86 先实现 A 与 B 的异或，然后与 C_i 进行 $A\oplus B\oplus C_i$，得到 S。输出端 CO 通过 74LS00 实现 B 与 C_i 的与非和 $(M\oplus A)$ 与 $(B\oplus C)$ 的与

非，在通过与非门实现 $CO=\overline{\overline{BC_i(M\oplus A)(B\oplus C)}}$，即得到 CO。

电路原理图如图 6-44 所示。

④实验结果见表 6-37。

⑤实验结论。通过开关控制输入，观察输出信号灯的亮与灭符合真值表。

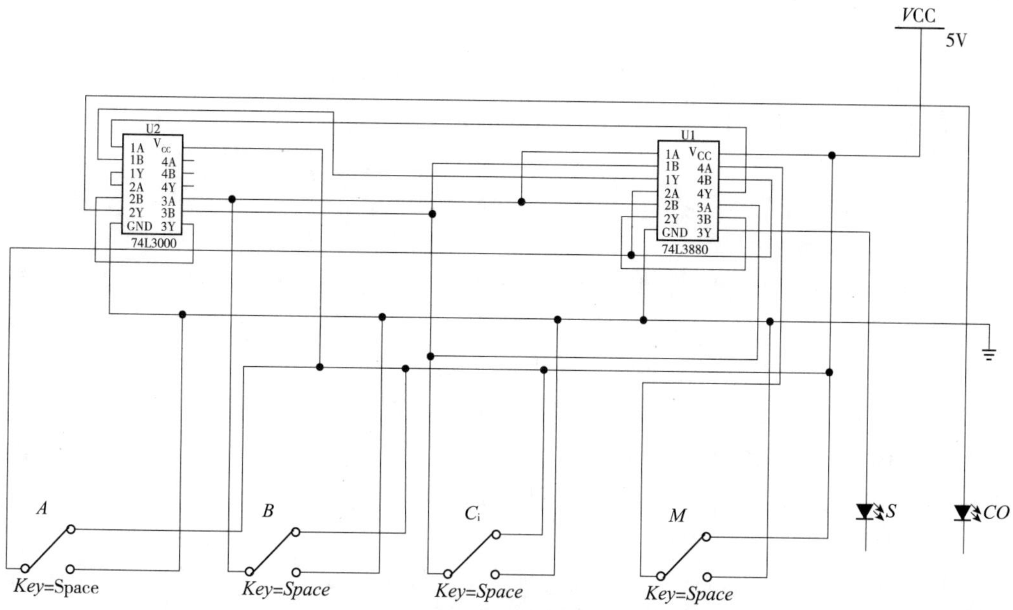

图 6-44　电路原理图

表 6-37　实验结果

M	A_i	B_i	C_{i-1}	S_i	CO
关	关	关	关	不亮	不亮
关	关	关	开	亮	不亮
关	关	开	关	亮	不亮
关	关	开	开	不亮	亮
关	开	关	关	亮	不亮
关	开	关	开	不亮	亮
关	开	开	关	不亮	亮
关	开	开	开	亮	亮
开	关	关	关	不亮	不亮
开	关	关	开	亮	不亮
开	关	开	关	亮	不亮
开	关	开	开	不亮	亮
开	开	关	关	亮	不亮
开	开	关	开	不亮	亮
开	开	开	关	不亮	亮
开	开	开	开	亮	亮

6.8 D/A-A/D 转换器

6.8.1 实验目的

①了解 D/A 和 A/D 转换器的基本工作原理和基本结构。

②掌握大规模集成 D/A 和 A/D 转换器的功能及其典型应用。

6.8.2 实验原理

在数字电子技术的很多应用场合往往需要把模拟量转换为数字量，称为模/数转换器(A/D 转换器，简称 ADC)；或把数字量转换成模拟量，称为数/模转换器(D/A 转换器，简称 DAC)。完成这种转换的线路有多种，特别是单片大规模集成 A/D、D/A 转换器问世，为实现上述的转换提供了极大的方便。使用者可借助于手册提供的器件性能指标及典型应用电路，即可正确使用这些器件。本实验将采用大规模集成电路 DAC0832 实现 D/A 转换，ADC0809 实现 A/D 转换。

(1)D/A 转换器 DAC0832

DAC0832 是采用 CMOS 工艺制成的单片电流输出型 8 位 D/A 转换器。图 6-45 是 DAC0832 的逻辑框图及引脚排列。

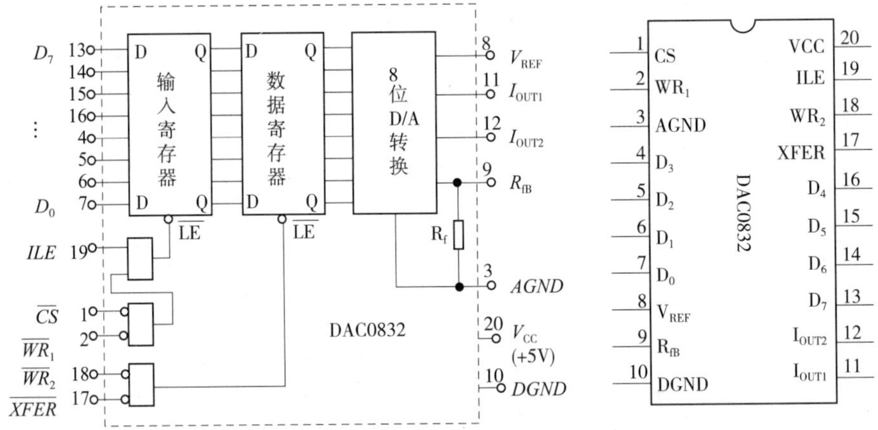

图 6-45 DAC0832 单片 D/A 转换器逻辑框图和引脚排列

器件的核心部分采用倒 T 型电阻网络的 8 位 D/A 转换器，如图 6-46 所示。它是由倒 T 型 R-$2R$ 电阻网络、模拟开关、运算放大器和参考电压 V_{REF} 四部分组成。

运放的输出电压为

$$V_{\mathrm{o}}=\frac{V_{\mathrm{REF}}\cdot R_{\mathrm{f}}}{2^{n}R}(D_{n-1}\cdot 2^{n-1}+D_{n-2}\cdot 2^{n-2}+\cdots+D_{0}\cdot 2^{0})$$

由上式可见，输出电压 V_{o} 与输入的数字量成正比，这就实现了从数字量到模拟

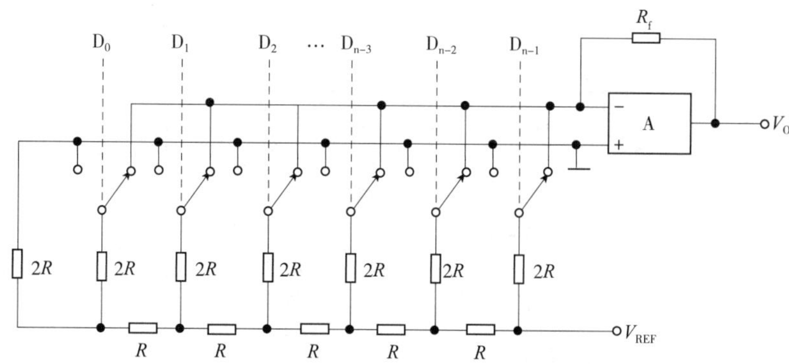

图 6-46　倒 T 型电阻网络 D/A 转换电路

量的转换。

一个 8 位的 D/A 转换器，它有 8 个输入端，每个输入端是 8 位二进制数的一位，有一个模拟输出端，输入可有 $2^8=256$ 个不同的二进制组态，输出为 256 个电压之一，即输出电压不是整个电压范围内任意值，而只能是 256 个可能值。

DAC0832 的引脚功能说明如下：$D_0 \sim D_7$—数字信号输入端；ILE—输入寄存器允许，高电平有效；$\overline{CS}$—片选信号，低电平有效；$\overline{WR}_1$—写信号 1，低电平有效；$\overline{XFER}$—传送控制信号，低电平有效；$\overline{WR}_2$—写信号 2，低电平有效；I_{OUT1}，I_{OUT2}—DAC 电流输出端；R_{fB}—反馈电阻，是集成在片内的外接运放的反馈电阻；V_{REF}—基准电压（$-10 \sim +10$）V；V_{CC}—电源电压（$+5 \sim +15$）V；$AGND$—模拟地，$NGND$—数字地，可接在一起使用。

DAC0832 输出的是电流，要转换为电压，还必须经过一个外接的运算放大器，实验线路如图 6-47 所示。

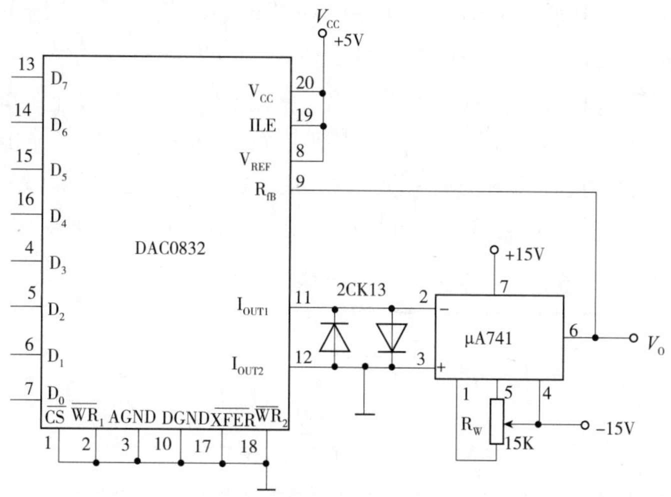

图 6-47　D/A 转换器实验线路

（2）A/D 转换器 ADC0809

ADC0809 是采用 CMOS 工艺制成的单片 8 位 8 通道逐次渐近型 A/D 转换器，其

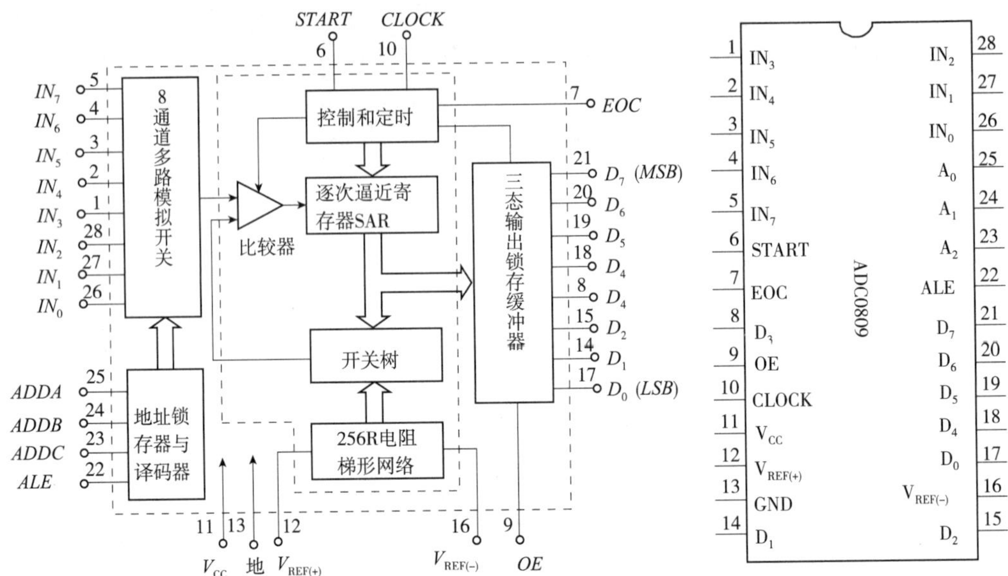

图 6-48　ADC0809 转换器逻辑框图及引脚排列

逻辑框图及引脚排列如图 6-48 所示。

器件的核心部分是 8 位 A/D 转换器，它由比较器、逐次渐近寄存器、D/A 转换器及控制和定时五部分组成。

ADC0809 的引脚功能说明如下：$IN_0 \sim IN_7$—8 路模拟信号输入端；A_2、A_1、A_0—地址输入端；*ALE*—地址锁存允许输入信号，在此脚施加正脉冲，上升沿有效，此时锁存地址码，从而选通相应的模拟信号通道，以便进行 A/D 转换；*START*—启动信号输入端，应在此脚施加正脉冲，当上升沿到达时，内部逐次逼近寄存器复位，在下降沿到达后，开始 A/D 转换过程；*EOC*—转换结束输出信号(转换结束标志)，高电平有效；*OE*—输入允许信号，高电平有效；*CLOCK*(*CP*)—时钟信号输入端，外接时钟频率一般为 640kHz；V_{cc}—+5V 单电源供电；$V_{REF}(+)$、$V_{REF}(-)$—基准电压的正极、负极；一般 $V_{REF}(+)$接+5V 电源，$V_{REF}(-)$接地；D_7—D_0—数字信号输出端。

①模拟量输入通道选择。8 路模拟开关由 A_2、A_1、A_0 三地址输入端选通 8 路模拟信号中的任何一路进行 A/D 转换，地址译码与模拟输入通道的选通关系见表 6-38 所列。

表 6-38　地址译码与模拟输入通道的选通关系

被选模拟通道道道		IN_0	IN_1	IN_2	IN_3	IN_4	IN_5	IN_6	IN_7
地址	A_2	0	0	0	0	1	1	1	1
	A_1	0	0	1	1	0	0	1	1
	A_0	0	1	0	1	0	1	0	1

②D/A 转换过程。在启动端(*START*)加启动脉冲(正脉冲)，D/A 转换即开始。如将启动端(*START*)与转换结束端(*EOC*)直接相连，转换将是连续的，在用这种转换方式时，开始应在外部加启动脉冲。

6.8.3 实验设备及器件

①+5V、±15V 直流电源；②双踪示波器；③计数脉冲源；④逻辑电平开关；⑤逻辑电平显示器；⑥直流数字电压表；⑦DAC0832、ADC0809、μA741、电位器、电阻、电容若干。

6.8.4 实验内容

(1) D/A 转换器—DAC0832

①按图 6-47 接线，电路接成直通方式，即 $\overline{CS}$、$\overline{WR}_1$、$\overline{WR}_2$、$\overline{XFER}$ 接地；ALE、V_{CC}、V_{REF} 接+5V 电源；运放电源接±15V；$D_0 \sim D_7$ 接逻辑开关的输出插口，输出端 V_O 接直流数字电压表。

②调零，令 $D_0 \sim D_7$ 全置零，调节运放的电位器使 μA741 输出为零。

③按表 6-39 所列的输入数字信号，用数字电压表测量运放的输出电压 V_0，并将测量结果填入表中，并与理论值进行比较。

表 6-39　输出电压表

输入数字量								输出模拟量 V_0(V)
D_7	D_6	D_5	D_4	D_3	D_2	D_1	D_0	V_{CC} = +5V
0	0	0	0	0	0	0	0	
0	0	0	0	0	0	0	1	
0	0	0	0	0	0	1	0	
0	0	0	0	0	1	0	0	
0	0	0	0	1	0	0	0	
0	0	0	1	0	0	0	0	
0	0	1	0	0	0	0	0	
0	1	0	0	0	0	0	0	
1	0	0	0	0	0	0	0	
1	1	1	1	1	1	1	1	

(2) A/D 转换器—ADC0809

按图 6-49 接线。

①8 路输入模拟信号 1V～4. 5V，由+5V 电源经电阻 R 分压组成；变换结果 $D_0 \sim D_7$ 接逻辑电平显示器输入插口，CP 时钟脉冲由计数脉冲源提供，取 f=100kHz；$A_0 \sim A_2$ 地址端接逻辑电平输出插口。

②接通电源后，在启动端 ($START$) 加一正单次脉冲，下降沿一到即开始 A/D 转换。

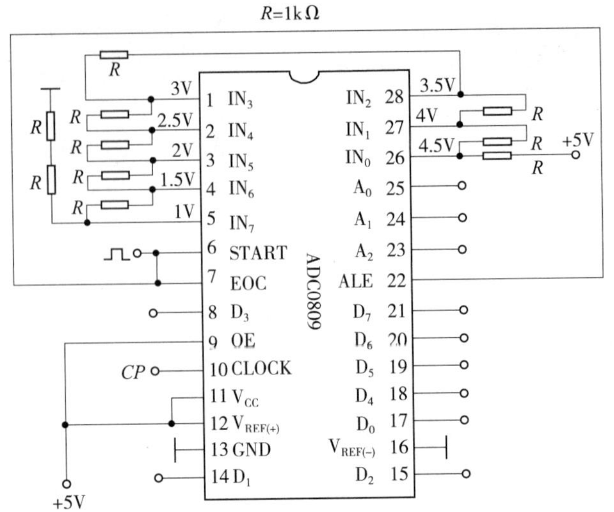

图 6-49　ADC0809 实验线路

③按表 6-40 的要求观察，记录 $IN_0 \sim IN_7$ 8 路模拟信号的转换结果，并将转换结果换算成十进制数表示的电压值，并与数字电压表实测的各路输入电压值进行比较，分析误差原因。

表 6-40　模拟信号转换结果表

被选模拟通道	输入模拟量	地　　址			输出数字量								
IN	v_i(V)	A_2	A_1	A_0	D_7	D_6	D_5	D_4	D_3	D_2	D_1	D_0	十进制
IN_0	4.5	0	0	0									
IN_1	4.0	0	0	1									
IN_2	3.5	0	1	0									
IN_3	3.0	0	1	1									
IN_4	2.5	1	0	0									
IN_5	2.0	1	0	1									
IN_6	1.5	1	1	0									
IN_7	1.0	1	1	1									

6.8.5　实验预习要求

①复习 A/D、D/A 转换的工作原理。

②熟悉 ADC0809、DAC0832 各引脚功能，使用方法。

③绘好完整的实验线路和所需的实验记录表格。

④拟定各个实验内容的具体实验方案。

6.8.6　实验报告

整理实验数据，分析实验结果。

6.9　555 时基电路及其应用

6.9.1　实验目的

①熟悉 555 型集成时基电路结构、工作原理及其特点。
②掌握 555 型集成时基电路的基本应用。

6.9.2　实验原理

集成时基电路又称为集成定时器或 555 电路，是一种数字、模拟混合型的中规模集成电路，应用十分广泛。它是一种产生时间延迟和多种脉冲信号的电路，由于内部电压标准使用了三个 5kΩ 电阻，故取名 555 电路。其电路类型有双极型和 CMOS 型两大类，二者的结构与工作原理类似。几乎所有的双极型产品型号最后的三位数码都是 555 或 556；所有的 CMOS 产品型号最后四位数码都是 7555 或 7556，二者的逻辑功能和引脚排列完全相同，易于互换。555 和 7555 是单定时器。556 和 7556 是双定时器。双极型的电源电压 $V_{CC}=+5V\sim+15V$，输出的最大电流可达 200mA，CMOS 型的电源电压为+3V～+18V。

(1)555 电路的工作原理

555 电路的内部电路方框图如图 6-50 所示。它含有两个电压比较器，一个基本 *RS* 触发器，一个放电开关管 T，比较器的参考电压由三只 5kΩ 的电阻器构成的分压器提供。它们分别使高电平比较器 A_1 的同相输入端和低电平比较器 A_2 的反相输入端的参考电平为 $\frac{2}{3}V_{CC}$ 和 $\frac{1}{3}V_{CC}$。A_1 与 A_2 的输出端控制 *RS* 触发器状态和放电管开关状态。

当输入信号自 6 脚，即高电平触发输入并超过参考电平 $\frac{2}{3}V_{CC}$ 时，触发器复位，555 的输出端 3 脚输出低电平，同时放电开关管导通；当输入信号自 2 脚输入并低于 $\frac{1}{3}V_{CC}$ 时，触发器置位，555 的 3 脚输出高电平，同时放电开关管截止。

$\overline{R}_D$ 是复位端(4 脚)，当 $\overline{R}_D=0$，555 输出低电平。平时 $\overline{R}_D$ 端开路或接 V_{CC}。

V_C 是控制电压端(5 脚)，平时输出 $\frac{2}{3}V_{CC}$ 作为比较器 A_1 的参考电平，当 5 脚外接

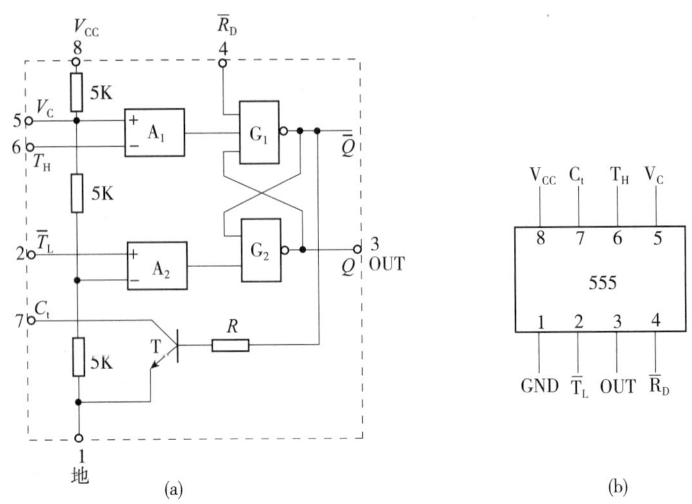

图 6-50 555 定时器内部框图及引脚排列

一个输入电压，即改变了比较器的参考电平，从而实现对输出的另一种控制，在不接外加电压时，通常接一个 0.01μF 的电容器到地，起滤波作用，以消除外来的干扰，以确保参考电平的稳定。

T 为放电管，当 *T* 导通时，将给接于脚 7 的电容器提供低阻放电通路。

555 定时器主要是与电阻、电容构成充放电电路，并由两个比较器来检测电容器上的电压，以确定输出电平的高低和放电开关管的通断。这就很方便地构成从微秒到数十分钟的延时电路，可方便地构成单稳态触发器，多谐振荡器，施密特触发器等脉冲产生或波形变换电路。

(2)555 定时器的典型应用

①构成单稳态触发器。图 6-51(a)为由 555 定时器和外接定时元件 *R*、*C* 构成的单稳态触发器。触发电路由 C_1、R_1、*D* 构成，其中 *D* 为钳位二极管，稳态时 555 电路输入端处于电源电平，内部放电开关管 T 导通，输出端 F 输出低电平，当有一个外部负脉冲触发信号经 C_1 加到 2 端。并使 2 端电位瞬时低于$\frac{1}{3}V_{CC}$，低电平比较器动作，单稳态电路即开始一个暂态过程，电容 *C* 开始充电，V_C 按指数规律增长。当 V_C 充电到$\frac{2}{3}V_{CC}$时，高电平比较器动作，比较器 A_1 翻转，输出 V_0 从高电平返回低电平，放电开关管 *T* 重新导通，电容 *C* 上的电荷很快经放电开关管放电，暂态结束，恢复稳态，为下个触发脉冲的来到作好准备。波形图如图 6-51(b)所示。

暂稳态的持续时间 t_w(即为延时时间)决定于外接元件 *R*、*C* 值的大小。

$$t_w = 1.1RC$$

通过改变 *R*、*C* 的大小，可使延时时间在几个微秒到几十分钟之间变化。当这种单稳态电路作为计时器时，可直接驱动小型继电器，并可以使用复位端(4 脚)接地的方法来中止暂态，重新计时。此外尚须用一个续流二极管与继电器线圈并接，以防继电器线圈反电势损坏内部功率管。

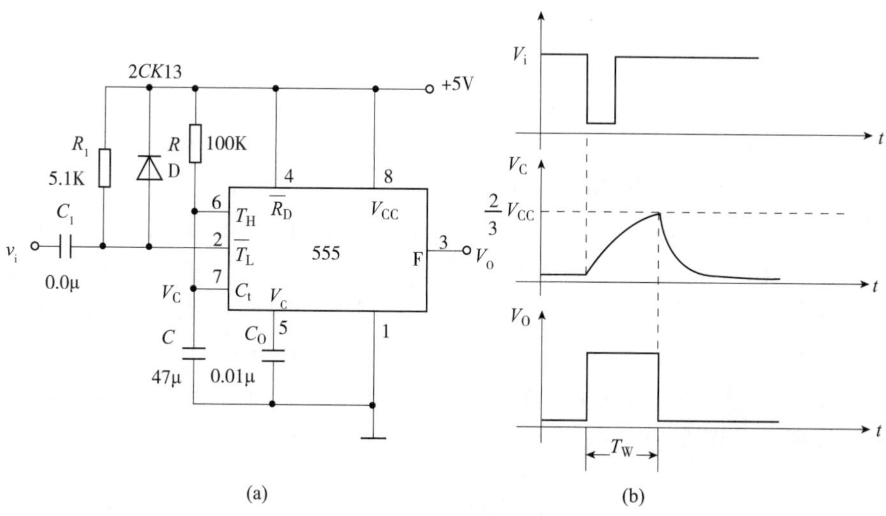

图 6-51　单稳态触发器

②构成多谐振荡器。如图 6-52(a)，由 555 定时器和外接元件 R_1、R_2、C 构成多谐振荡器，脚 2 与脚 6 直接相连。电路没有稳态，仅存在两个暂稳态，电路亦不需要外加触发信号，利用电源通过 R_1、R_2 向 C 充电，以及 C 通过 R_2 向放电端 C_t 放电，使电路产生振荡。电容 C 在$\frac{1}{3}V_{CC}$和$\frac{2}{3}V_{CC}$之间充电和放电，其波形如图 6-52(b)所示。输出信号的时间参数是

$$T=t_{w1}+t_{w2}，\ t_{w1}=0.7(R_1+R_2)C，\ t_{w2}=0.7R_2C$$

555 电路要求 R_1 与 R_2 均应大于或等于 1kΩ，但 R_1+R_2 应小于或等于 3.3MΩ。

外部元件的稳定性决定了多谐振荡器的稳定性，555 定时器配以少量的元件即可获得较高精度的振荡频率和具有较强的功率输出能力。因此这种形式的多谐振荡器应用很广。

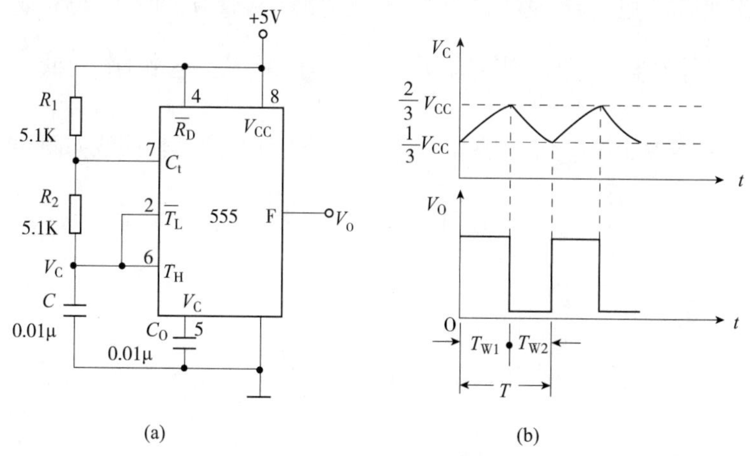

图 6-52　多谐振荡器

③组成占空比可调的多谐振荡器。电路如图 6-53，它比图 6-52 所示电路增加了一个电位器和两个导引二极管。D_1、D_2 用来决定电容充、放电电流流经电阻的途径

（充电时 D_1 导通，D_2 截止；放电时 D_2 导通，D_1 截止）。

占空比
$$P=\frac{t_{w1}}{t_{w1}+t_{w2}}\approx\frac{0.7R_AC}{0.7C(R_A+R_B)}=\frac{R_A}{R_A+R_B}$$

可见，若取 $R_A=R_B$ 电路即可输出占空比为50%的方波信号。

④组成占空比连续可调并能调节振荡频率的多谐振荡器。电路如图6-54所示。对 C_1 充电时，充电电流通过 R_1、D_1、R_{W2} 和 R_{W1}；放电时通过 R_{W1}、R_{W2}、D_2、R_2。当 $R_1=R_2$、R_{W2} 调至中心点，因充放电时间基本相等，其占空比约为50%，此时调节 R_{W1} 仅改变频率，占空比不变。如 R_{W2} 调至偏离中心点，再调节 R_{W1}，不仅振荡频率改变，而且对占空比也有影响。R_{W1} 不变，调节 R_{W2}，仅改变占空比，对频率无影响。因此，当接通电源后，应首先调节 R_{W1} 使频率至规定值，再调节 R_{W2}，以获得需要的占空比。若频率调节的范围比较大，还可以用波段开关改变 C_1 的值。

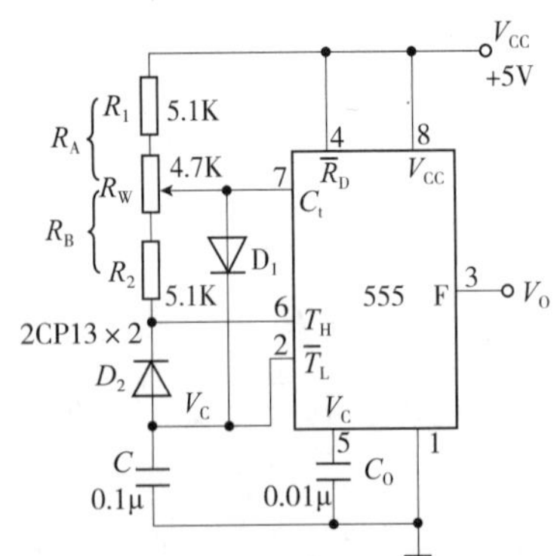

图 6-53　占空比可调的多谐振荡器

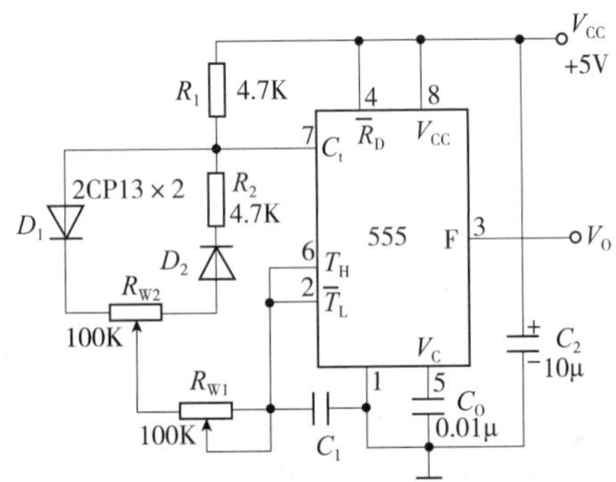

图 6-54　占空比与频率均可调的多谐振荡器

⑤组成施密特触发器。电路如图6-55，只要将脚2、6连在一起作为信号输入端，即得到施密特触发器。图6-56示出了 v_s、v_i 和 v_o 的波形图。

设被整形变换的电压为正弦波 v_s，其正半波通过二极管D同时加到555定时器的2脚和6脚，得 V_i 为半波整流波形。当 v_i 上升到 $\frac{2}{3}V_{CC}$ 时，v_o 从高电平翻转为低电平；当 v_i 下降到 $\frac{1}{3}V_{CC}$ 时，V_o 又从低电平翻转为高电平。电路的电压传输特性曲线如图6-57所示。

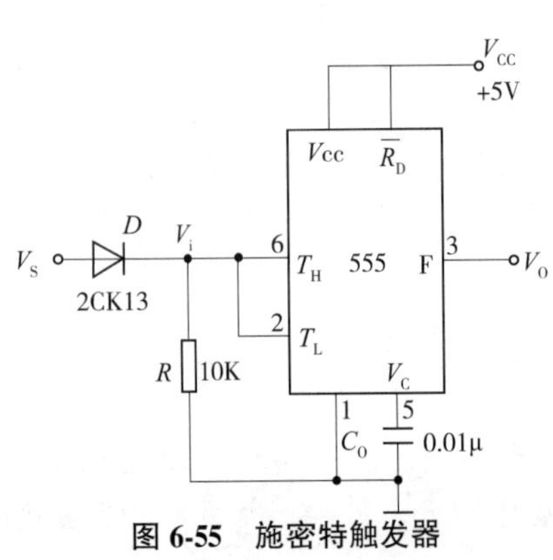

图 6-55　施密特触发器

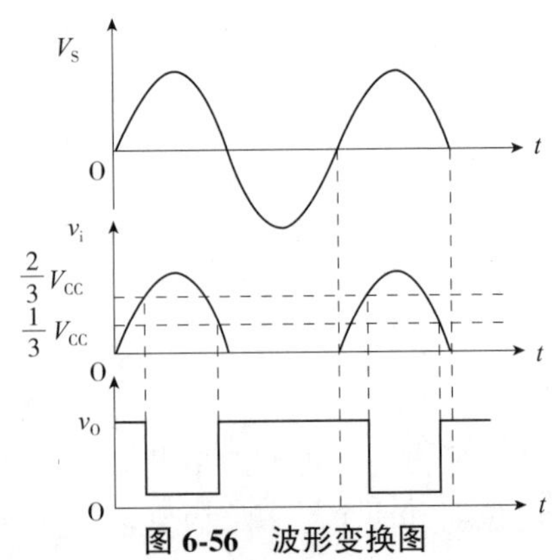

图 6-56　波形变换图

回差电压　$\Delta V=\frac{2}{3}V_{CC}-\frac{1}{3}V_{CC}=\frac{1}{3}V_{CC}$

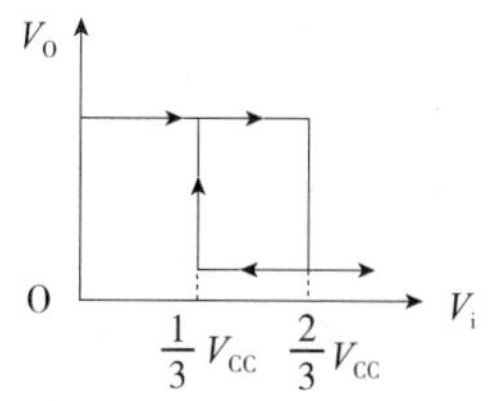

图 6-57　电压传输特性

6.9.3　实验设备与器件

①+5V 直流电源；②双踪示波器；③连续脉冲源；④单次脉冲源；⑤音频信号源；⑥数字频率计；⑦逻辑电平显示器；⑧555×2、2CK13×2；⑨电位器、电阻、电容若干。

6.9.4　实验内容

(1) 单稳态触发器

①按图 6-51 连线，取 $R=100\text{k}\Omega$，$C=47\mu\text{F}$，输入信号 v_i 由单次脉冲源提供，用双踪示波器观测 v_i、v_C、v_o 波形。测定幅度与暂稳时间。

②将 R 改为 $1\text{k}\Omega$，C 改为 $0.1\mu\text{F}$，输入端加 1kHz 的连续脉冲，观测波形 v_i、v_C、v_o，测定幅度及暂稳时间。

(2) 多谐振荡器

①按图 6-52 接线，用双踪示波器观测 v_c 与 v_o 的波形，测定频率。

②按图 6-53 接线，组成占空比为 50% 的方波信号发生器。观测 v_C、v_o 波形，测定波形参数。

③按图 6-54 接线，通过调节 R_{W1} 和 R_{W2} 来观测输出波形。

(3) 施密特触发器

按图 6-55 接线，输入信号由音频信号源提供，预先调好 v_S 的频率为 1kHz，接通电源，逐渐加大 v_S 的幅度，观测输出波形，测绘电压传输特性，算出回差电压 ΔU。

(4) 模拟声响电路

按图 6-58 接线，组成两个多谐振荡器，调节定时元件，使Ⅰ输出较低频率，Ⅱ输出较高频率，连好线，接通电源，试听音响效果。调换外接阻容元件，再试听音响效果。

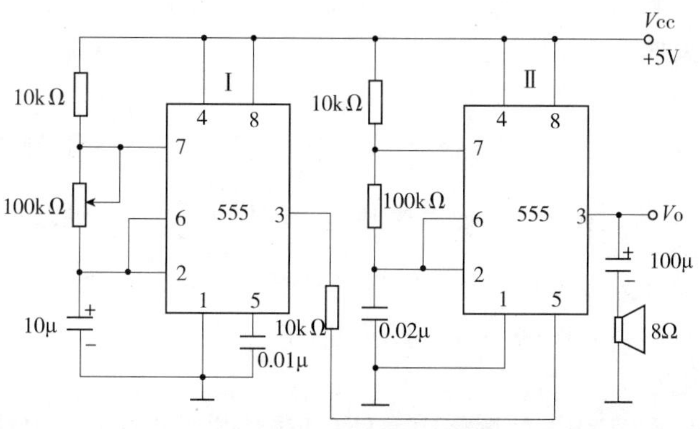

图 6-58　模拟声响电路

6.9.5 实验预习要求

①复习有关 555 定时器的工作原理及其应用。
②拟定实验中所需的数据、表格等。
③如何用示波器测定施密特触发器的电压传输特性曲线?
④拟定各次实验的步骤和方法。

6.9.6 实验报告

①绘出详细的实验线路图，定量绘出观测到的波形。
②分析、总结实验结果。

6.10 救护车双音报警器的设计

6.10.1 实验目的

①通过双音报警器熟悉用 555 时基电路构成的多谐振荡器。
②熟悉 555 时基电路控制端的功能和作用。
③进一步掌握设计、焊接的基本思路，方法。

6.10.2 实验设备与器件

①数字电路实验箱；②小功率电动式扬声器；③焊接器材(NE555，1 个；10kΩ 电阻，3 个；100kΩ 电阻，1 个；150kΩ 电阻，1 个；10μF 电容，1 个；0.01μF 电容，1 个；100μF 电容，1 个)。

6.10.3 实验内容

如图 6-59 所示为救护车双音报警器的连接电路，NE555 引脚的控制功能查 555 时器电路原理图及相关资料。5 脚为控制端，电位为$\frac{2}{3}V_{CC}$，通过一个小电容 0.01～0.1μF 接地，以防止外界干扰对阈值电压的影响。

IC_1、IC_2 都接成自激振荡多谐振荡器的工作方式，IC_1 输出的方波信号通过 R_5 去控制 IC_2 的 5 脚电平。

IC_1 输出高电平时，IC_2 的振荡频率低；IC_1 输出低电平时，IC_2 振荡频率高，所以振荡器的振荡频率被输出电压调制为两种音频频率，使扬声器发出“滴，嘟，滴，

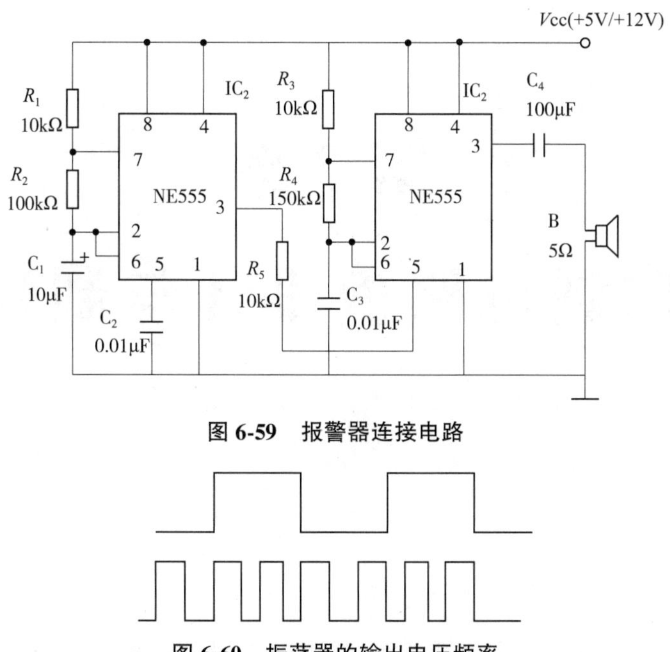

图 6-59　报警器连接电路

图 6-60　振荡器的输出电压频率

嘟”的双音声响，与救护车鸣笛声相似，波形如图 6-60 所示。

6.10.4　组装和调试

按图组装电路，试听音响效果，听电路发出的声音是否接近生活实际中救护车的呼叫声，若电路不能正常工作，可取下电阻 R_5，接通电源，用示波器或扬声器来判断故障处在哪一级，也可去掉 C_4，试听音响效果。

第 7 章

印制电路板设计与制作

现代电子产品的生产制造对生产过程中的工艺要求越来越高，对初学者而言，熟悉简单的印制电路板的设计、制作过程是非常必要的。

印制电路板简称电路板，英文名称为 Printed Circuit Board，即 PCB 板。它通过印制和蚀刻等工艺将导电线路及元器件孔位等制作在绝缘覆铜板上而构成。可以实现电子元器件的固定安装和管脚之间的电气连接，进而实现各种特定功能。我们可以把电路板比作承载建筑物的大地，电路板上的元器件相当于城市中的建筑物，而电路板上的导线相当于是城市中的道路。如图 7-1 所示即为印制电路板。

图 7-1　印制电路板

7.1　印制电路板简介

印制电路板是电子工业重要的电子部件之一，几乎每种电子设备，小到电子手表、计算器，大到计算机、通信电子设备、军用武装系统，只要有集成电路等电子元器件，它们之间的电气互连都会用到印制电路板。印制电路板的设计质量直接影响整个产品的质量和成本。

7.1.1　印制电路板的功能

印制电路板在电子设备中有如下功能：

①提供分立元件、集成电路等各种元器件固定、装配的机械支撑。

②实现分立元件、集成电路等各种元器件之间的布线和电气连接或电绝缘，提供所需要的电气特性及特性阻抗等。

③为自动锡焊提供方便，为元器件插装、检查、维修提供识别字符和图形。

随着集成电路和表面安装技术的发展，电子产品迅速向小型化、微型化方向发展。作为集成电路载体和互联技术核心的印刷电路板也在向高密度、多层次、高可靠性方向发展，印制电路板在未来电子设备的发展过程中，仍然保持强大的生命力。

7.1.2　印制电路板的材料

印制电路板的原材料为覆铜板。覆铜板全称为覆铜箔层压板，是将铜箔粘合在绝缘基板上制成的一种电工材料。

覆铜板的种类很多，按绝缘材料来分，有纸基板、玻璃布基板和合成纤维板三种；按粘结剂树脂来分，有酚醛、环氧、聚酯、聚四氟乙烯等；按结构来分，有单面印制板、双面印制板、多层印制板和软印制板；按用途分，有通用型和特殊型。

纸基板价格低廉，但性能较差，可用于低频和要求不高的场合。玻璃布板与合成纤维板价格较贵，但性能较好，常用作高频、高档家电产品中。当频率高于数百兆赫时，必须用介电常数和介质损耗更小的材料，如聚四氟乙烯和高频陶瓷作基板。

7.1.3　印制电路板的分类

印制电路板根据导电层数不同可以分为单面板、双面板和多层线路板三大类。

单面板：在最基本的 PCB 上，零件集中在其中一面，导线则集中在另一面上。因为导线只出现在其中一面，所以称这种 PCB 叫作单面线路板。单面板通常制作简单，造价低，但是缺点是无法应用于太复杂的产品上。

双面板：单面板的延伸，当单层布线不能满足电子产品的需要时，就要使用双面板。双面都有覆铜走线，并且可以通过过孔来导通两层之间的线路，使之形成所需要的网络连接。

多层板：指具有三层以上的导电图形层与其间的绝缘材料以相隔层压而成，且其间导电图形按要求互连的印制板。

按照基板材料的不同，印制电路板可以分为刚性印制板、挠性印制板、刚挠印制板。

刚性印制板：以纸板、玻璃纤维板、合成材料等作为绝缘基板的印制电路板。此类电路板有一定的机械强度。常见的电路板大都为刚性印制板。

挠性印制板：以软性有机材料制成的薄膜作为绝缘基板制成的印制电路板，此类电路板可以弯曲、折叠和卷绕，主要用于连接电子产品中的可移动部分，例如连接电脑显示屏和主板之间的排线。

刚挠印制板：利用软性绝缘基板，在不同区域与刚性基板材料结合制成的印制电路板，主要用于印制电路接口部分。

7.2 印制电路板的设计

印制电路板设计主要有手工设计和计算机辅助设计两种。手工设计时其器件布局、焊盘和走线均由手工完成，设计及检查都非常耗时，一般用于简单电路。计算机辅助设计主要通过计算机软件来完成，省时准确，是我们设计 PCB 的首选。本节简单介绍一下用计算机软件来设计 PCB。

7.2.1 常用制板软件简介

(1) Power PCB

Power PCB 又名 PADS Layout，是由 Mentor 公司研发的一套高端的专业 PCB 绘图软件。该软件功能强大，性能优越，能满足开发者设计至少 8 层以上的多层板，并且运行稳定。

Power PCB 的不足之处如下：第一，软件是针对 PCB 设计开发的，没有给用户提供绘制原理图的工具，其原理图须借助 Power LOGIC、Protel 等软件。第二，该软件功能较强，参数设定较多，对新手来说上手较慢。第三，该软件运行的程序较为复杂，占用的电脑资源比较多。

(2) Protel 99

Protel 99 是 Protel 公司 2000 年推出的基于 Windows 平台的产品，集强大的设计能力、复杂工艺的可生产性和设计过程于一体，完整的实现电子产品从概念设计到生产的过程。

Protel 99 具有入门简单、上手快、占用资源少、元器件库丰富等优点，对初学者和大部分从事电子行业的人来说都很受欢迎。

由于其是十多年前设计的软件，对主流操作系统 Windows7 的支持并不乐观。常用的单片机版本容易在绘制 PCB 走线时，出现卡机、无反应等症状，少则几分钟多则一个小时的工作全部因为未及时保存而重新设计。

(3) Altium Designer

Altium Designer 是 Altium 收购 Protel 后于 2009 年年初推出的 Protel DXP 的升级版。Altium Designer 将设计中的元器件符号、元器件封装、SPICE 模型、3D 模型整合到一起，使用更加方便，同时对设计文件采用工程管理方式可分类存放，易于管理。

Altium Designer 继承了 Protel 99 软件的易用性，集成了更丰富的元器件库，对初学者来说使用简单、上手快，自带鼠标缩放功能。在 Windows7 系统下，Altium Designer 兼容性远好于 Protel 99。

因此推荐选用 Altium Designer 来设计印制电路板。

7.2.2　印制电路板的设计

PCB 设计一般需要以下几个关键过程：建立 PCB 工程→绘制 SCH 原理图→建立 PCB 文件→PCB 设计规则设置→导入网络表到 PCB→布局、布线、覆铜→手工制版配置与打印。

绘制一个完整的 PCB 图的过程是很复杂的，这里简单的讲解无法将所有涉及的知识讲全面，建议大家参考相关专业书籍，亲自动手多绘图，才能熟练掌握。这里以单片机最小系统为例，介绍 PCB 的设计过程。

7.2.2.1　建立 PCB 工程

启动软件：进入 Altium Designer Winter 目录，找到“dxp. exe”文件，双击启动软件。如图 7-2 所示为软件界面。

新建 PCB 工程：单击菜单“File→New→Project→PCB Project”，创建一个新的

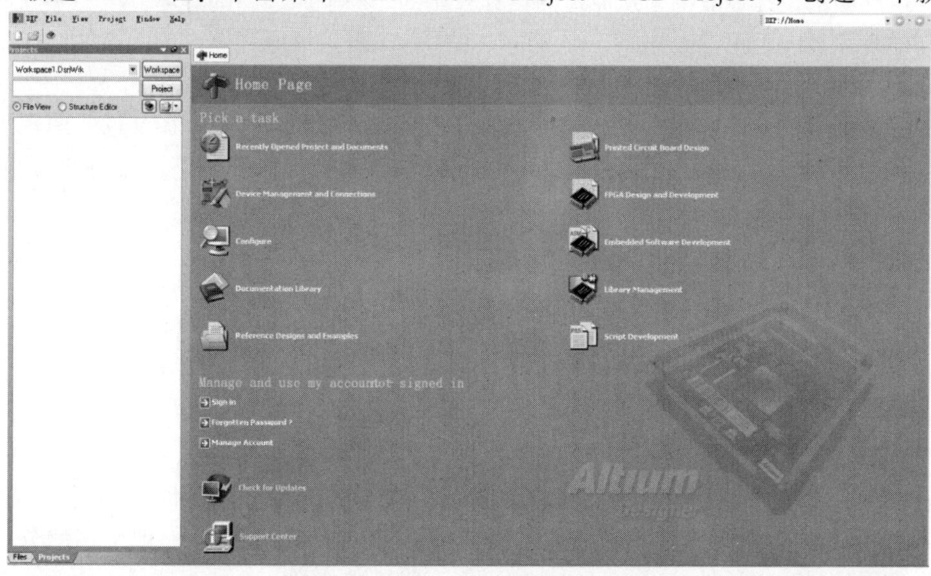

图 7-2　Altium Designer Winter 界面

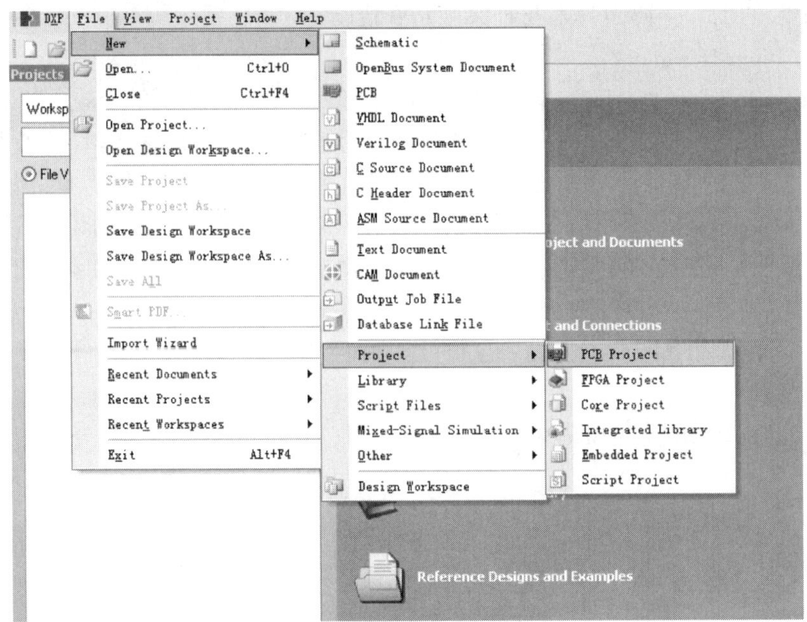

图 7-3 新建 PCB 工程界面

PCB 工程。如图 7-3 所示为新建 PCB 工程界面。

保存 PCB 工程：单击菜单“File→Save Project”，弹出保存对话框，选保存路径，设定工程名字为“单片机最小系统”，扩展名默认为 . PrjPCB，点击“保存”按钮，工程建立并保存完毕。

7. 2. 2. 2 绘制 SCH 原理图

电路板的设计一般都是从原理图设计开始的。一个原理图的好坏直接关系到最终制作的电路板能否正常工作。一个好的原理图首先得保证原理图内的元器件选择以及连线正确无误，其次还需要一个清晰的结构、合理的布局。

一般情况下，原理图的设计大致分为以下几个步骤：新建原理图文件、原理图设计界面与规则设置、载入元器件库、放置元器件、元器件位置调整、绘制电气连线、检查原理图、输出文件。

(1)建立 SCH 文件

建立新文件：单击菜单“File→New→Schematic”即可创建一个原理图文件。我们把它保存为“单片机最小系统 . SchDoc”文件，系统会自动添加到已经建立的工程“单片机最小系统 . PrjPCB”内，同时自动打开文件进入原理图设计界面如图 7-4。

(2)添加元器件库

在原理图上放置元器件前，必须先加载元件库。鼠标单击右标签面板“Librares”，软件会向左侧弹出库界面，系统默认安装了 2 个集成库常用分立元件库“Miscellaneous Devices IntLib”和常用接插件库“Miscellaneous Connectors. IntLib”。一般常用的分立元件原理图符号和接插件符号都可以在这两个元件库中找到。系统元器件库中没有单片机元件，需要我们自己绘制单片机元器件库。如果自己计算机中有单片机最小系统元

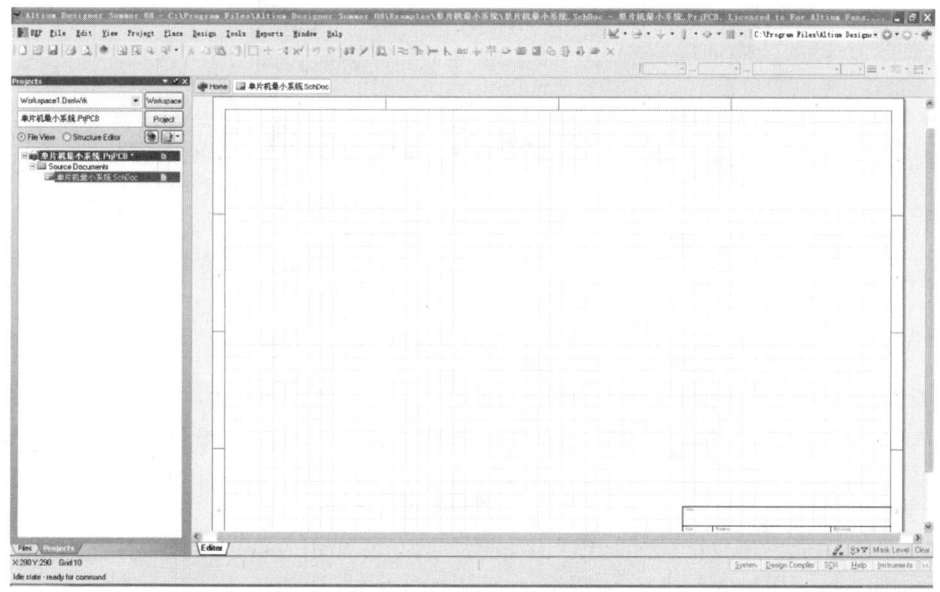

图 7-4　原理图设计界面

器件库可以直接添加进去。如果没有就需要自己绘制了。

(3)绘制原理图

选择元器件：单击右标签面板的“Librares”标签，弹出库文件界面如图 7-5 所示。单击选择“Miscellaneous Devices. IntLib”，元器件栏内显示出当前库的元器件列表。在元器件栏中左键单击选中元器件 cap，双击“cap”当鼠标移动至绘图区域时，当前元件跟随鼠标移动。

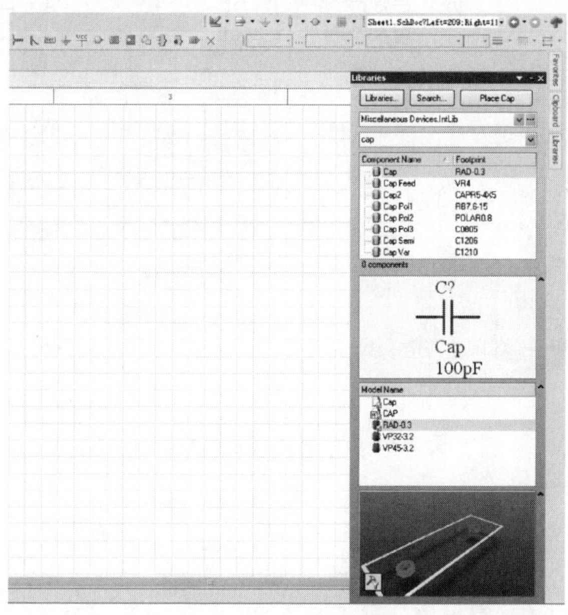

图 7-5　库文件界面

设置元器件属性：在元器件跟随鼠标时，按下【Tab】键弹出属性设置对话框，在“Designator”栏中将原件标号改为 C1，其他参数暂不修改，如图 7-6 所示。

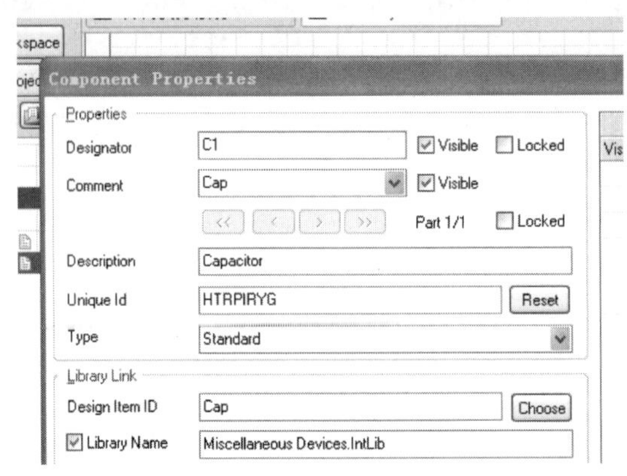

图 7-6　元器件属性设置界面

放置元器件：将鼠标移动到绘制图区合适位置，单击左键即可放置该元器件，单击右键结束放置。以相同的方式在元器件栏中选择 Res 电阻、Cap Pol 电解电容等其他元器件，依次设置属性选择位置放置。

将各个元器件用导线连接起来就可以得到如图 7-7 所示单片机最小系统原理图。

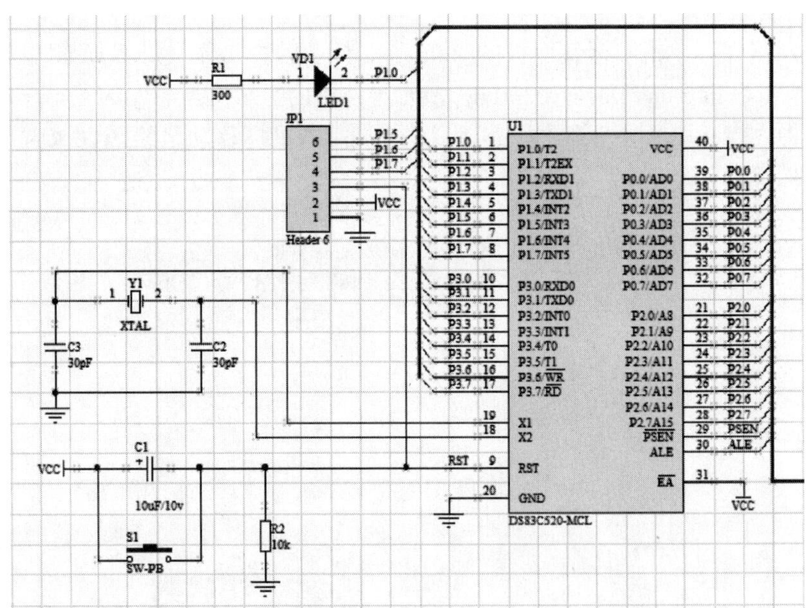

图 7-7　单片机最小系统原理图

（4）生成元器件清单

原理图设计完成后往往需要打印出元器件清单、打印原理图或以通用的文件格式保存，以便于后期制板焊接与技术交流。Altium Designer 可以很方便地生成元器件报表，方便元器件采购或对照焊接。进入菜单“Report→Bill of Materials”，弹出如图 7-8 所示的对话框。

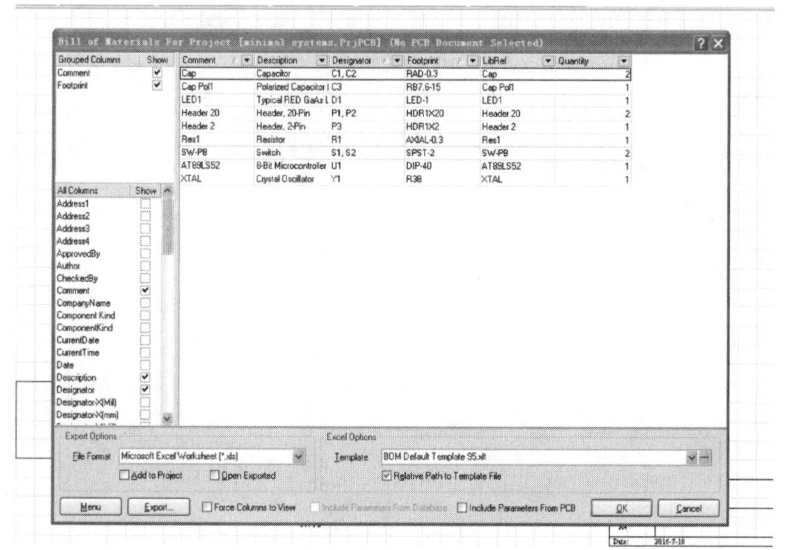

图 7-8　元器件清单

选择界面下方"Open Exported"选项，单击"Export"按钮弹出保存对话框，默认保存在工程内的"Project for 单片机最小系统"文件夹中，同时系统自动调用 Excel 打开导出的文件。

7.2.2.3　建立 PCB 文件

建立 PCB 文件：菜单"File→New→PCB"，保存为"单片机最小系统 . PcbDoc"文件，系统自动进入 PCB 编译环境。

7.2.2.4　PCB 设计规则设置

在进行 PCB 制板布线之前，首先要对 PCB 的编辑环境进行设计，其次需要对 PCB 设计规则进行配置，最后才能进行布局、布线等操作。

(1) PCB 设计编辑环境设置

进入 PCB 编辑环境："Tools→Preferences"，界面如图 7-9 所示。

"General"选项卡配置 PCB 编辑环境的常规参数，如在线 DRC 检查、中心捕获、智能元器件捕获、移除重复元器件、全局编译、智能布线末端等参数。

如果在 PCB 绘制走线时软件反应缓慢，可取消"Online DRC"选项，即取消实时电气检查。但是在绘图、布局、敷铜等过程中出现错误时系统不会全面检查提示，因此需要自己注意相关设计规则。

(2) PCB 设计规则设置

PCB 设计规则设置是整个 PCB 板中重要的一个设置环节，该规则设置的好坏直接关系到整个电路板的最终效果，也是自动布线的重要依据，直接影响到自动布线的好坏与成功率。一般情况下，主要设置安全距离、布线宽度、布线图层和敷铜连接 4 个方面。

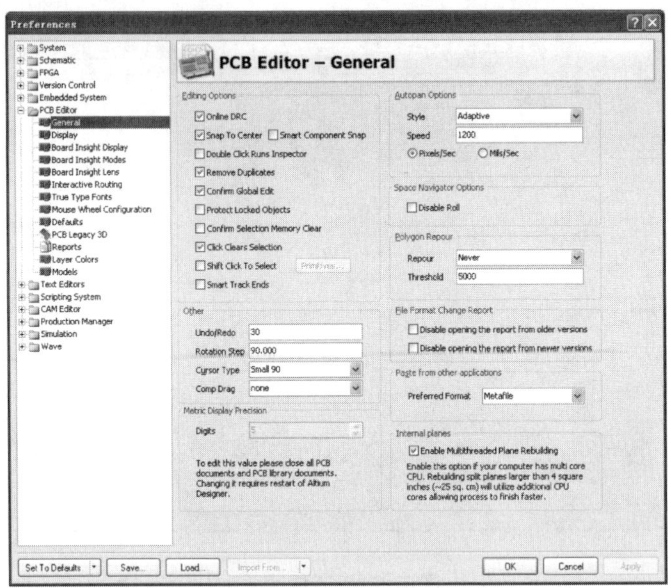

图 7-9 PCB 编辑环境

进入菜单“Design→Rules”，弹出如图 7-10 所示“PCB 规则及约束编辑器设置”。在左边区域中，均可在各个相应选项上单击鼠标右键建立新的规则。

以下介绍常用的几个设置选项，其余可以采用默认设置，对绘制一般的 PCB 影响不大。

①电气相关设计规则。Electrical(电气)设计规则设置在电路板布线过程中所遵循的电气方面的规则，如图 7-11 包括 4 个方面。

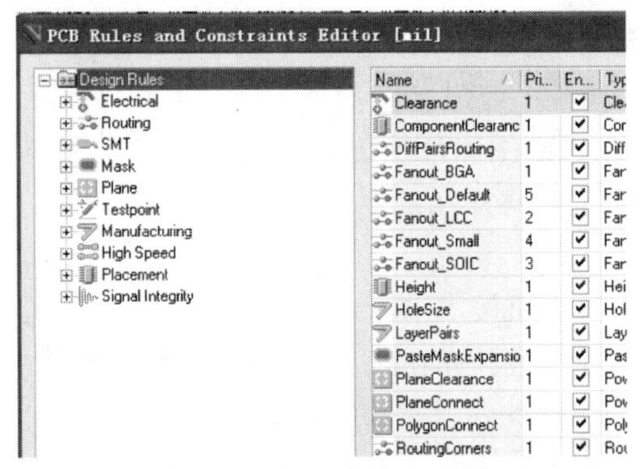

图 7-10 PCB 设计编辑环境设置

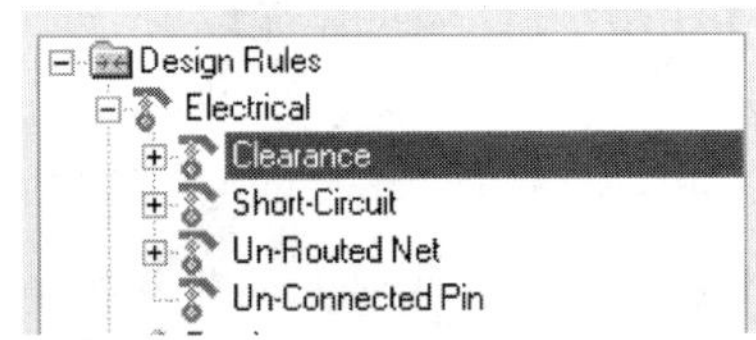

图 7-11 电气相关设计规则设置

Clearance：安全间距设计规则用来设置 PCB 中的导线、焊盘、过孔以及敷铜等导电对象之间的最小安全距离，使彼此之间不会因为太近而产生干扰。合适的安全距离可提高手工绘制的成功率。一般情况下，整个板子的安全距离最小为 10mil，可以在“Constraints”下直接修改，还可以为不同的 Net、Net Class 设置不同的距离规则。

Short-Circuit：短路许可设计规则用来设置 PCB 内是否允许短路，默认为不允许短路。

②布线相关设计规则。Routing(布线)参数设置相关的规则如图 7-12 所示共分为 8 类。我们介绍其中比较常用的几个。

Width：导线宽度设置规则可设置 PCB 布线时允许采用的导线宽度，有最大线宽、最小线宽和最优线宽。最大线宽与最小线宽决定了导线的宽度范围，最优线宽则为放置导线时采用的默认宽度。一般来说，手工制板信号线的宽度范围为 0.5~1.0mm，电源线的宽度范围为 0.6~2mm。

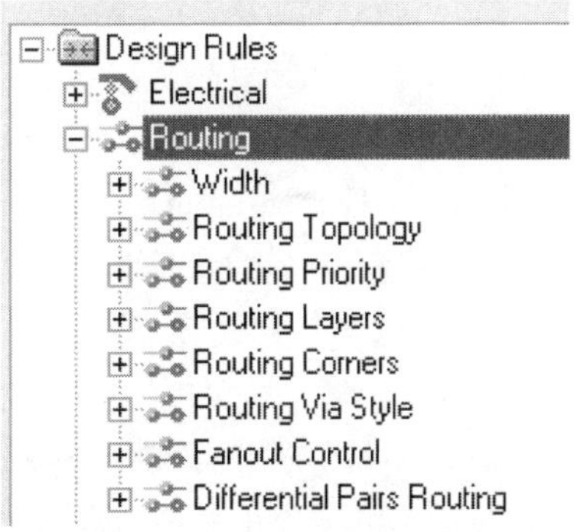

Routing Topology：布线方式设置规则，此规则可以定义引脚与引脚之间的布线规则。一般默认为 Shortest(连线最短)方式。

Design Rules
Electrical
Routing
Width
Routing Topology
Routing Priority
Routing Layers
Routing Corners
Routing Via Style
Fanout Control
Differential Pairs Routing

图 7-12　布线相关设计规则设置

Routing Comers：导线转角方式设置规则可设置自动布线时转角的方式，分为 90°、45°以及圆拐角。

Routing Via Style：过孔规格设置，用于设置布线时的过孔内孔与外圈的大小，可为不同的 Net 建立不同的规则。一般情况下手工制板时设置内孔直径为 24~30mil (0.6~0.8mm)，外圈大小为 60~80mil(1.4~2.0mm)即可。

③层相关设置规则。Plane(层)主要用于设置电源层和敷铜层的布线规则。可分别对 Power Plane Connect Style(电源层连接方式)、Power Plane Clearance(电源层安全距离)、Polygon Connect Style(敷铜层连接方式)进行设置。在这里我们选择默认值即可。

7.2.2.5　导入网络表到 PCB

需要强调的是，在导入网络与元器件封装之前，请确保已装载相应的 PCB 库文件，否则会因找不到对应的封装而导致网络表与元器件加载失败。

进入菜单“Design→Import Changes From 单片机最小系统 . PrjPCB”，打开“Engineering Change Order”工程更改设置对话框。

生效更改：首先点击“Validate Changes”验证改变按钮对所做改变进行检查，检查无误后右边的“Check”栏会显示绿色的“√”，如果有错误，会在右侧“Message”栏显示出现错误原因，修改后重新导入检查，直到全部正确为止。单击“Execute Changes”执行更改按钮接受改变，成功执行后“Done”栏会显示绿色的“√”。关闭对话框，此时导入的所有元器件和网络连线均排列在黑色 PCB 编辑区域的外侧。

7.2.2.6　布局、布线和覆铜

PCB 布线规则设置完毕后，应先将元器件按照设计需要摆放整齐，才进行 PCB 绘图。

(1)元器件布局与板层配置

在保证电路功能和性能指标的情况下，使元器件排列整齐、疏密得当并兼顾美观，合理地将元器件布局在一起。

移动元器件：棕色边框将所有元器件包围其中，用鼠标左键拖动其中无元器件的区域，此时所有元器件一起移动，至需要的位置后，再次单击左键使棕色方框处于选中状态，按键盘【Delete】删除，只保留元器件，此时可用鼠标左键选中元器件拖动至所需位置。左键拖住元器件的同时按空格键，每次可使元器件逆时针旋转90°。

配置设计图层：在PCB编辑环境下执行菜单“Design→Board Layers&Colors”即可打开“View Configurations”对话框，可关闭不需要显示的图层。在“Show/Hide”选项卡内，可设置显示/隐藏信息，此处的“String”为PCB板内所有字符的显示开关，设置为隐藏后仅显示封装及布线时序号与数值，读者可自行实践。

一般来说，单面板的电气走线绘制在“Bottom Layer”层；双面板的电气走线绘制在“Top Layer”与“Bottom Layer”层。板子形状绘制在“Keep-Out Layer层”或者“Mechanical1”层，禁止布线外框绘制在“Keep-Out Layer”层。一般情况下，将板子形状与禁止布线外框二合一，绘制在“Keep-Out Layer”层。

(2)绘制电路边框

在自动布线或手动布线之前，需要给PCB绘制一个禁止布线层外框，以表示板子的大小或板子的外形以及对电气走线的约束。鼠标左键单击标签栏“Keep-Out Layer”切换至禁止布线层，使用画线工具，根据元器件摆放的位置，绘制一个大小合适的封闭外框或电路板边界形状。

(3)自动布线与修改

对于简单的线路，可以使用系统的自动布线功能快速完成电路布线。

单击“Auto Route→All”弹出自动布线策略设置界面。单击“Routing Setup Report”内“Routing Widths”跳转到规则设置，单击“Rule-Width”弹出走线宽度设置界面，一般为设置最小0.5mm、优选0.6mm、最大1mm，点击“确定”设置完毕，使用单面走线即可完成，需要设置“Net Layer→Rule-RoutingLayers”，在弹出界面内取消“Top Layer”的选择，除设置走线宽度与走线图层外，其余可使用默认值。设置完毕后，点击“Route All”按钮，系统开始自动布线，同时弹出Messages窗口报告布线结果。

对于稍微复杂一点的系统，自动布线效果总是不尽如人意，需要手动修正走线。如图7-13所示为单片机最小系统PCB板设计图。

7.2.2.7 手工制版配置与打印

一般情况下，手工制版需要将PCB图按照1∶1的比例进行打印，然后采用热转印法或者感光法制作PCB。下面就打印的配置过程稍作讲解。

单击“File→Print Preview”进入打印预览界面，以灰度方式显示当前PCB图。在界面内可以使用右键拖动画面，【PageUP】放大，【PageDown】缩小。

选择“Page Setup”页面设置，将Sealing缩放比例选项内“Scale Mode(缩放模式)”设置为“Sealed Print”，Scale比例设置为1，Color Set设置为“Mono”，关闭返回预览界面，此时画面变为纯黑白颜色。

选择“Configuration”进入打印输出设置。在界面左侧需要删除的图层上单击右键，选择删除，只保留“Bottom”“Holes”，点击“OK”返回预览界面。放大查看无误后，单

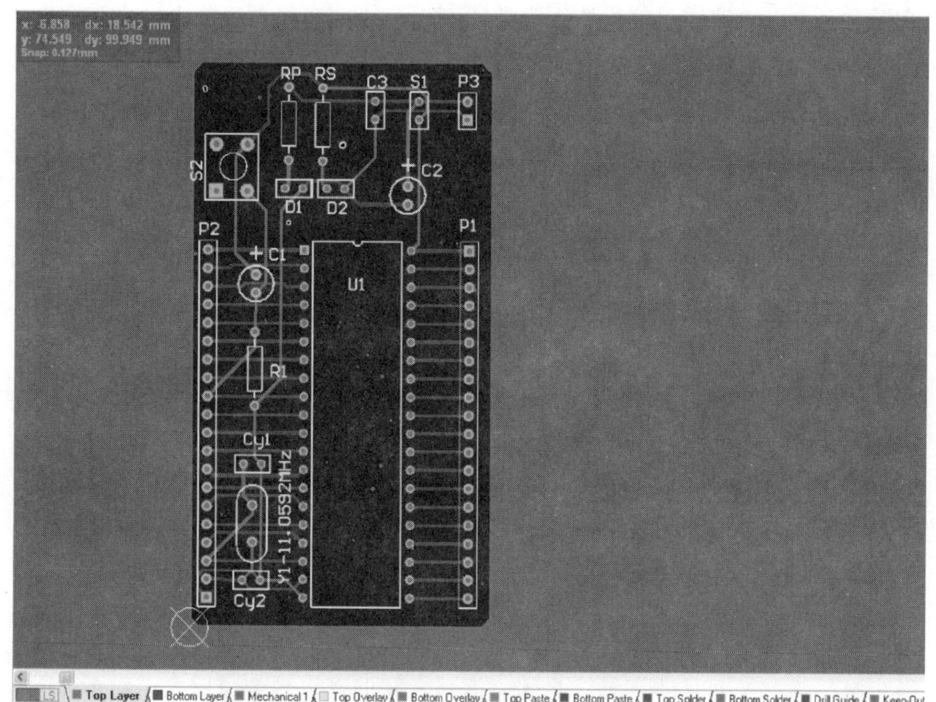

图 7-13　PCB 板设计图

击“Print”输出到激光打印机打印即可进入制版流程。

这里我们简单介绍了单片机最小系统 PCB 设计过程，由于篇幅有限，大家在设计过程中必然会遇到文中没有出现的各种问题，这里无法一一列举，还需要大家在自己设计电路过程中不断学习，不断积累总结经验。

7.2.3　印制电路板设计一般原则

要使电子电路获得最佳性能，元器件的布局及导线的布设是很重要的。为了设计质量好、造价低的 PCB，应遵循以下一般原则。

(1)布局原则

所有元器件应布置在印制线路板的一个面上，而且把元器件印有型号、规格、铭牌的一面朝上，以便于检查、加工、安装和维修。

板面上的元器件，尽量按电路原理图顺序成直线排列，并力求电路安排紧凑密集、整齐，各级走线尽可能近，且输入、输出走线不宜并列平行。这点对高频和宽带电路尤为重要。

对辐射电磁场较强的元件以及对电磁感应较灵敏的元件，安装的位置应避免它们之间相互影响。可以加大它们相互之间的距离，或加以屏蔽。元器件放置的方向，应与相邻的印制导线交叉。特别是电感器件，要特别注意采取防止电磁干扰的措施。

发热元器件，应优先安排在有利于散热的位置。必要时可以单独设置散热器，以降低温度和减少对邻近元器件的影响。晶体管、整流元件的散热器，可以直接安装在它的外壳上，也可以把散热器设法固定在印制板、机壳或机器底板上。大功率的电阻器，可以用导热良好的 1~3mm 厚的铝板弯曲成圆筒，紧贴在电阻器的壳体上，并给予固定，以利散热。

重而大的元件，尽量安置在印制板上靠近固定端的位置，并降低重心，以提高机械强度和耐振、耐冲击能力，减少印制板的负荷变形。

一般元件可直接焊在印制板上。但当元件超过 15g 或体积超过 27cm^3时，则应考虑增设金属紧固件固定，以提高耐振、耐冲击能力。

在保证电气性能的前提下，元件应相互平行或垂直排列，以求整齐、美观。一般情况下，不允许将元件重叠起来。

地线(公共线)一般不能作成闭合回路，以防电路自激。

(2)布线原则

公共线一般布置在印制板的最边缘，以便于印制板安装在机壳底座或机架上，也便于与机架(地)相连接。

印制导线与印制电路板的边缘应留有一定的距离(不小于板厚)，这不仅便于安装导轨和进行机械加工，而且还提高了绝缘性能。

单面印制板的某些印制导线有时要绕着走或平行走，这样印制导线就比较长，不仅使引线电感增大，而且印制导线之间、电路之间的寄生耦合也增大。对于低频电路印制板影响不显著；对高频电路则必须保证高频导线、晶体管各电极的引线。输入和输出线短而直，并避免相互平行。若个别印制导线不能绕着走，此时为避免导线交叉，可用跳接线。高频电路应避免用外接导线跨接，若是交叉的导线较多，最好采用双面印制板，将交叉的导线印制在板的两面，这样可使连接导线短而直。高频电路的印制导线，其长度和宽度要小，导线间距要大，以减小分布电容的影响。

印制板上每一级电路的接地元件就近接地。地线短，引线电感小。

当频率较高时，为减小地线阻抗，地线应有足够的宽度。频率越高，连接线也应越宽，以减小引线电感。最好采用大面积接地，即大面积铜箔均为地线。大面积接地还具有一定的屏蔽作用。

在一块印制板上安排多块集成电路，如分成几排排列可以把电源线(正、负)也分成相应的排数，用外接导线把电源交错连接起来。

(3)焊盘设计要求

焊盘也称“印制接点”，是指印制在安装孔周围的铜箔，供元件引线和跨接线焊接用。

在焊接元件和机械加工时，为增加印制导线与基板的粘贴强度，必须将导线的焊接点加宽成圆环形。设计焊盘图形主要考虑的是铜箔的牢固性，以及对各种分布参数的影响，其次才是考虑美观。

焊盘孔的直径取决于元件引线直径。我国生产的元件，焊盘孔直径最小可为 0. 8mm，一般约为 1mm。设计前最好把元件引线用卡尺量一下，以求准确。焊盘孔的直径应稍大于元件引线直径，通常比元件引线直径大 0. 4mm，但最多不能大于元件引线直径的 1. 5 倍。

7.3　印制电路板的制作

随着电子工业的迅猛发展，印制电路板的制版工艺迅速发展，PCB 制造方法不下十种，分类也很复杂，但从基本 PCB 制造工艺来看，PCB 制造方法可以分为两类，即减成法和加成法。在生产工艺中使用最广泛的是减成法工艺，即按照设计要求采用机械或者化学方法，除去覆铜板上不需要的部分，得到导电图形的方法。减成法制作方法主要有两大类。

一类为物理方法，另一类为化学方法。物理方法又有手刻法和机雕法。手刻法成本较低，主要是利用刀具、直尺等工具通过手工雕刻将不需要的铜箔刻除，这种方法费时费力且精度较低。适用于非常简单的电路，除非条件极其有限，一般我们不采用此种方法。机雕法是最快的制作 PCB 的方法，需要有专门的电路板雕刻机，这种机器属于小型数控机床。将计算机绘制好的 PCB 图传送给机器。机器可以根据 PCB 文件刻除覆铜板表面不需要的铜箔，同时完成钻孔、切边等加工。用这种方法制作的 PCB 快速、精确、操作简单、自动化程度高。这类设备价格比较高，且雕刻过程中在刻除铜箔的同时也会刻除部分绝缘基板，因此制成的 PCB 板机械性能稍差。

减成法中的化学方法是我们常用的制版方法。这种方法主要是利用化学药剂将覆铜板上的多余铜箔腐蚀掉，只留下需要保留的线路和焊盘，以此来完成线路板的制作。覆铜板在蚀刻之前一般需要在铜箔表面制作抗腐蚀层。根据选用的抗腐蚀层材料的不同，又可以分为贴胶法、描漆法、感光法、热转印法。这里我们重点介绍感光法及热转印法。

7.3.1　感光法

感光法是以感光材料为抗腐蚀层制作 PCB 的方法，用这种方法制作 PCB 需要使用专用的感光覆铜板，也称为感光电路板，简称感光板。感光板是通过在普通覆铜板铜箔表面涂附感光材料制成的一种特殊覆铜板，市售感光板的感光材料一般为蓝绿色，表面贴有不透光的塑料保护膜。

用感光法制作 PCB 最大的优点是成品质量好，在各种自制 PCB 的方法中，用感光法制作出的 PCB 外观是最好的。相比较其他手工制作 PCB 的方法，感光法是最轻松，也是与工厂加工 PCB 最接近的一种自制方法。也是业余条件下自制 PCB 的首选方法。而其缺点是成本略高，所需要的配套设备和材料较多。用感光法制作 PCB 的主要工艺流程为：制版—裁板—曝光—显影—腐蚀—钻孔—清洗。

(1)制版

制版即制作一张印有 PCB 布局图的底版，一般是将绘制好的 PCB 图以 1∶1 的比例打印在菲林纸上。打印底版优先选用高分辨率的激光打印机，打印时碳粉要充足。底版打印好后，如果有断线、残缺及局部颜色太淡等瑕疵，可以用较细的黑色记号笔或碳素笔修补，如果大面积颜色过淡则需更换耗材或打印机之后重新打印。

将打印好的底版裁下，裁切时每条边要留有 5～10cm 左右的余量以保证 PCB 边框完整。

(2)裁板

一般购买的覆铜板或感光板不是我们需要的大小。这时就需要用裁板机进行简单处理。根据打印出的 PCB 图的大小，用裁板机或锯条等工具切割一块大小合适的板子。这里需要注意的是，裁割的板材大小必须比设计的成品板材周边要大一些，一般周边各留 1cm 以备打磨损耗。将裁好的感光板用锉刀砂纸将边缘的毛刺锉平，并将加工时产生的余料和磨料碎屑清除干净。裁板时不得将保护膜撕去或划伤。

(3)曝光

最简易的曝光设备是：两块玻璃，一盏台灯。实验室设备较好的话也可以用专用曝光机来进行曝光。撕掉感光板的保护膜，将打印好的底版(碳粉面/墨水面)覆盖在感光膜面上，再用玻璃紧压底版及感光板，越紧密解析度越好。可以用 9W 日光灯曝光距离 4cm(玻璃至灯管间距)。标准时间：8～10min(菲林纸)，13～15min(半透明稿)，30～40min(70g 复印纸)。也可以用专用曝光机来进行曝光。

曝光后的感光板颜色基本没有变化，但是线条部分会略微泛黄，由此可以判断感光板是否已经曝光。曝光在整个制板过程中是一个很关键的环节。曝光过度，易形成散光折射，线宽减小，显影困难。曝光不足，显影易出现针孔、发毛、脱落等缺陷，抗蚀性和抗电镀性下降。

(4)显影

感光板显影是使曝光的感光膜脱落并保留有电路线条部分的感光膜。曝光后的感光板要立即显影，如果短时间内不能显影应该用不透光的材料覆盖以免过曝光。

显像液由显影剂和温水(30℃左右)按照 1∶20 配制而成，用非金属容器盛放。将感光板放进显影液里，轻轻摇动容器，使显影液在感光板表面流动。一段时间后可以看到溶液中有墨绿色雾状漂浮，此为溶解的感光材料。继续晃动，可以看到线路部分圆润饱满、清晰可见，非线路部分呈现黄色铜箔。显影完成后把感光板取出用清水冲洗，之后自然晾干或用吹风机吹干。干后仔细检查电路板，如果焊盘和走线等抗腐蚀性有残缺可以用油性记号笔进行修补，如果不需要铜箔的部分有残留的感光材料可以用刀刮除。检查无误后就可以进行腐蚀。注意整个显影过程中要佩戴手套，避免显影液与皮肤接触。

(5)腐蚀

蚀刻感光板就是使没有感光膜保护的铜箔腐蚀脱落，留下有感光膜保护住的铜箔线条。有绿色感光剂附着的铜箔不会被腐蚀，裸露的铜箔则被蚀刻液腐蚀脱落。

腐蚀液由三氯化铁和水按照 1∶(2～5)配制而成，具体比例可以根据三氯化铁的纯度掌握。腐蚀液的浓度对腐蚀质量影响不大，但对腐蚀速度有一定影响，浓度越大腐蚀速度越快。一般每 10cm^2的电路板用 1～2g 三氯化铁就够了。

将显影完成的感光板放入盛有腐蚀液的非金属容器中，摇动容器，使腐蚀液在感光板表面流动。表面没有抗腐蚀层的铜箔会迅速由有光泽的铜箔色变为无光泽的淡粉红色，此时焊盘和走线一目了然。当覆铜板上不需要的铜箔全部消失并且走线也非常清晰时就可将覆铜板取出，之后用大量清水冲洗。

(6)打孔

腐蚀好的印制电路板，仅仅是块半成品，必须经过打孔和刷助焊剂等工序。印制电路板的孔眼，决定了焊装元件的位置，直接关系到安装的质量，因此要求按图纸所标尺寸钻孔。孔眼必须钻得正，不能有偏歪现象。

以钻普通接插件孔为例，选择 0.9mm 的钻头。安装好钻头后，将电路板平放在钻床平台上，打开钻床电源，将钻头压杆慢慢往下压，同时调整电路板位置，使钻孔中心对准钻头，按住电路板不放，压下钻头压杆，这样就打好一个孔。提起钻头压杆，移动电路板，调整电路板其他钻孔中心位置，以便钻其他孔，注意此时钻孔为同型号。对于其他型号的孔，更换对应规格的钻头后，按上述同样的方法钻孔。打孔前，最好不要将感光板上残留的保护膜去掉，以防止电路板被氧化。

(7)清洗

感光板表面很好一般不需要进行表面打磨。虽然铜箔上的感光材料无需去除可以直接在其表面进行焊接，且有防止铜箔氧化的功能。为了提高焊接质量可以用酒精洗掉感光板残留的感光保护膜，再用纸巾擦干。

在焊接元器件前，先用松节油清洗一遍电路板。在焊接元器件后，可用光油将电路板裸露的线路部分覆盖，以防氧化。

7.3.2　热转印法

热转印法是目前电子爱好者制作少量实验板的最佳选择。它利用了激光打印机墨粉的防腐蚀特性，具有制版快速(20min)，精度较高(线宽 15mil*，间距 10mil)，成本低廉等特点。热转印纸是一种表面光滑不易附着其他材料的纸张，打印有图案或文字的热转印纸，在高温下其表面的碳粉会与之脱落而附着于与其接触的其他材料表面，这个过程就是热转印。

用热转印法制作 PCB 的主要工艺流程为：制版—裁板—转印—腐蚀—打孔—清洗。

(1)制版

制版方法和注意事项与感光法类似，但 PCB 图需要打印到热转印纸上，而且只能用激光打印机，不能用喷墨打印机。

(2)裁板

同感光法。

(3)转印

单面覆铜板裁好之后用细砂纸进行表面打磨，用清水或者酒精进行清洗，去除毛刺、锈迹、油污。将打印出的底版碳粉面朝下与铜箔接触覆盖到覆铜板上并用胶带

---

* 注：1mil = 0.025mm

固定。

将预热好的电熨斗平放到底版上均匀移动，并在上面适当加压力开始转印。电熨斗温度需200℃以上，温度太低会导致转印不完全。一般情况下转印2min即可完成转印，转印后让其自然冷却。确认所有线路都已转印好后可以轻轻撕去底版。有条件可以用转印机或者过塑机完成。

(4)腐蚀

同感光法。

(5)打孔

同感光法。

(6)清洗

同感光法。

与感光法相比，用热转印法制作PCB在成品质量、成品外观等方面略逊一筹，但制作成本较低。

7.4 焊接技术

7.4.1 焊接工具与材料

(1)电烙铁

电烙铁是手工焊接的基本工具，是根据电流通过发热元件时会产生热量的原理制成的。常用的电烙铁有外热式、内热式、恒温式等类型。外热式电烙铁：因发热电阻在电烙铁的外面而得名。它既适合于焊接大型的元部件，也适用于焊接小型的元器件。内热式电烙铁：其烙铁头套在发热体的外部，使热量从内部传到烙铁头，具有热得快，加热效率高，体积小，重量轻，耗电省，使用灵巧等优点。适合于焊接小型的元器件。

(2)焊料

凡是用来焊接两种或者两种以上的金属面，使之成为一个整体的金属或合金的物质称为焊料。电子装配中常用的焊料有管状焊锡丝、抗氧化焊锡、含铅焊锡、不同配比的锡铅焊料等。

(3)助焊剂

助焊剂是进行锡铅焊时所必需的辅助材料，是焊接时添加在焊点上的化合物，参与焊接的整个过程。助焊剂具有去氧化物、防止工件和焊料加热时氧化、降低焊料表面张力的作用。助焊剂一般可分为有机、无机和树脂三大类。电子装配中常用的是树脂类助焊剂，如松香助焊剂、中性助焊剂、波峰焊防氧化剂等。

7.4.2 手工焊接工艺

尽管现代化企业已经普遍使用自动插装、自动焊接的生产工艺，但产品试制、具有特殊要求的高可靠性产品的生产目前还是采用手工焊接。

(1)焊锡丝的拿法

焊锡丝的拿法根据连续锡焊和断续锡焊的不同分为如图 7-14 所示两种拿法。手握焊锡丝，用拇指、食指、中指控制送丝速度，适合连续焊接。仅用拇指、食指、中指捏住焊锡丝，适合断续焊接。焊锡丝一般要直接用手送入被焊处，不要先送烙铁头上再用烙铁头上的焊锡去焊接，这样很容易造成焊料的氧化，焊剂的挥发。因为烙铁头温度一般都在 300℃左右，焊锡丝中的焊剂在高温情况下容易分解失效。焊锡丝含铅量大，操作时不应直接抓拿焊锡丝，应戴手套，工作结束后要洗脸洗手。

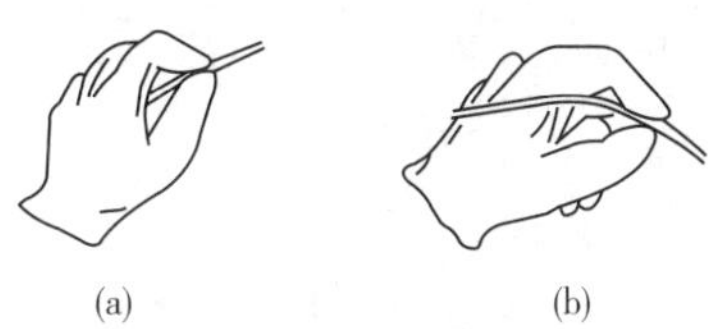

图 7-14　焊锡丝的拿法

(a)连续锡焊时　(b)断续锡焊时

(2)电烙铁的握法

电烙铁的握法可根据工作场所、操作部件及元器件形状等因人而异，灵活掌握。如图 7-15 所示为常见电烙铁的握法。反握法动作稳定，长时间操作不宜疲劳，适于大功率烙铁的操作。正握法适于中等功率烙铁或带弯头电烙铁的操作。一般在操作台上焊印制板等焊件时多采用握笔法。

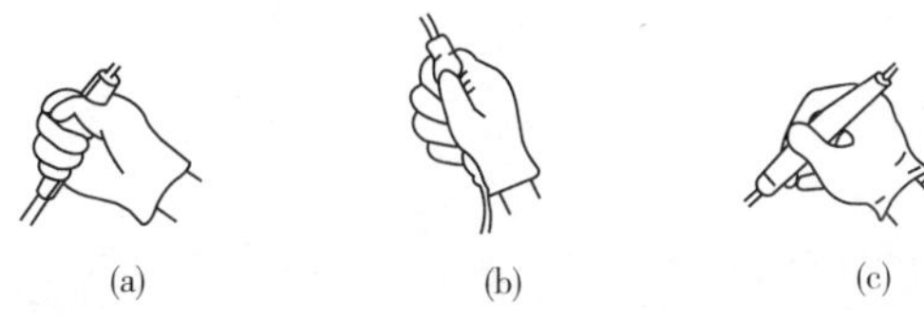

图 7-15　电烙铁握法

(a)正握法　(b)反握法　(c)握笔法

(3)手工焊接步骤——五步法

烙铁焊接的具体操作步骤可以分为五步，称为五步法，如图 7-16 所示。

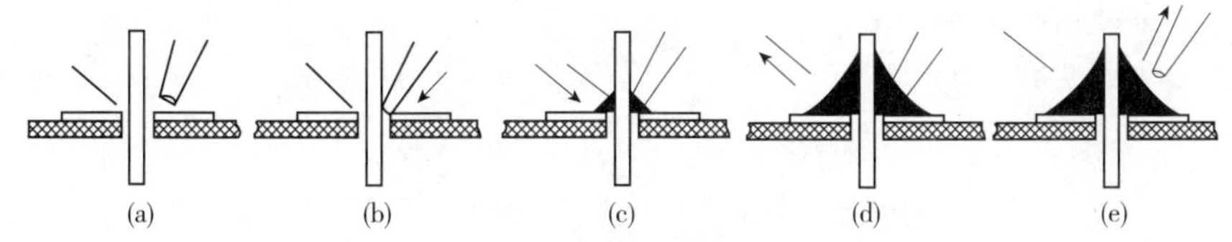

图 7-16　五步法

(a)准备施焊　(b)加热焊件　(c)熔化焊料　(d)移开焊锡　(e)移开电烙铁

准备施焊：根据焊点大小，准备好粗细合适的焊丝。烙铁头温度要达到高于焊锡丝熔化温度至少 50℃以上，表面无氧化现象，无焊渣，保持有少量焊锡。

加热焊件：将烙铁头放在焊点上，同时加热要焊接的两个焊件。并注意使烙铁头的大斜面部分接触热容量较大焊件，小斜面接触较小焊件，使两焊件同时均匀加热。

熔化焊料：大约经 1～2s，当焊件加热到能熔化焊料的温度后将焊丝置于焊点，焊料开始熔化并润湿焊点。

移开焊锡：焊丝熔化后，当达到焊点所需量后，要及时移开焊丝。若移开过早，则焊锡量不够，焊点太小，达不到一定强度。若移开太晚，焊点会过大。即浪费焊锡，又容易与周围焊点桥接。

移开烙铁：当熔化的液体焊锡完全均匀润湿焊点周围，并形成规则焊点后，应及时撤去烙铁。烙铁撤离时，沿与水平面呈45°方向撤离。

(4)焊接技巧

①烙铁头与两被焊件的接触方式。接触位置：烙铁头应同时接触要相互连接的两个被焊件(如焊脚与焊盘)，烙铁一般倾斜45°，应避免只与其中一个被焊件接触。接触压力：烙铁头与被焊件接触时应略施压力，热传导强弱与施加压力大小成正比，但以对被焊件表面不造成损伤为原则。

②焊丝的供给方法。供给时间：原则上是被焊件升温达到焊料的熔化温度时立即送上焊锡丝。供给位置：应是在烙铁与被焊件之间并尽量靠近焊盘。供给数量：应看被焊件与焊盘的大小，焊锡盖住焊盘后焊锡高于焊盘直径的1/3既可。

③焊接时间及温度设置。温度由实际使用决定，以焊接一个锡点4s最为合适，最长不超过8s，平时观察烙铁头，当其发紫时候，温度设置过高。一般直插电子元件，将烙铁头的实际温度设置为(350~370℃)。特殊物料，需要特别设置烙铁温度。焊接大的元件脚，温度不要超过380℃，但可以增大烙铁功率。

第 8 章

轿车线束及常见故障分析

近年来，随着科学技术的迅速发展，电工电子技术应用越来越广泛，并且日益渗透到我们日常生活的方方面面。通过本章的学习了解日常生活中经常遇到的有关电工学方面的一些基本常识及日益普及的家用轿车中经常遇到的电路方面的实际问题，并且能够运用所学知识初步解决在实际生产施工、运行、管理、维修等方面的基本问题。

8.1　常用导线及识别

导线，指的是用作电线电缆的材料，工业上也指电线。一般由铜或铝制成，也有用银线所制(导电、热性好)，用来疏导电流或者是导热。常用的导线类型有裸线、电磁线、绝缘电线电缆、通信电缆等，如图 8-1 所示。

(1)裸线

只有导体部分，没有绝缘和护层结构，常用的裸线有软线和型线两种。软线是由多股铜线或镀锡铜线胶合编织而成，其特点是柔软、耐振动、耐弯曲；型线是非圆形截面的裸电线。

(2)电磁线

应用于电机、电器及电工仪表中，作为绕组或元件的绝缘导线。常用的电磁线有漆包线和绕包线两类。漆包线的绝缘层是漆膜，广泛应用于中小型电动机及微型电动机、干式变压器及其他电工产品中。绕包线是用玻璃丝、绝缘纸或合成树脂薄膜紧密绕包在导线芯上形成绝缘层，一般用于大中型电工产品。

(3)绝缘电线电缆

一般由导体、绝缘层和保护层三部分组成，广泛应用于照明和电气控制线路中。常用的绝缘导线有以下几种：聚氯乙烯绝缘电线、聚氯乙烯绝缘软线、丁腈聚氯乙烯

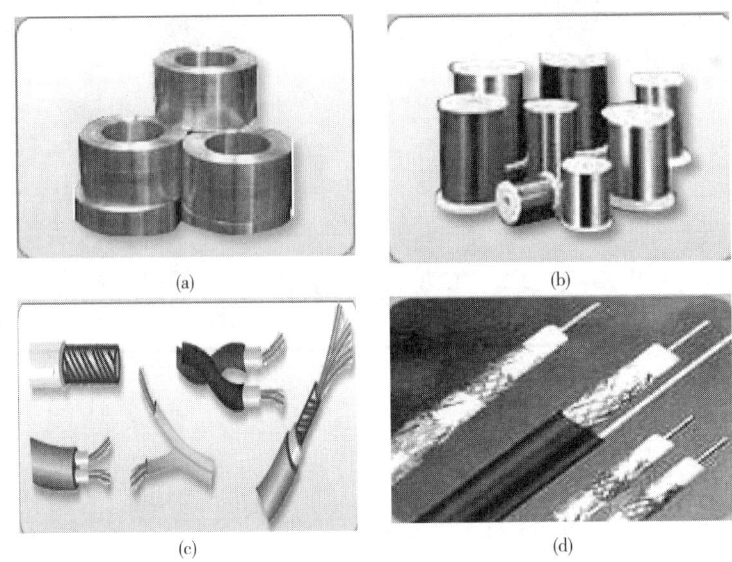

(a) (b) (c) (d)

图 8-1 导 线

(a)裸线 (b)电磁线 (c)绝缘电线电缆 (d)通信电缆

混合物绝缘软线、橡皮绝缘电线、农用地下直埋铝芯塑料绝缘电线、橡皮绝缘棉纱纺织软线、聚氯乙烯绝缘层龙护套电线、电力和照明用聚氯乙烯绝缘软线等。

(4)通信电缆

通信电缆是指用于近距离音频通信和远距的高频载波和数字通信及信号传输电缆，根据通信电缆的用途和适用范围，可分为六大系列产品，即市内通信电缆、长途对称电缆、同轴电缆、海底电缆、光纤电缆、射频电缆。

对于线材的选用要从电路的条件、环境的条件和机械强度等多方面去综合考虑。导线在电路中工作时的电流要小于允许电流。导线很长时要考虑导线电阻对电压的影响。使用时电路的最大电压应低于额定电压，以保证安全。对不同的频率选用不同的线材，要考虑到高频信号的趋肤效应。在射频电路中要选用同轴电缆馈线，以防止信号反射波。

导线应具备良好拉伸强度、耐磨损性和柔软性，质量要轻，以适应天南地北的机械振动等条件。所用线材应能适应环境温度的要求，因为环境温度会使电线的敷层变软或变硬，以至于变形、开裂甚至短路。使用的线材还应考虑安全性，防止火灾和人身事故的发生。

为了使用及维修方便，导线和绝缘套管的颜色要符合习惯、便于识别，通常导线颜色按规定使用。

8.1.1 电源线的识别

在关于电源线的说明中我们经常会看到 L、N、E 这三个字母，其对应的分别是火线、零线和地线。

在不同的标准下，电路中这三种导线会分别使用不同的颜色来代表，一般通用的原则是使用深色代表火线，浅色代表零线。美国规定使用黑色或者茶色来表示火线，而用白色或者红色来代表零线。中国的电线颜色使用与欧洲通用标准一致，具体见表 8-1 所列。

表 8-1　电源线颜色标准对照表

电线	美规颜色	欧规颜色
火线	黑色(茶色)	棕色(红色)
零线	白色(红色)	蓝色(绿色或黑色)
地线	绿色	黄绿色

8.1.2　汽车导线颜色与代号

随着汽车用电设备的增加，安装在汽车上的导线数目也越来越多，为了便于识别和检修汽车电器设备，通常将电线束中的低压线采用不同的颜色组成。根据我国《汽车拖拉机电线颜色选用规则》的规定，低压电路的电线(标称截面≤4mm^2)在选配线时习惯采取两种选用原则，即以单色线为基础的选用和以双色线为基础的选用。电线的颜色一般是汽车厂自订的标准。我国行业标准只是规定主色，例如规定黑单色专用于搭铁线，红单色用于电源线。

以单色线为基础选用时，其单色线的颜色和双色线主、辅色的搭配及其代号分别见表 8-2 和表 8-3 所列，其中黑色(B)为专用接地(搭铁)线。

以双色线为基础选用时，各用电系统的电源线为单色，其余均为双色，其双色线的主色见表 8-4 所列。当其标称截面积大于 1.5mm^{2}时，导线只用单色线，但电源系统可增加使用主色为红色、辅色为白色或黑色的两种双色线。对于标称截面积小于 1.5mm^{2}的双色线，其主、辅颜色的搭配可参见表 8-5 所列。

表 8-2　汽车用单色低压线的颜色与代号

序号	1	2	3	4	5	6	7	8	9	10
颜色	黑	白	红	绿	黄	棕	蓝	灰	紫	橙
代号	B	W	R	G	Y	Br	BL	Gr	V	O

表 8-3　汽车用双色低压线颜色的搭配与代号

序号	1	2	3	4	5	6
导线颜色	B	BW	BY			
	W	WR	WB	WBL	WY	WG
	R	RW	RB	RY	RG	RBL

（续）

序号	1	2	3	4	5	6
导线颜色	G	GW	GR	GY	GB	GBL
	Y	YR	YB	YG	YBL	YW
	Br	BrW	BrR	BrY	BrB	
	BL	BLW	BLR	BLY	BLB	BLO
	Gr	GrR	GrY	GrBL	GrG	GrB

表 8-4 汽车各用汽车电系统双色低压线主色的规定

序号	用电系统名称	电线主色	代号
1	电气装置接地线	黑	B
2	点火、起动系统	白	W
3	电源系统	红	R
4	灯光信号系统(包括转向指示灯)	绿	G
5	防空灯系统及车身内部照明系统	黄	Y
6	仪表及报警指示系统和喇叭系统	棕	Br
7	前照灯、雾灯等外部灯光照明系统	蓝	BL
8	各种辅助电动机及电气操纵系统	灰	Gr
9	收放音机、电子钟、点烟器等辅助装置系统	紫	V
10		橙	O

表 8-5 汽车用小截面双色低压线主、辅色的搭配表

主色	辅色						
	红(R)	黄(Y)	白(W)	黑(B)	棕(N)	绿(G)	蓝(BL)
红(R)	—	√	√	√	—	√	√
黄(Y)	√	√	√	√	△	△	△
蓝(BL)	√	√	√	√	△	—	—
白(W)	√	√	√	√	√	√	△
绿(G)	√	√	√	√	√	—	√
棕(N)	√	√	√	√	—	√	√
紫(V)	-	√	√	√	—	√	
灰(Gr)	√	√	—	√	√	√	√

注：√—允许搭配的颜色；△—不推荐搭配的颜色。

8.2　汽车电路的连接

汽车电路与一般家庭用电有明显不同，汽车电路全部是直流电，实行单线制的并联电路，用电器只要有一根外接电源线即可。一般家庭用电是用交流电，实行双线制的并联电路，用电器起码有两根外接电源线。

汽车上的接地通常是将蓄电池负极和负载负极都连接到金属构架上。从汽车电路上看，从负载(用电器)引出的负极线(返回线路)都要直接连接到蓄电池负极接线柱上，如果都采用这样的接线方法，那么与蓄电池负极接线柱相连的导线会多达上百根。为了避免这种情况，设计者经常采用车体的金属构架(大梁等)作为电路的负极。这样就使负载引出的负极线能够就近连接，电流通过金属构架回流到蓄电池负极接线。随着塑料件等非金属材料在汽车上应用越来越多，现在很多汽车都采用公共接地网络线束来保证接地的可靠性，即将负载的负极线接到接地网络线束上，接地网络线束与蓄电池负极相连。

汽车电路实行单线制的并联电路，这是从总体上看的，在局部电路仍然有串联、并联与混联电路。全车电路其实都是由各种电路叠加而成的，每种电路都可以独立分列出来，化复杂为简单。全车电路按照基本用途可以划分为灯光、信号、仪表、启动、点火、充电、辅助等电路。每条电路有自己的负载导线与控制开关或保险丝盒相连接。

灯光照明电路是指控制组合开关、前大灯和小灯的电路系统；信号电路是指控制组合开关、转弯灯和报警灯的电路系统；仪表电路是指点火开关、仪表板和传感器电路系统；启动电路是指点火开关、继电器、起动机电路系统；充电电路是指调节器、发电机和蓄电池电路系统。以上电路系统是必不可少的，构成全车电路的基本部分。辅助电路是指控制雨刮器、音响等电路系统。随着汽车用电装备的增加，例如电动座椅、电动门窗、电动天窗等，各种辅助电路将越来越多。

旧式汽车电路比较简单，一般情况下，它们的正极线(俗称火线)分别与保险丝盒相接，负极线(俗称地线)共用。重要节点有三个，保险丝盒、继电器和组合开关，绝大部分电路系统的一端接保险丝或开关，另一端连接继电器或用电设备。但在现代汽车的用电装置越来越多的情况下，线束将会越来越多，布线将会越来越复杂。随着汽车电子技术的发展，现代汽车电路已经与电子技术相结合，采用共用多路控制装置，而不是像旧式汽车那样通过单独的导线来传送。

使用多路控制装置，各用电负载发送的输入信号通过电控单元(ECU)转换成数字信号，数字信号从发送装置传输到接收装置，在接收装置转换成所需信号对有关元件进行控制。

汽车全车线路按车辆结构形式、电器设备数量、安装位置、接线方法不同而各有不同，但其线路一般都遵循以下几条原则：

①汽车上各种电器设备的连接大多数都采用单线制。

②汽车上装备的两个电源(发电机与蓄电池)必须并联连接。

③各种用电设备采用并联连接，并由各自的开关控制。

④电流表必须能够检测蓄电池充、放电电流的大小。因此，凡是蓄电池供电时，电流都要经过电流表与蓄电池构成的回路。但是，对于用电量大且工作时间较短的起动机电流则例外，即启动电流不经过电流表。

⑤各型汽车均配装保险装置，用以防止发生短路而烧坏用电设备。

了解以上原则，对分析研究各种车型的电器线路以及正确判断电器故障很有帮助。

8.3 汽车线束

线束是指由铜材冲制而成的接触件端子(连接器)与电线电缆压接后，外面再塑压绝缘体或外加金属壳体等，以线束捆扎形成连接电路的组件。汽车线束是汽车电路的网络主体，没有线束也就不存在汽车电路。

汽车电线又称低压电线，它与普通家用电线是不一样的。普通家用电线是铜质单芯电线，有一定硬度。而汽车电线都是铜质多芯软线，有些软线细如毛发，几条乃至几十条软铜线包裹在塑料绝缘管(聚氯乙烯)内，柔软而不容易折断。线束是由同路的导线包扎而成，可使线路不凌乱，便于安装，而且起到了保护导线的作用。

随着汽车功能的增加，电子控制技术的普遍应用，电气元件越来越多，电线也会越来越多，线束也就变得越粗越重。因此先进的汽车就引入了 CAN 总线配置，采用多路传输系统。与传统线束比较，多路传输装置大大减少了导线及联插件数目，使布线更为简易。

汽车线束内的电线常用规格有标称截面积 0.5、0.75、1.0、1.5、2.0、2.5、4.0、6.0mm^2的电线(日系车中常用的标称截面积为 0.5、0.85、1.25、2.0、2.5、4.0、6.0mm^2等)，它们各自都有允许负载电流值，配用于不同功率的用电设备。以整车线束为例，0.5 规格线适用于仪表灯、指示灯、门灯、顶灯等；0.75 规格线适用于牌照灯，前后小灯、制动灯等；1.0 规格线适用于转向灯、雾灯等；1.5 规格线适用于前大灯、喇叭等；主电源线发电机电枢线、搭铁线等要求 2.5~4mm^2电线。汽车导线的选择关键要看负载的最大电流值，例如蓄电池的搭铁线、正极电源线是专门的汽车电线而且单独使用，它们的线径都比较大，起码有十几平方毫米以上，这些“巨无霸”电线就不会被编入主线束内。

整车主线束一般分成发动机(点火、电喷、发电、起动)、仪表、照明、空调、辅助电器等部分，有主线束及分支线束。如图 8-2 所示，一条整车主线束有多条分支线束，就好像树干与树枝一样。整车主线束往往以仪表板为核心部分，前后延伸。由于长度关系或便于装配方便等原因，将一些汽车的线束分成车头线束(包括仪表、发动机、前灯光总成、空调、蓄电池)、车尾线束(尾灯总成、牌照灯、行李箱灯)、篷顶线束(车门、顶灯、音响喇叭)等。

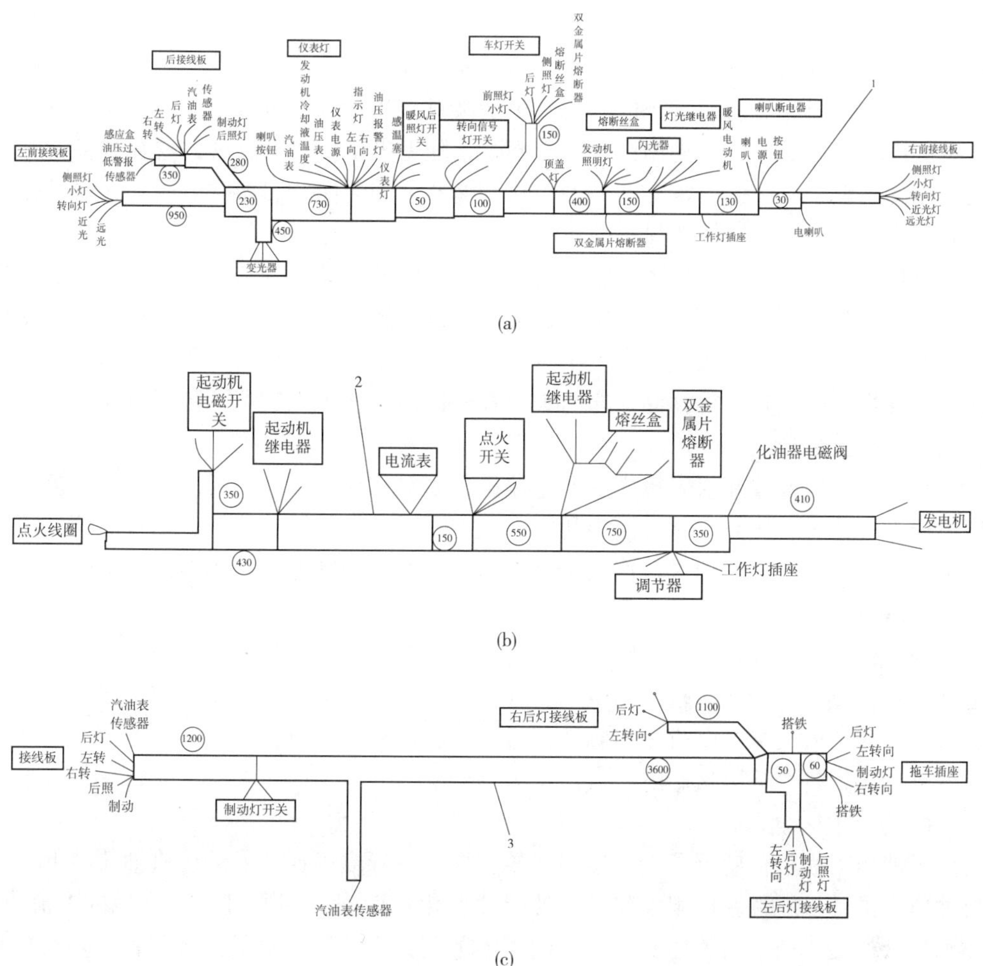

图 8-2　汽车线束

(a)主线束　(b)发动机线束　(c)车尾线束

8.4　汽车仪表盘显示说明

汽车仪表盘是反映汽车各系统工作状况的装置。不同汽车的仪表不尽相同，但是一般汽车的常规仪表有车速里程表、转速表、机油压力表、水温表、燃油表、充电表等。现代汽车仪表盘的面膜下制作了各式各样的指示灯或警报灯，例如冷却液液面警报灯、燃油量指示灯、清洗器液面指示灯、充电指示灯、远近光变光指示灯、变速器挡位指示灯、制动防抱死系统(ABS)指示灯、驱动力控制指示灯、安全气囊(SRS)警报灯等。

(1)车速里程表

车速里程表实际上由两个表组成。一个是车速表，另一个是里程表。

传统的车速表是机械式的。典型的机械式里程表连接一根软轴，软轴内有一根钢丝缆，软轴另一端连接到变速器某一个齿轮上，齿轮旋转带动钢丝缆旋转，钢丝缆带动里程表罩圈内一块磁铁旋转，罩圈与指针连接并通过游丝将指针置于零位，磁铁旋转速度的快慢引起磁力线大小的变化，平衡被打破指针因此被带动。这种车速里程表简单实用，被广泛用于大小型汽车上。不过，随着电子技术的发展，现在很多轿车仪表已经使用电子车速表，常见的一种是从变速器上的速度传感器获取信号，通过脉冲频率的变化使指针偏转或者显示数字。

里程表是一种数字式仪表，它通过计数器鼓轮的传动齿轮与车速表传动轴上的蜗杆啮合，使计数器鼓轮转动。其特点是上一级鼓轮转一整圈。下一级鼓轮转 1/10 圈。同车速表一样，目前里程表也有电子式里程表，它从速度传感器获取里程信号。电子式里程表累积的里程数字存储在非易失性存储器内，在无电状态下数据也能保存。

(2)转速表

转速表一般设置在仪表板内。与车速里程表对称地放置在一起。转速表是按照磁性原理工作的。它接收点火线圈中初级电流中断时产生的脉冲信号，并将此信号转换为可显示的转速值。发动机转速越快，点火线圈产生的脉冲次数越多，表上显示的转速值就越大。

现在轿车一般都是电子式转速表，有指针式和液晶数字显示式。表内有数字集成电路。它将点火线圈输送过来的电压脉冲经过计算后驱动指针移动或数字显示。另外还有一种转速表是从发电机取出脉冲信号送到转速表电路解释后显示转速值。不过因受发电机皮带打滑等因素影响，数值不太精确。

(3)机油压力表

机油压力表的传感器是一种压阻式传感器。用螺纹固连在发动机机油管路上。由机油压力推动接触片在电阻上移动，使阻值变化从而影响到通过仪表到地的电流量，驱动指针摆动。由于机油压力有一定的压力范围，为了清晰明了，目前有许多汽车的机油压力表用指示灯表示。如果发动机运转时它仍然亮着，就表示发动机润滑系统可能不正常了。

(4)水温表

水温表的传感器是一种热敏电阻式传感器。用螺纹固定在发动机冷却水道上。热敏电阻决定了流经水温表线圈绕组的电流大小，从而驱动表头指针摆动。以前汽车发动机的冷却水都是用自来水来充当。现在很多汽车发动机冷却系统都用专门的冷却液，因此也称为冷却液温度表。

(5)燃油表

燃油表内有两个线圈。分别在“F”与“E”一侧，传感器是一个由浮子高度控制的可变电阻。阻值变化决定两个线圈的磁力线强弱，也就决定了指针的偏转方向。

水温表和燃油表也有用指示灯表示的。水温指示灯亮表示水温偏高。燃油指示灯亮表示燃油已近低点作为辅助性提醒。

仪表盘上的所有指示灯不容忽视，当车辆有问题时驾驶员可以根据仪表指示灯提示及时了解车况。仪表盘大部分放置在驾驶员的眼皮底下，方向盘的前面，便于驾驶者看到仪表盘上的数据和信息。表 8-6 提供了汽车仪表盘指示灯图解，通过图解认识和了解有关仪表盘上的每个灯所起的作用和仪表板的常见问题。

表 8-6　汽车仪表盘指示灯图解

仪表显示图像	名称	原因说明
	车门状态指示灯	车门状态指示灯是显示车门是否完全关闭的指示灯，车门打开或未能关闭时，相应的指示灯亮起，提示车主车门未关好，车门关闭后熄灭
	驻车指示灯	驻车制动手柄(即手刹)拉起时，此灯点亮。手刹被放下时，该指示灯自动熄灭。在有的车型上，刹车液不足时此灯会亮起
	电瓶指示灯	显示蓄电池工作状态的指示灯。接通电门后亮起，发动机启动后熄灭。如果不亮或常亮应立即检查电机及电路
	刹车盘指示灯	显示刹车片磨损情况的指示灯。正常情况下灯熄灭，点亮时提示车主应及时更换故障或磨损过度刹车片，修复后熄灭
	机油指示灯	显示发动机机油压力的指示灯，本灯亮起时表现润滑系统失去压力，可能有渗漏，此时需要立即停车关闭发动机进行检查
	水温指示灯	显示发动机冷却液温度过高的指示灯，此灯点亮报警时，应及时停车并关闭发动机，待冷却至正常温度后继续行驶
	安全气囊指示灯	显示安全气囊工作状态的指示灯，接通电门后点亮，约 3～4s 后熄灭，表示系统正常，不亮或常亮表示系统存在故障
ABS	ABS 指示灯	接通电门后点亮，约 3～4s 后熄灭，表示系统正常。不亮或常亮则表示系统故障，此时可以继续低速行驶，但应避免急刹车
CHECK	发动机自检灯	发动机工作状态的指示灯，接通电门后点亮，约 3～4s 后熄灭，发动机正常。不亮或常亮表示发动机故障，需及时进行检修
	燃油指示灯	提示燃油不足的指示灯，该灯亮起时，表示燃油即将耗尽，一般从该灯亮起到燃油耗尽之前，车辆还能行驶 50km 左右

（续）

仪表显示图像	名称	原因说明
	清洗液指示灯	显示风挡清洗液存量的指示灯，如果清洗液即将耗尽，该灯亮点亮，提示车主及时添加清洁液后，指示灯熄灭
EPC	电子油门指示灯	本灯多见于大众公司的车型中，车辆开始自检时，EPC 灯会点亮数秒。随后熄灭，出现故障，本灯亮起，应及时进行检修
	前后雾灯指示灯	该指示灯是用来显示前后雾灯的工作状况，前后雾灯接通时，两灯点亮，图中左侧的是前雾灯显示，右侧的是后雾灯显示
O/D OFF	O/D 档指示灯	O/D 档指示灯是用来显示自动挡 O/D 档(Over-Drive)超速挡的工作状态，当 O/D 档指示灯闪亮时，说明 O/D 档已锁定
	示宽指示灯	示宽指示灯是用来显示车辆示宽灯的工作状态，平时为熄灭状态，当示宽灯打开时，该指示灯随即点亮
	转向指示灯	转向灯亮时，相应的转向灯按一定频率闪烁。按下双闪警示按键时，两灯同时亮起，转向灯熄灭后，指示灯自动熄灭

8.5 汽车电器常用检测工具

汽车常用的检测仪器与工具有跨接线、测试灯、万用表(机械式和数字式)、示波器、故障诊断仪等。

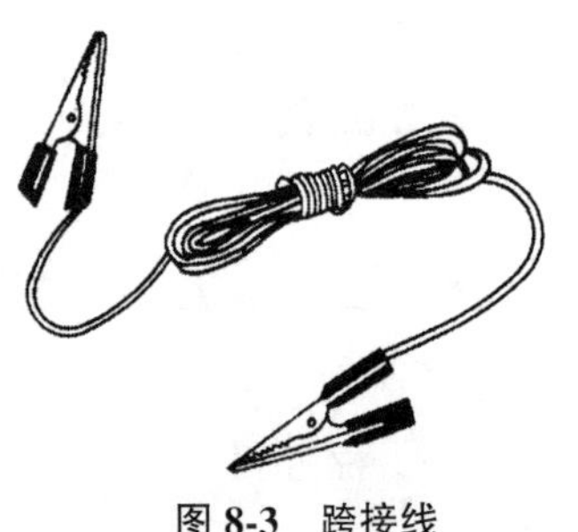

图 8-3 跨接线

(1)跨接线

跨接线的主要作用是旁通电路，主要用于线路故障(断路、短路和窜电)的检查。跨接线如图 8-3 所示，检测原理如图 8-4 所示。需要注意的是切勿将跨接线直接跨接在蓄电池的两端或蓄电池正极和搭铁之间。

(2)测试灯

测试灯也称为测电笔，它在跨接线的基础上增加了

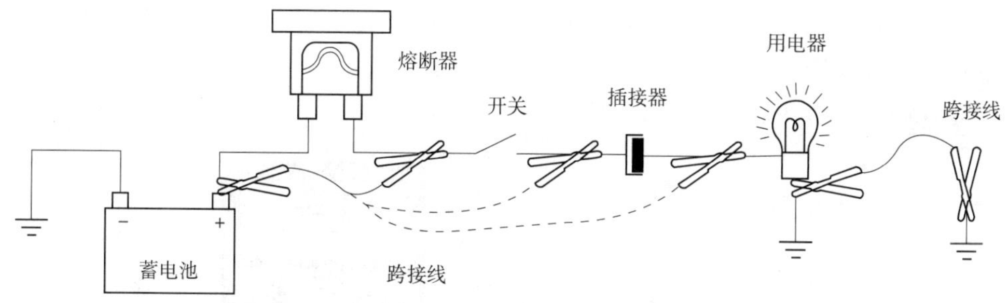

图 8-4　检测原理

用于显示电路导通状态的灯。明代表电压大，暗代表电压小。测试灯的类型有：有源测试灯和无源测试灯两种。

①无源试灯。如图 8-5 所示，试灯的局限性在于它不能显示出被检电路点的电压值是多少。所以不提倡用试灯检测计算机控制的电路。无源测试灯，可用电压表代替。

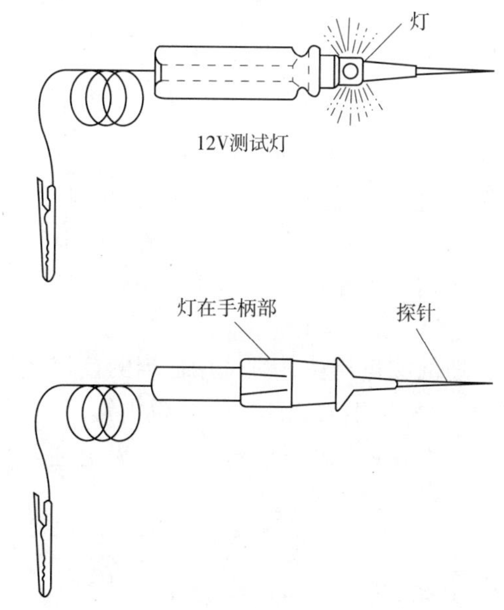

图 8-5　无源试灯

②有源试灯。如图 8-6 所示，有源试灯同无源示灯类似，只是自带一个电池电源，连接到一条导线的两端上时，试灯内灯泡点亮，可用于测试线路的通、断。有源测试灯，可用绝缘电阻表代替。

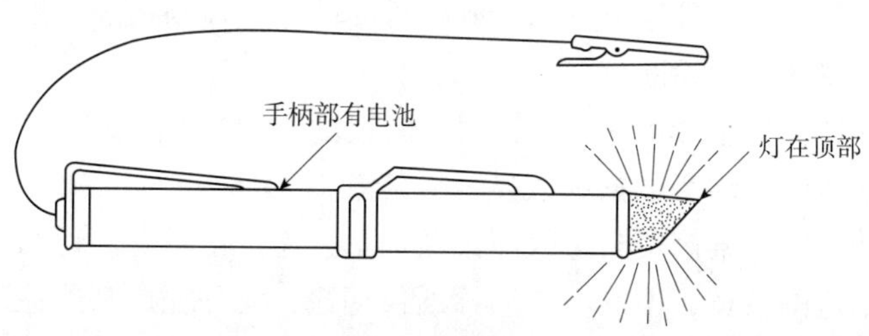

图 8-6　有源试灯

试灯原理如图 8-7 所示，注意不能用有源示灯测试带电电路，否则会损坏试灯。

(3)通用模拟式万用表

通用模拟式万用表，如图 8-8 所示。

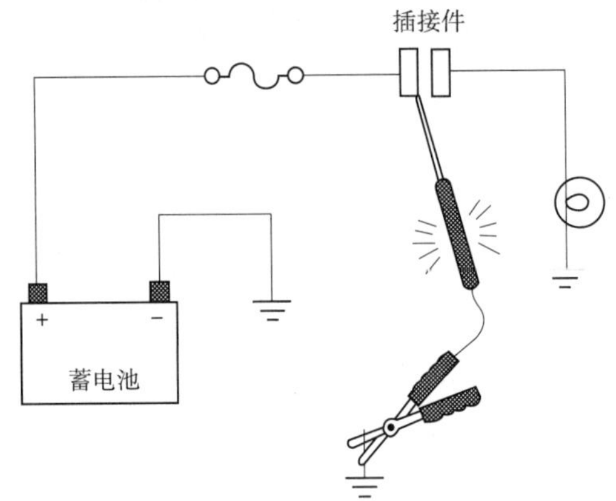

图 8-7 试灯原理图

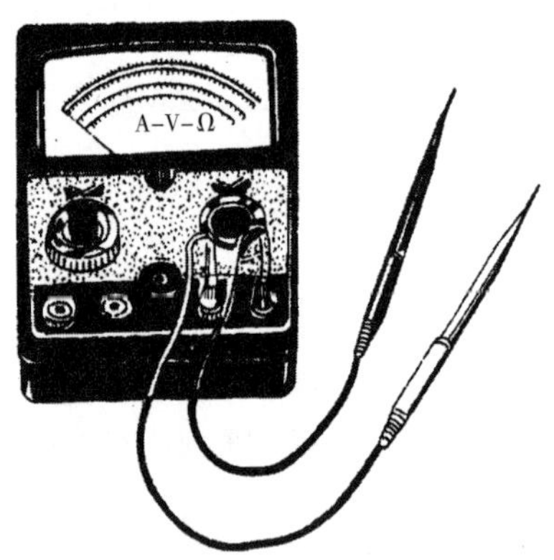

图 8-8 通用模拟式万用表

由于模拟式万用表比高阻抗的数字式万用表有更高的输出，在测量二极管和电子元件的电阻值时模拟式万用表比数字式万用表更精确。

需要注意的是当今车辆上的电路极大部分是晶体管电路，当检查这些电路电阻时，要用 10MΩ 或更大阻抗的电阻表。另外，要确认被测电路的电源已经断开，否则由汽车电气系统供电的电路会损坏装备或提供虚假读数。

(4)数字式万用表

使用时应首先选择合适的测量档位并且选用适当的量程。将表的测试头放在适当的输入端，黑表笔通常插在公共端(COM)。当测量电压、电阻或二极管时，红表笔通常插在有“VΩ”标签的位置端。当测量电流时，红表笔通常插在有“A”或“mA”标签的位置端。注意根据选择的档位正确读数。

(5)汽车万用表

可测量交直流电压与电流、电阻、频率、电容、占空比、温度、闭合角、转速；也有一些新功能，如自动断电、自动变换量程、模拟条图显示、峰值保持、数据锁定、电池测试等。

(6)故障诊断仪

故障诊断仪通过数据通信线以串行的方式获得控制电脑的实时数据参数，包括故障信息、实时运行参数、控制电脑与诊断仪之间的相互控制指令。故障诊断仪主要有两种，通用诊断仪和专用诊断仪。

①通用诊断仪，如图 8-9 所示，通用诊断仪的主要功能有控制电脑版本的识别、故障码的读取和清除、动态数据参数显示、传感器和部分执行器的功能测试与调整、某些特殊参数的设定、维修资料及故障诊断提示、路试记录等。通用诊断仪可测试的车型较多，使用范围较宽，但它与专用诊断仪相比，无法完成某些特殊功能。

②专用诊断仪，针对某系列车型的诊断仪。

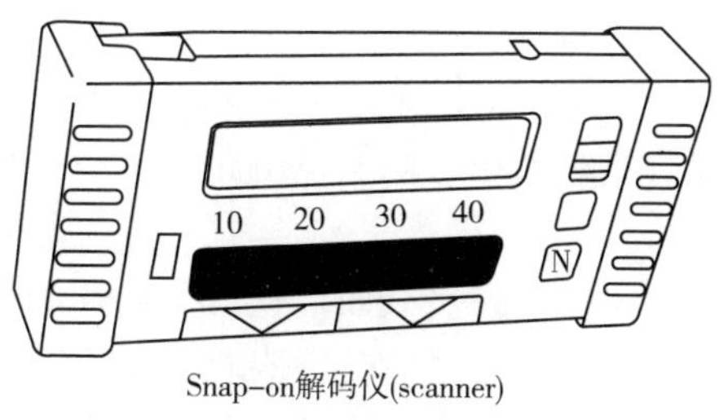

Snap-on解码仪(scanner)

图 8-9　通用诊断仪

8.6　汽车常见故障检测方法及注意事项

8.6.1　故障检测方法

(1)直观诊断法

当汽车电系的某个部分发生故障时，会出现冒烟、火花、异响、焦臭、高温等异常现象。通过人体的感觉器官，听、摸、闻、看等对汽车电器进行直观检查，进而判断出故障的所在部位，从而大大地提高了检修速度。

(2)断路法

当汽车电系出现故障时，首先应查看保险是否完好。如汽车在行驶中，若某个电器突然停止工作，同时该支路上的熔断器熔断，说明该支路有搭铁故障存在。某个系统的保险反复烧断，则表明该系统一定有类似搭铁的故障存在，不应只更换熔断器了事。

(3)短路法

短路法又称为短接法，即用一根导线将某段导线或某一电器短接后观察用电器的变化。

(4)试灯法

用一个汽车灯泡作为临时试灯，检查线束是否开路或短路，电器或电路有无故障等。此方法特别适合于检查不允许直接短路的带有电子元器件的电器。

使用临时试灯法应注意试灯的功率不要太大，在测试电子控制器的控制(输出)端子是否有输出及是否有足够的输出时尤其要慎重，防止使控制器超载损坏。

(5)仪表法

观察汽车仪表板上的电流表、水温表、燃油表、机油压力表等的指示情况，判断电路中有无故障。例如，发动机冷态，接通点火开关时水温表指示满刻度位置不动，说明水温表传感器有故障或该线路有搭铁。

(6)低压搭铁试火法

即拆下用电设备的某一线头对汽车的金属部分(搭铁)碰试而产生火花来判断。这种方法比较简单，是广大汽车电工经常使用的方法，搭铁试火法可分为直接搭铁和间接搭铁两种。

直接搭铁，是未经过负载而直接搭铁产生强烈的火花。例如，我们要判断点火线圈至蓄电池一段电路是否有故障，可拆下点火线圈上连接点火开关的线头，在汽车车身或车架上刮碰，如果有强烈的火花，说明该电路正常；如果无火花产生，说明该段电路出现了断路。

间接搭铁是通过汽车电器的某一负载而搭铁产生微弱的火花来判断线路或负载是否有故障。例如，将传统点火系断电器连接线搭铁(回路经过点火线圈初级绕组)，如果有火花，说明这段线路正常；如果无火花，则说明电路有断路。特别值得注意的是，试火法不能在电子线路汽车上应用。

(7)高压试火法

对高压电路进行搭铁试火，观察电火花状况，判断点火系的工作情况。具体方法是：取下点火线圈或火花塞的高压导线，将其对准火花塞或缸盖等，距离约 5mm，然后接通起动开关，转动发动机，看其跳火情况。如果火花强烈，呈天蓝色，且跳火声较大，则表明点火系工作基本正常；反之，则说明点火系工作不正常。

8.6.2 注意事项

维修汽车电气系统的首要原则是不要随意更换电线或电器，这种操作有可能因短路、过载而引起火灾。同时还应注意以下各项：

①拆卸蓄电池时，总是最先拆下负极(-)电缆；装上蓄电池时，总是最后连接负极(-)电缆。拆下或装上蓄电池电缆时，应确保点火开关或其他开关都已断开，否则会导致半导体元器件的损坏。切勿颠倒蓄电池接线柱极性。

②允许使用欧姆表及万用表的 $R\times100$ 以下低阻欧姆档检测小功率晶体三极管，以免电流过载损坏。

更换三极管时，应首先接入基极；拆卸时，则应最后拆卸基极。对于金属氧化物半导体管(MOS)，则应当心静电击穿，焊接时，应从源上拔下烙铁插头。

③拆卸和安装元件时，应切断电源。如无特殊说明，元件引脚距焊点应在 10mm 以上，以免烙铁烫坏元件，且宜使用恒温或功率小于 75W 的电烙铁。

④更换烧坏的保险时，应使用相同规格的保险。使用比规定容量大的保险会导致电气损坏或产生火灾。

⑤靠近震动部件(如发动机)的线束部分应用卡子固定，将松弛部分拉紧，以免由于震动造成线束与其他部件接触。

⑥不要粗暴地对待电器，也不能随意乱扔。无论好坏器件，都应轻拿轻放。以免使其承受过大冲击。

⑦与尖锐边缘磨碰的线束部分应用胶带缠起来，以免损坏。安装固定零件时，应确保线束不要被夹住或被破坏，同时应确保接插头接插牢固。

⑧进行保养时，若温度超过 80℃(如进行焊接时)，应先拆下对温度敏感的零件(如 ECU)。

参考文献

[1] 焦阳. 电工与电子技术[M]. 北京：机械工业出版社，2011.
[2] 徐淑华. 电工电子技术实验教程[M]. 北京：电子工业出版社，2012.
[3] 张玲霞. 电工电子实验教程[M]. 哈尔滨：哈尔滨工业大学出版社，2012.
[4] 宋艳敏，冯国庆. 电子技术基础[M]. 成都：西南交通大学出版社，2006.
[5] 库锡树，刘菊荣. 电子技术工程训练[M]. 北京：电子工业出版社，2015.
[6] 颜湘武. 电工测量基础与电路实验教程[M]. 北京：中国电力出版社，2011.
[7] 杨艳，徐淑华. 电工电子技术实验教程[M]. 北京：电子工业出版社，2015.
[8] 苏红娟. 电子电工实践教程[M]. 上海：上海交通大学出版社，2010.
[9] 郎朗. 电路与电子技术实验教程[M]. 合肥：合肥工业大学出版社，2011.
[10] 陈杰美，钱学济. 电子测量仪器原理[M]. 下册. 北京：国防工业出版社，1981.
[11] 李江雪. 电子测量仪器实用教程[M]. 西安：西安电子科技大学出版社，2012.
[12] 徐洁. 电子测量与仪器[M]. 2 版. 北京：机械工业出版社，2008.
[13] 吴政江. 电子测量仪器及其应用[M]. 武汉：武汉理工大学出版社，2006.
[14] 王艳新. 电工电子技术[M]. 上海：上海交通大学出版社，2009.
[15] 陈瑜. 电子技术应用实验教程[M]. 成都：电子科技大学出版社，2011.
[16] 陈晓春，周兵. 大学物理实验教程[M]. 北京：中国农业出版社，2010.
[17] 孙余凯. 巧学巧用电子测量实用技术[M]. 北京：电子工业出版社，2009.
[18] 孙立群. 万用表使用从入门到精通[M]. 北京：人民邮电出版社，2012.
[19] 王艳春. 万用表使用与维修速成图解[M]. 南京：江苏科技出版社，2008.
[20] 蔡杏山. 零起步轻松学电子仪器仪表使用[M]. 北京：人民邮电出版社，2012.
[21] 秦曾煌. 电工学 电工技术[M]. 7 版. 北京：高等教育出版社，2009.
[22] 席时达. 电工技术[M]. 北京：高等教育出版社，2000.
[23] 朱虹. 电路分析[M]. 北京：北京航空航天大学出版社，2004.
[24] 郭建江. 电工电子实验应用教程[M]. 南京：东南大学出版社，2010.
[25] 汤光华，刘国联. 模拟电子技术应用[M]. 长沙：中南大学出版社，2012.
[26] 司淑梅. 电子技术基础[M]. 上海：复旦大学出版社，2009.
[27] 刘宁. 创意电子设计与制作[M]. 北京：北京航空航天大学出版社，2010.
[28] 谷树忠，倪虹霞，张磊. Altium Designer 教程：原理图、PCB 设计与仿真[M]. 北京：电子工业出版社，2014.
[29] 付蔚，童世华，吕霞付，等. 电子工艺基础[M]. 北京：北京航空航天大学出版社，2014.